微润灌溉技术研究进展

申丽霞　张雨蒙◎著

中国农业科学技术出版社

图书在版编目（CIP）数据

微润灌溉技术研究进展／申丽霞，张雨蒙著. --北京：中国农业科学技术出版社，2021. 8

ISBN 978-7-5116-5412-0

Ⅰ.①微… Ⅱ.①申…②张 Ⅲ.①农田灌溉-节约用水 Ⅳ.①S275

中国版本图书馆 CIP 数据核字（2021）第 144377 号

责任编辑 周 朋
责任校对 马广洋
责任印制 姜义伟 王思文

出 版 者 中国农业科学技术出版社
　　　　　 北京市中关村南大街 12 号 邮编：100081
电 话 （010）82106643（编辑室） （010）82109702（发行部）
　　　　　 （010）82109709（读者服务部）
传 真 （010）82106631
网 址 http：//www.castp.cn
经 销 者 各地新华书店
印 刷 者 北京建宏印刷有限公司
开 本 170 mm×240 mm 1/16
印 张 13.5
字 数 230 千字
版 次 2021 年 8 月第 1 版 2021 年 8 月第 1 次印刷
定 价 68.00 元

前　　言

　　世界淡水资源日益紧缺，而人类对粮食的需求不断上升，淡水资源紧缺已成为农业发展和世界粮食安全供应的瓶颈。为缓解耕地面积有限、淡水资源紧缺与世界粮食需求上涨之间的矛盾，世界各国都在积极发展节水灌溉技术。我国是水资源严重短缺的国家，随着设施农业的发展，蔬菜等经济作物种植面积逐年扩大，生产中水肥资源利用不合理的问题日益突显：日光温室中进行大水漫灌，造成水资源的极大浪费；盲目增加施肥量，造成肥料利用率降低，土壤和地下水环境污染严重。鉴于此，推广新型节水灌溉技术对于解决设施蔬菜生产中水肥资源利用不合理的问题有重要意义。微灌以滴灌为代表，是农田灌溉节水效果最好的技术之一。目前通用的滴灌系统，除提水耗能外，还需在灌溉系统中配备电机、高压泵、控制箱等设备，在远离水源、缺少电力、地形复杂的区域，其推广应用受到一定的限制。在此背景下，一种新型的节水灌溉技术——微润灌溉（半透膜灌溉）应运而生。

　　微润灌溉是一项新型的节水灌溉技术，它由高分子半透膜材料制备纳米级微孔渗灌管，通过地下给水方式，在管内外水势差驱动下实施灌溉。与滴灌系统相比，微润灌溉系统运行只需较低的水头和土壤水的负压势能驱动，节能效果明显，作物吸水与田间微量、缓释灌溉过程同步，节水效果明显。

　　微润灌溉作为一项新型的节水灌溉技术，已被水利部列入水利先进实用技术重点推广目录，并已在我国多个重点项目中推广应用，但就工程应用而言，其应用基础研究相对滞后。本书的研究针对微润灌溉技术，设置系列室内土箱模拟试验、大棚和露天蔬菜栽培试验，就微润灌溉和微润交替灌溉下土壤水分的运移、微润灌溉施肥下土壤水氮的运移以及微润灌溉、微润交替灌溉、微润灌溉施肥下的蔬菜生长几个方面进行了试验研究，得到一些试验研究结论，可以为该技术的推广应用提供借鉴。

　　本书内容的试验研究与撰写出版得到山西省重点研发计划重点项目、山西省应用基础研究项目的资助。张国祥、郭云梅、郭英姿、尹玉娟、梁鹏、陈建琦、王银花、樊耀、牛爽、郭晗笑在就读太原理工大学硕士研究生期间参加了本书内容的试验研究工作，在此一并表示诚挚的感谢。

　　本书在撰写过程中，参考和引用了许多国内外专家和学者的研究成果，在此向他们表示崇高的敬意。

　　本书撰写工作由太原理工大学水利科学与工程学院申丽霞和西北大学城市与环境工程学院张雨蒙共同完成（各约 11.5 万字）。因试验研究的局限性以及笔者能力有限，本书难免存在不足之处，恳请广大读者指正。

著　者

2021 年 3 月

目　录

第一章 微润灌溉技术发展与研究概况

第一节 微润灌溉技术发展概况

自 20 世纪 80 年代以来，由于人口增长、社会经济发展和消费模式变化等因素，全球用水量每年增长 1%。据联合国《2019 年世界水资源发展报告》，到 2050 年全球需水量预计还将保持同样的增速，相比目前用水量将增加 20%~30%，将有超过 20 亿人生活在水资源严重短缺的国家，约 40 亿人每年至少有一个月的时间遭受严重缺水的困扰，且将会有 22 个国家面临严重的水资源压力风险。随着需水量不断增长以及气候变化影响愈加显著，水资源面临的压力还将持续升高，将会影响水资源的可持续利用，并增加使用者之间的潜在风险冲突。

世界水资源日益紧缺，而人类对粮食的需求不断上升，水资源紧缺已成为农业发展和世界粮食安全供应的瓶颈。预计全球人口到 2050 年可能达 91 亿。为应对人口增长的需求，农业在全球范围内需要实现粮食增产 60%，而在发展中国家则需要超过 100%。为实现粮食增产目标，农业用水量将需要增加 19%，这对全球饮用水的供应将造成严重威胁。目前有超过一半全球人口的饮用水来自地下水，而灌溉农田用水也有 43% 来自地下水，这导致约 20% 的含水层面临过度抽取的危险。预计到 2025 年，生活在水资源绝对稀缺地区和国家的人口数量将达到 18 亿，在一些干旱和半干旱地区，水资源短缺将使 0.24 亿~7 亿人背井离乡。

为缓解水资源紧缺与世界粮食需求上涨之间的矛盾，世界各国都在积极发展节水灌溉技术。截至 2018 年底，我国农田有效灌溉面积为 0.68 亿 hm^2，位居世界第一，灌溉面积占全国耕地面积的 50.3%，生产的粮食占全国的 75%，经济作物占全国的 90%，农田灌溉水有效利用系数达到 0.554。我国以约占全球 6% 的淡水资源和 9% 的耕地，保障了占全球 20% 以上人口的吃饭问题，让中国人民手中的饭碗端得更牢，也对保障世界粮食安全作出了重大贡献。

一、微孔渗灌技术的发展

微孔渗灌起源于20世纪80年代，美国用聚乙烯和橡胶等材料经特殊加工工艺制成微孔渗灌管，管壁上分布着许多肉眼不可见的微小透水孔，管内水分经微孔向土壤入渗，入渗速率受渗灌管透水性能、管内供水压力及土壤质地、结构等的影响（Pitts et al.，1990；Philip，1991）。意大利用聚烯烃和废橡胶轮胎制作渗灌管，管壁纵向开有5~10 mm的裂缝，当具有一定压力的水通过裂缝时，裂缝就打开向土壤中渗水，当停止灌溉时，裂缝就自动闭合（Mitchell et al.，1982）。法国用塑料加泡剂和成型剂制成塑料渗灌管，水通过管上的泡状微孔进入土壤，泡状微孔孔径的大小控制渗水量的多少，渗灌管材的均匀性影响供水的均匀性（许一飞等，1998）。此外，以色列、澳大利亚、日本等国家也进行了大量有关地下渗灌的研究及应用（Vico et al.，2010）。

我国也在微孔渗灌技术的引进和改造方面做了大量工作（高西宁，2006；马小刚，2008）。1987年，北京市水利科学研究所和北京塑料研究所在引进法国技术的基础上研发了聚乙烯渗灌系统，但由于技术、安装及灌水均匀性差等原因，这种系统没有得到推广。1994年，国家灌排发展中心引进了美国的橡胶微孔渗水管，在日光温室试验应用，但由于地面流量测试结果不理想，其推广受阻。1996年，河北石家庄塑料总厂引进美国生产线，研制成功了发泡塑胶微孔渗灌管，获国家新产品称号，并批量生产，但由于渗灌管易堵塞，导致市场需求不足。2001年，吉林长春应用化学研究所成功建成一条渗灌微管生产线，日产量高达4 km，为农业高效节水灌溉作出巨大贡献。

随着微孔渗灌技术的发展，微孔渗灌的应用研究也在展开（Rouphael et al.，2006；Montesano et al.，2010；Carson et al.，2014；Bové et al.，2015；高西宁等，2009；郭良士等，2015）。围绕微孔渗灌的主题，节点式微孔渗灌（王猛等，2013；吴昌娟等，2013）、微孔陶瓷渗灌（路超等，2013；蔡耀辉等，2015、2017）、用蓄水渗膜材料制备渗灌产品（李根柱等，2007；张增志等，2014；王晓健等，2015；毛潭等，2016）等研究也受到人们的关注。其中微孔陶瓷渗灌是以陶瓷材料制成的地埋式灌水器代替普通塑料灌水器安装在输水管道上，以陶瓷灌水器内外水势差为其主要驱动因素，通过土壤含水率变化调节自身出流，最终以小流量缓慢精准湿润植物根系土壤的一种地下滴灌技术（任改萍等，2016）。普遍研究认为，微孔渗灌是一项有发展前途的高效节水灌溉技术，但存在渗灌管容易堵塞、灌水均匀性差等问题，其关键突破口就是渗灌材料革新及新型微孔渗灌管的研制。

二、微润灌溉技术的发展

目前我国喷灌、微灌等高效节水灌溉面积达到 0.22 亿 hm²，占灌溉面积的 32%，近 30 年我国耕地的灌溉面积增加了约 0.2 亿 hm²，灌溉用水基本未增加，节水灌溉功不可没。微灌节水主要以滴灌为代表，是农田灌溉节水效果最好的技术之一，在我国推广 30 余年，但所占份额仅 6.7%。目前通用的滴灌系统，除提水耗能外，还需在灌溉系统中配备电机、高压泵、控制箱等设备，在远离水源、缺少电力、地形复杂的区域，其推广应用受到一定的限制。在此背景下，一种新型的节水灌溉技术——微润灌溉（半透膜灌溉）应运而生。

微润灌溉是在微孔渗灌的基础上，出现的一种全新思维和理念的节水灌溉技术。它用高分子半透膜材料制备微孔渗灌管，又称半透膜灌溉。半透膜是一种具有特殊选择性分离功能的无机或高分子薄膜材料，起初被用于废水处理，处理后的废水再用于农业灌溉（Petty et al., 1995；Lee et al., 2006；Oron et al., 2004，2006，2008），之后被尝试直接用于农业灌溉（Quiñones-Bolaños et al., 2005a、b，2006）。2008 年深圳市微润灌溉技术有限公司研制推出微润灌溉产品：微润管和微润袋。前者适于一般农用，后者适于果木林业。

微润管为双层结构设计的软管状给水器，核心材料为高分子半透膜，由特殊工艺加工而成。膜管厚与普通塑料薄膜相当，膜管壁上密布直径为 10~900 nm 的微孔，约为 10 万个/cm²。该纳米级微孔允许水分子通过，而尺寸较大的分子团或固体颗粒不能通过。膜管具有单向透水性等半透膜所具有的物理功能。膜管外为可透水的高强度工业无纺布护套，起抗压和防护作用。当微润管埋设在地下充满水时，整条微润管的表面都是出水孔，水分在膜内外水势差的驱动下由管内向管外自动迁移，达到灌溉目的。

微润袋又称微型水库，是具有双层结构的袋状容器，其核心材料同微润管一样，是专门为解决高落差地形和高渗漏土质的树木灌溉而设计的一种新型灌溉器具（姚付启等，2014；汤英等，2014）。其用于树木类稀植单株植物，每棵树旁埋一个微润袋，以点式灌溉使植物根区受到灌溉，而棵间裸地保持干燥，避免大面积棵间水分蒸发，达到节水目的。

微润灌溉以低能耗、高节水为显著特点，它将高分子半透膜材料应用于节水灌溉，通过地下给水方式，在微润管内外水势梯度差驱动下，实现对植物全生育期的持续灌溉（杨文君等，2008；朱燕翔等，2015a；李朝阳等，2017；Edwin et al.，2018；Sun et al.，2018）。由于以微量、缓慢释放方式实施地下续灌，有效控制了深层渗漏和地表无效蒸发，节水效果明显；同时，其系统运行只需较低的水头和土壤水的负压势能驱动，节能效果明显。

微润灌溉使土壤水分处于水、气最佳状态并且可以使这一状态长时间稳定地保持下去，从而使作物在全生命期内处于最佳灌溉条件下生长。采用微润灌溉有利于土壤有效养分的分解，改善作物的营养状况，既不会造成水土流失、肥料流失，也不会破坏土壤团聚体结构，同时还能使土壤通气性良好、氧气充足，作物根系发达、枝干健壮（胡雅等，2020）。

作为一项新兴技术，微润灌溉已于2010年度被水利部列入水利先进实用技术重点推广指导目录，微润灌溉产品也被列为国家重大节水灌溉项目重点推荐产品，并在广东、湖北、陕西、青海和内蒙古等地的多个重点项目中推广应用。目前该技术及产品还进入到以色列、美国、澳大利亚以及欧洲、中东等国家和地区。

第二节　微润灌溉技术研究概况

目前微润灌溉技术已在农林业、城市绿化等方面得以应用，同时还在治理盐碱地和沙漠化生态恢复方面试验推广。关于微润灌溉的研究主要有室内土箱模拟、植物栽培试验两个方面。室内土箱模拟主要针对微润灌溉湿润体特性、微润管出流及抗堵塞性能等。植物栽培试验主要针对微润灌溉下作物的生长、产量、品质及水分利用等方面。近年有部分学者开始关注微润灌溉下土壤的盐分运移。

一、微润灌溉湿润体特性

微润灌溉湿润体是以微润管为轴心的柱状体，其中黏壤土湿润体为圆柱体，砂土湿润体为"倒梨"形柱状体（张俊等，2012）。对其研究主要集中于不同土壤质地和容重、土壤初始含水率、压力水头、微润管埋深等因素对微润灌溉湿润体特性的影响（张俊，2013；毛晓超等，2014；Fan et al.，2018a，b）。

土壤质地和容重是影响湿润体特性的重要因素，湿润锋水平和垂直运移距离均与灌水时间呈显著的幂函数关系；在相同灌水时间内，黏壤土湿润体明显小于砂土；湿润体体积随着容重的增大而减小，并且随着灌水时间的延长，差异性逐步增大（张俊，2013）。水分累积入渗量与土壤含黏粒量为负相关，土壤含黏粒量越高，水分在土壤中的入渗速率越慢，湿润体的范围越小（张国祥等，2016）。

土壤初始含水率对微润管线源扩散有较大影响（张俊等，2012，2014）：湿润锋推进速率、地表湿润时间随初始含水率的增加而增大，一定灌水时间内，累积入渗量、平均入渗率与初始含水率呈正相关；湿润体体积随初始含水率的增加而增大，湿润体形状受初始含水率的影响较小；土壤水分扩散系数与初始含水率呈指数递增关系，扩散指数受初始含水率的影响较小。

压力水头是决定微润管流量的重要因素。土壤累积入渗量与压力水头呈正相关，湿润锋运移距离随着压力水头的增大而增加，不同压力水头下湿润体横剖面形状相似，且湿润锋运移速率初期较快，后期逐渐变慢（薛万来等，2013a）。湿润体相同位置的土壤含水率随压力水头的增大而增加（谢香文等，2014a）。土壤含水率最大值出现在微润管附近，且压力水头越大，土壤水分分布范围越广，土壤平均含水率越高（薛万来等，2014）。

微润管埋深影响土壤湿润体的形状，湿润锋水平运移距离与宽深比随埋深的增加而减小，垂直运移距离随埋深的增加而略微增大；土壤累积入渗量与埋深呈负相关，土壤湿润均匀系数与埋深呈正相关，黏壤土中微润管的最适埋深为 15~20 cm（牛文全等，2013）。在相同入渗时间内，湿润锋运移距离随土壤容重的增加而减小，随土壤初始含水率和压力水头的增加而增大，但不同埋深对湿润锋运移无显著影响（薛万来等，2014）。

此外，灌溉水的矿化度也影响湿润体特性（牛文全等，2014）。矿化度对湿润体的形状影响较小，对湿润体的体积影响较大，矿化水湿润体的体积大于清水的湿润体体积。

二、微润管出流及抗堵塞性能

低压微润管出流试验表明，在供水压力恒定的条件下，微润管在空气或土壤中的渗透流量是恒定的；当供水压力增大时，微润管在两种不同介质中的渗透流量也增加，压力与流量呈显著的线性相关；在相同的供水压力下，微润管在土壤中的渗透流量小于在空气中的渗透流量，相对减少量在 20%~60%，引起微润管在土壤中渗透流量减小的主要因素是土壤压力，即微润带的埋深（祁世磊，2013）。

微润管在空气中的出流存在诱导阶段，由于微润管表面为纳米级微孔，初次注水时部分孔隙未完全张开，施压运行后孔隙被逐步撑开，微润管出流逐步稳定；稳定后出流量明显增加，累积出流量与出流时间呈正相关，时段出流量随时间变化在出流平均值上下波动，微润管内压力对出流量影响明显（邱照宁等，2015b）。水温影响微润管的空气出流量，两者存在正相关关系，水温升高时出流量增大，水温降低时出流量减小，压力水头越大，温度对其出流影响越大（邱照宁等，2015a）。

微润管出流量随着使用时间的延长递减，出流量和使用天数之间呈现良好的线性关系，前期流量下降较快，中期较慢，后期又较快（刘国宏等，2016）。浑水条件下微润管出流量较清水显著降低，灌溉水含沙量显著影响微润管的初始流量，初始流量随着含沙量的增加而降低（谢香文等，2014b）。含沙量和泥沙粒径是造成微润管堵塞的主要因素。含沙量越大，对微润管的堵塞影响也越大，两者之间呈显著正相关关系；在一定含沙量与泥沙粒径范围内，造成微润管堵塞的关键因素不仅仅是单纯的泥沙粒径或含沙量因子，而是泥沙粒径与含沙量的耦合作用以及运行水位的变化（朱燕翔等，2015b）。粒径为 0.061~0.100 mm 的浑水试验中，水头 1.5 m 下灌水 72 h，微润带流量降幅不明显；随时间推移，微润带流量降幅增大，发生严重堵塞；水头 2.0 m、2.5 m 下灌水 36 h，流量降幅明显，随时间推移，堵塞率逐渐变缓；压力水头增大对微润管的堵塞率呈减弱趋势（樊二东等，2019）。

微润管的堵塞类型主要有物理堵塞、化学堵塞和生物堵塞 3 个方面。物理堵塞主要是通过更换更为精密的过滤器解决。化学和生物堵塞均是由灌溉水中的可溶性盐分、氢氧化物和硅酸盐等化学成分及藻类、细菌、微生物分解物等生物成分引起的堵塞，目前主要通过微润灌溉公司研发的化学特制药品分解堵塞物（王玉，2020）。

三、微润灌溉下土壤的盐分运移

在盐碱地利用微润管的单向渗透功能，可以对土壤进行原位淡化，微润管形成的连续水流可以携带盐分不停地向远离根区方向单向运移，最后移至根区之外，在湿润锋处富集，使湿润体内部的土壤淡化（杨庆理等，2016）。

盐碱地微润灌溉后以微润管为中心形成有效的土壤脱盐区，脱盐区面积、脱盐率与压力水头呈正相关。压力水头低，湿润区面积也小，湿润区内土壤得不到有效淋洗，脱盐率较低；压力水头增加，湿润区面积明显增大，在大量水分的运移过程当中，湿润区内土壤盐分受到淋洗作用更加强烈，盐分随水分运移至表层和深层土壤，脱盐区面积扩大，脱盐率提高（李朝阳等，2017）。微润管埋深对水平方向上的土壤盐分影响较小。垂直方向上，土壤脱盐区、积盐区位置随着埋深的增加逐渐下移；脱盐区内土壤平均含盐量随着埋深的增加逐渐升高，脱盐率逐渐下降（李朝阳等，2018）。

微润管竖直布设下，压力水头和土壤容重对微润灌溉湿润体内含水率、NO_3^--N 和 K^+ 含量均值影响显著。湿润体剖面面积、NO_3^--N 和 K^+ 分布面积随着压力水头的增加而增大，随着土壤容重的增加而减小；随着压力水头增加，湿润体内含水率、NO_3^--N 和 K^+ 含量均值及均匀度显著增大；随着土壤容重增加，湿润体内含水率和 NO_3^--N 含量均值显著减小，而 K^+ 含量均值略有增加，水盐含量均匀度显著降低（刘小刚等，2017）。

微润灌溉在干旱地区进行原位驱盐的试验研究表明，微润管不同铺埋方式（横铺、直插、环形铺设）均对土壤有驱盐效果，越靠近微润管驱盐效果越明显，深层（5~10 cm）土壤驱盐效果稳定且优于表层，表层土壤驱盐效果波动较大。断水后，横铺和直插方式 10 cm 深度处湿润体中心均具有较好的稳定性，7 d 内盐分几乎不存在反弹；直插方式湿润体边缘在 5~10 cm 深度处盐分不断降低，而横铺方式湿润体边缘盐分则先下降后上升，表层土壤则存在较大波动性（周文君等，2020）。

温室轻度盐碱地采用微润灌溉种植番茄试验表明（张子卓等，2015），土壤脱盐率随土层深度增加逐渐降低，番茄种植行 0~40 cm 土层处于脱盐状态，40~60 cm 土层处于轻微积盐状态，其中 10~20 cm 土层盐分含量最小、脱盐率最高；微润管埋深显著影响不同土层深度的土壤脱盐效果，当埋深 15 cm 时土层平均脱盐率、土壤平均含水率高于埋深 10 cm 和 20 cm，为番茄生长创造良好的水盐环境，有利于番茄生长发育。

微润带埋深是影响土壤水盐分布的重要因素。微润带埋深相同，灌溉定额越大，土壤含水率越高，土壤盐分越低；灌溉定额相同，与微润带埋深为 10 cm 的处理相比，埋深为 20 cm 的处理在 20~30 cm 内土壤含水率更大，在 10~60 cm 内土壤含水率变异系数较小，且含盐量显著降低（樊二东等，2019；贾腾月等，2019）。

四、微润灌溉植物栽培试验

微润灌溉在玉米、小麦、马铃薯、向日葵、番茄和果树等植物的种植方面有良好的适用性，节水效果明显。

玉米微润灌溉比膜下滴灌节水率高 35.8%，比畦灌节水率高 63.4%。微润管埋深、间距及压力水头显著影响玉米产量和水分利用效率，其中压力水头对玉米产量和水分利用效率影响较大；微润灌溉有利于玉米籽粒发育，使籽粒饱满、百粒量增加，而膜下滴灌产量虽高，但籽粒饱满程度却逊于微润灌溉（何玉琴，2012；何玉琴等，2012）。微润管铺设密度对夏玉米苗期生长有显著影响，随铺设密度的增加，玉米株高、茎粗和地上部鲜重增加，其中 3 管 2 行铺设处理的总干物质积累量、根系体积、群体生长率等均高于地下滴灌（张明智等，2016）。当微润管进口压力为 2.0 m、2.5 m 和 3.0 m 时，微润灌溉玉米分别较滴灌玉米少耗水 29.8%、17.9% 和 11.7%；其中微润管进口压力为 3.0 m 的玉米籽粒产量为 10 507 kg/hm²，比滴灌高 11.5%，水分利用效率达到 4.33 kg/m³；微润灌溉玉米可通过优化全生育期水分配置，达到节水、增产、增效的效果（王亚竹等，2019）。

与滴灌对冬小麦生长的影响相似，微润灌溉冬小麦的株高、干物质积累量、群体生长率、产量、水分利用效率及灌溉水分生产率均高于无灌溉对照，微润灌溉节水效果明显，其灌水量约为滴灌的3/4（张明智等，2018）。采用微润灌与地下滴灌处理时，随土层深度增加，作物各生育期土壤电导率无显著差异且变化趋势基本一致，表明微润灌与地下滴灌对土壤的影响具有一致性。微润灌下作物产量与灌浆成熟期10~20 cm土层土壤电导率和10~80 cm土层土壤平均电导率之间相关性显著（张明智等，2017）。

马铃薯不同微润管铺设模式筛选试验中，1管1行较1管2行、2管2行模式更优，表现为产量高、单株薯重大、大中薯率高；综合分析马铃薯块茎中干物质、淀粉、可溶性总糖含量等指标，1管1行模式下马铃薯品质也最好；而传统滴灌方式下马铃薯总产量虽然较高，但小薯率较大，从而影响综合效益（张群，2014）。

向日葵采用微润灌溉，微润管埋深为20 cm时更能促进向日葵的生长，显著提高产量和水分利用效率；各生育期向日葵根长密度、根体积密度、根表面积密度均表现为微润管埋深20 cm的处理优于埋深为10 cm的处理（田德龙等，2016）。

温室番茄微润灌溉和滴灌对比试验表明（薛万来等，2013b），滴灌番茄全生育期内土壤水分变化较大，而微润灌溉土壤水分动态变化较小，更有利于番茄生长，番茄株高、茎粗、产量和水分利用效率都高于滴灌处理。微润管埋深是影响土壤水分时空分布的重要因素，当压力水头为1.8 m时，微润管埋深15 cm的番茄产量分别比埋深10 cm和20 cm的处理增加3.24%和7.45%（张子卓等，2015）。微润灌溉较膜下滴灌更有利于温室番茄的生长，果实横径、平均单果质量、单果体积、总产量及灌溉水分生产率增加显著；微润灌溉显著提高番茄果实维生素C、可溶性糖及糖酸比的含量，改善番茄品质；微润管埋深10 cm、1管2行模式为温室番茄种植较为适宜的技术参数（吕望等，2016）。

山楂园铺设微润管进行微润灌溉，在灌溉用水量、投入人工、产量等各方面与传统灌溉进行对比，经过为期两年的观测，证明微润灌溉用水量可以节约81%，几乎不占用人工和时间，增产增收达到12%（吴欢欢，2019）。董瑾（2013）通过比较微润灌溉和滴灌对草莓生长的影响，发现微润灌溉处理的草莓维生素 C 含量、叶片总含水量、平均生长速率、根长及根系数量与其他灌溉方式相比均较高。

张家口坝上地区杏扁种植采用微润灌溉技术，对比分析了微润灌与常规灌在土壤含水率、用水量、用工量、对杏扁生长量影响等方面的不同，结果表明，微润灌比常规灌节水 72% 的情况下土壤含水率仍然比常规灌高，微润处理下的树体高度、树干直径、新梢生长量也都显著高于常规处理（王秀荣等，2020）。

赣南脐橙果园采用微润灌溉技术，满足脐橙生长过程对水分的需求，实现了灌溉系统供水过程与植物的吸水过程在时间和空间上同步，灌水过程大幅减少地表水分蒸发和深层渗漏，微润灌溉比滴灌节水 30%～70%，比浇灌节水 60%～80% 以上，节水效果显著，微润灌溉技术缓慢持续的灌溉方式，避免了脐橙骤旱骤湿引起落果等不利影响，提高了果实产量，改善了果实品质（张炯，2020）。

山西省柳林县经济林灌溉依据地势特点充分利用泵站提蓄的黄河水，加配过滤设备和施肥装置，配套干、支级输水管网，将过滤后的水资源通过微润灌溉设备，输送到植物的根部，通过蓄水池、水塔将河水集蓄贮存，在干旱时节采用微润灌溉方式进行灌溉，实现了有限水资源的优化配置，做到了开源和节流并举（王玉，2020）。

第二章 微润灌溉土壤水分运移影响因素研究

第一节 试验概述

作为一种新型的节水灌溉技术，微润灌溉目前尚未形成系统完善的灌水技术参数和灌溉制度。地埋微润管的出流量主要受压力水头、土壤容重和土壤质地等的影响。由于微润灌溉只依靠低压作为驱动力实现灌溉，而不需要消耗其他能量，故压力水头对微润管出流及水分在土壤中的入渗过程具有重要影响。随着压力水头的增加，入渗界面处压力势也随之增大，有利于增大土壤的入渗作用，在相同入渗时间内湿润锋水平和垂向运移距离随着压力水头的增大而增大（薛万来等，2014）。土壤容重是土壤的一个基本物理参数，反映了土壤紧实度和孔隙度的大小，对土壤的透气性、入渗性能、持水能力、溶质迁移特征以及土壤的抗侵蚀能力都有非常大的影响（吕刚等，2008）。土壤容重对非水相流体在土壤中的扩散作用十分显著，尤其是在降水入渗和黏质土壤情况下，土壤颗粒吸水膨胀导致容重变小，失水收缩导致容重变大，使土壤水动力学特征发生变化，对水分的动态变化有着明显作用（时新玲等，2005）。导水率与土壤黏性呈正比，湿润锋运移距离随着土壤容积密度增大而减小（牛文全等，2013）。土壤质地是指土壤中粗细不同的各粒级土粒所占的百分比，是一项重要的土壤参数，因其表征了颗粒间孔隙的大小，故对土壤的吸水、保水特性具有显著作用。同一质地的土壤，其水分入渗率会随容重的增大而减小，因为随土壤容重的增加，土壤团粒结构丧失、土壤孔隙减小、土壤变得紧密坚实导致入渗能力降低（李卓等，2009）。

灌水器的抗堵性能是节水灌溉的重要研究内容之一，灌溉用水中所含的悬浮颗粒物是引起灌水器堵塞的主要原因，颗粒物的质量分数、粒径和流速是影响灌水器堵塞的重要因素，细小的泥沙在进入灌水器后会在其内部出现胶结、絮凝、运移等一系列微观流场水动力学现象，泥沙颗粒沉淀下来后会降低灌水器的出流量（张国祥，2017）。研究表明，浑水条件下微润管出流量较清水显著降低，含沙量和泥沙粒径是造成微润管堵塞的主要因素：含沙量越大，对微润管的堵塞影响也越大，两者之间呈显著正相关关系（谢香文等，2014b；朱燕翔等，2015b）。

本章的研究针对微润灌溉条件下不同压力水头、土壤容重和土壤质地对土壤水分运移的影响，进行了室内土箱模拟试验，对微润灌溉累积入渗量、微润管出流量、微润灌溉湿润体的形状和运移特点、土壤含水率的变化情况进行了测定分析，探讨了不同因素对微润灌溉土壤水分运移的影响，可以为微润灌溉系统设计参数设定提供借鉴；针对微润管的防堵塞性能，进行了微润管清水出流和浑水出流试验，探究了微润管抗堵性能与泥沙含量和粒径之间的关系，可以为该微润灌溉技术的实际应用提供理论参考。

第二节　试验材料与试验方法

一、试验装置

试验于 2015 年 10—12 月在山西省太原市太原理工大学水利科学与工程学院土壤实验室进行。试验装置主要包括：可升降活动支架、马氏瓶、输水管、阀门、微润管和土箱（图 2-1）。马氏瓶放置在一定高度的支架上用来保持恒定水头供水，调节活动支架的高度可以使马氏瓶提供不同压力水头的供水。马氏瓶上标有刻度，试验时读取水面刻度变化计算供水量。输水管为内径 16 mm 的黑色聚乙烯（PE）管，与马氏瓶和微润管相连。输水管安装有阀门以控制供水。供水水源为经过过滤的城市自来水。微润管由深圳市微润灌溉技术有限公司生产，长度为 1 m，内径为 16 mm，壁厚为 1 mm。土箱采用透明有机玻璃制作，长×宽×高为 100 cm×40 cm×40 cm。土箱两端侧板中心有孔用来贯穿微润管。微润管一端连接输水管和马氏瓶，另一端用堵头封闭。

二、试验设计和方法

供试用土壤样品取自山西省太原市尖草坪区芮城村。试验前将土壤样

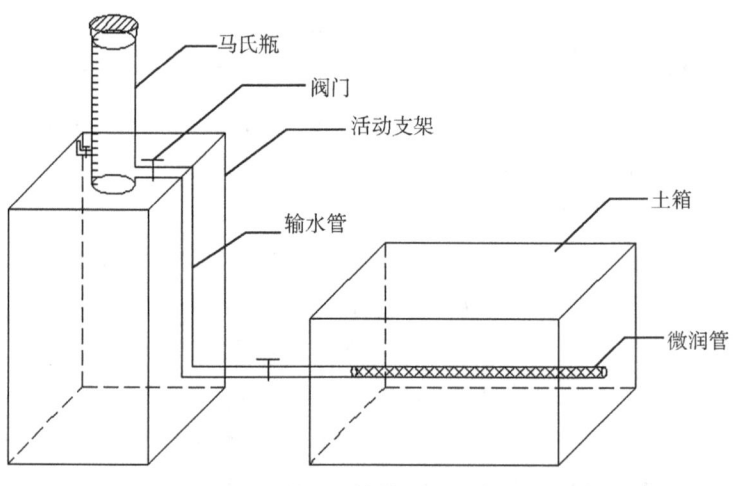

图 2-1　微润灌溉土箱模拟试验装置示意图

品自然风干、碾碎，过 2 mm 孔径的筛子后混合均匀备用。根据国际制土壤质地分级标准，供试土壤样品基本性状见表 2-1。试验分组分时间段分别进行。试验设 3 次重复。

表 2-1　供试土壤样品基本性状

试验	土壤质地	不同粒径土壤颗粒占比/%			容重/(g/cm³)
		<0.002 mm	0.002~<0.020 mm	0.020~<2.000 mm	
试验 1	黏壤土	23.30	40.58	36.12	1.20, 1.30, 1.40
	壤质砂土	5.20	7.32	87.48	1.50
试验 2	砂质壤土	12.31	25.24	62.45	1.40
	黏壤土	20.43	43.25	36.32	1.30

试验 1 设置 3 个压力水头和 3 个土壤容重的因素组合，其中 3 个压力水头分别为 2.0 m、1.5 m、1.0 m（分别记为 H1、H2、H3），3 个土壤容重分别为 1.2 g/cm³、1.3 g/cm³、1.4 g/cm³（分别记为 γ1、γ2、γ3）。土壤初始含水率为 2.85%。

试验 2 设置 3 种土壤质地，分别为壤质砂土（loamy sand，记为 LS）、砂质壤土（sandy loam，记为 SL）、黏壤土（clay loam，记为 CL）。压力水头分别为 2.0 m、1.5 m、1.0 m（记为 H1、H2、H3），容重分别为 1.50 g/cm³、1.40 g/cm³、1.30 g/cm³。土壤初始含水率为 2.76%。

试验前根据既定土壤容重，称取一定量的土壤样品，以每层 5 cm 的土层厚度装入土箱中轻轻振捣，土层表面作粗糙化处理，以保证各土层之间充分接触和融合。当土层厚度达到 20 cm 时，在土层表面水平铺设一根微润管，贯穿箱体两侧板中心的孔。待微润管铺设好后另外再装入 20 cm 的土层，使微润管埋深为 20 cm。

试验开始供水前，记录马氏瓶的水位，然后打开阀门供水。120 h 后，阀门关闭。在开始供水后的 12 h 内，每隔 2 h 记录一次马氏瓶的水位，之后每隔 12 h 记录一次水位。根据马氏瓶内的水量随时间的变化，记录累积入渗量（以微润管单位长度 1 m 计），并计算出流量。在入渗过程中，在土箱两侧板画出湿润锋的位置，记录湿锋锋在水平向右（R）、垂直向上（U）和垂直向下（D）方向的运移距离，计算运移速率。待入渗 120 h 停止供水后，采集土壤样品，在 105℃烘箱干燥，测定土壤含水率。土壤样品取样点分别为沿 R、U 和 D 方向、距离微润管 5 cm、10 cm 和 15 cm 处。

试验 3 为微润管清水出流试验。将长度为 1 m 的微润管水平铺设于空置的土箱底部，微润管一端通过输水管与马氏瓶连接，另一端用堵头封闭。调节马氏瓶高度，将压力水头分别控制为 2 m、1.5 m、1 m（分别记为 H1、H2、H3）。开始供水前，记录马氏瓶的水位，然后打开阀门供水。前 12 h 内每隔 2 h 记录一次水位，24 h 后结束并记录水位。

试验 4 为微润管浑水出流试验。将自制浑水用土壤样品自然风干、碾压后均匀混合，分别过 0.100 0 mm、0.075 0 mm 和 0.038 5 mm 的孔径筛，得到 0.075 0 mm ≤ d1 < 0.100 0 mm、0.038 5 mm ≤ d2 < 0.075 0 mm 和 d3 < 0.038 5 mm 的 3 种粒径的土壤颗粒物质。对应每种粒径分别选取 1.5 g/L、1.0 g/L、0.5 g/L 配制浑水，共 9 个处理记为 T1 ~ T9（表2-2）。将长度为 1 m 的微润管水平铺设于空置的土箱底部，微润管一端通过输水管与马氏瓶连接，另一端用堵头封闭。调节马氏瓶高度，将压力水头控制为 2 m。将配制好的浑水注入马氏瓶中，记录水面刻度。打开阀门供水，每 6 h 记录一次水面刻度，观测 144 h 后结束试验。每组试验结束后清洗马氏瓶和输水管等试验装置，并更换微润管。

本研究参照滴灌灌水器堵塞的评价方式，以一定压力水头下浑水的出流量 $Q_{浑}$ 与清水的出流量 $Q_{清}$ 的比值作为相对流量，记作 Q，以 $Q < 75\%$ 作为灌水器发生严重堵塞的标准（李久生等，2008；刘璐等，2012）。

表 2-2 不同浑水的土壤颗粒配制比例

土壤颗粒	试验处理								
	T1	T2	T3	T4	T5	T6	T7	T8	T9
粒径/mm	0.075 0≤d1 <0.100 0			0.038 5≤d2 <0.075 0			d3<0.038 5		
泥沙含量/（g/L）	1.5	1.0	0.5	1.5	1.0	0.5	1.5	1.0	0.5

三、数据处理

采用 Excel 2010、AutoCAD 2014 进行数据整理、制作图表，采用 SPSS 19.0 软件进行数据统计分析，方差分析使用最小显著差异（Least-significant difference，LSD）法进行。

第三节　压力水头对微润灌溉水分入渗的影响

一、压力水头对微润灌溉累积入渗量和出流量的影响

（一）压力水头对微润灌溉累积入渗量的影响

不同压力水头处理下微润灌溉的累积入渗量见图 2-2，压力水头对累积入渗量的影响显著（$P<0.05$）。在微润灌溉入渗 0~120 h 内，各处理的累积入渗量呈增加趋势，各处理间表现为 H1>H2>H3，累积入渗量随压力水头的增加而增加，在 3 个不同土壤容重下表现出相同的规律。在 γ1、γ2 土壤容重下，处理 H1 和 H2 的累积入渗量较为接近，远远高于处理 H3；在 γ3 土壤容重下，处理 H1 和 H2 之间累积入渗量的差异大于在 γ1、γ2 土壤容重下。

在入渗 120 h 时，处理 H1 的累积入渗量在土壤容重 γ1、γ2、γ3 下分别为 13.47 L、11.08 L、9.24 L，处理 H2 的累积入渗量分别为 11.71 L、10.20 L、4.74 L，处理 H3 的累积入渗量分别为 4.95 L、3.35 L、2.98 L。

对不同压力水头下微润灌溉累积入渗量和入渗时间的关系进行拟合，其拟合关系可以用线性方程 $y=ax+b$ 表达，其中 $R^2>0.98$（表 2-3）。在土壤容重 γ3 下，微润灌溉累积入渗量和入渗时间的线性相关性更强，其 $R^2>0.99$。

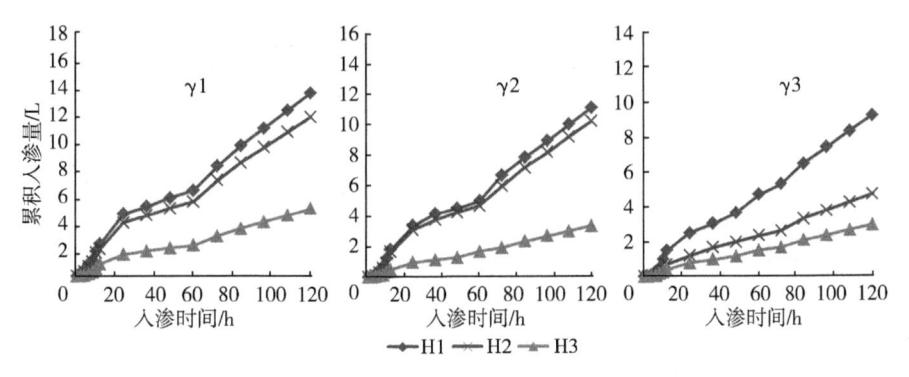

H1，压力水头为 2.0 m；H2，压力水头为 1.5 m；H3，压力水头为 1.0 m。γ1，土壤容重为 1.2 g/cm³；γ2，土壤容重为 1.3 g/cm³；γ3，土壤容重为 1.4 g/cm³。

图 2-2　不同压力水头下微润灌溉的累积入渗量

表 2-3　不同压力水头下微润灌溉累积入渗量和入渗时间的拟合关系

压力水头	土壤容重	拟合关系	R^2
H1	γ1	$y = 0.108\ 3x + 0.513\ 4$	0.985 6
H2	γ1	$y = 0.094\ 2x + 0.441\ 7$	0.985 5
H3	γ1	$y = 0.040\ 4x + 0.106\ 2$	0.985 1
H1	γ2	$y = 0.090\ 7x + 0.213\ 8$	0.987 6
H2	γ2	$y = 0.083\ 8x + 0.149\ 8$	0.987 6
H3	γ2	$y = 0.027\ 6x + 0.040\ 3$	0.991 6
H1	γ3	$y = 0.076\ 3x + 0.091\ 6$	0.993 4
H2	γ3	$y = 0.039\ 4x + 0.016\ 7$	0.993 4
H3	γ3	$y = 0.024\ 7x + 0.011\ 1$	0.995 1

注：H1，压力水头为 2.0 m；H2，压力水头为 1.5 m；H3，压力水头为 1.0 m。γ1，土壤容重为 1.2 g/cm³；γ2，土壤容重为 1.3 g/cm³；γ3，土壤容重为 1.4 g/cm³。

（二）压力水头对微润灌溉出流量的影响

不同压力水头处理下微润灌溉的出流量见图 2-3，压力水头对出流量的影响显著（$P < 0.05$）。在微润灌溉入渗 0~12 h，各处理的出流量呈迅速增加趋势，在入渗 12~72 h 出流量逐渐减少，在入渗 72~120 h 出流量基本稳定。以土壤容重 γ1 为例，在入渗 72 h、120 h 时，处理 H1 的出流量分别为 112.6 mL/(m·h)、112.2 mL/(m·h)，处理 H2 的出流量分别为 98.0 mL/(m·h)、97.6 mL/(m·h)，处理 H3 的出流量分别为 40.8 mL/(m·h)、41.2 mL/(m·h)。

　　各处理的出流量表现与累积入渗量相似，为 H1＞H2＞H3，出流量随压力水头的增加而增加，在 3 个不同土壤容重下表现出相同的规律。在 γ1、γ2 土壤容重下，处理 H1 和 H2 的出流量较为接近，远远高于处理 H3；在 γ3 土壤容重下，处理 H1 和 H2 之间出流量的差异大于在 γ1、γ2 土壤容重下的出流量差异。

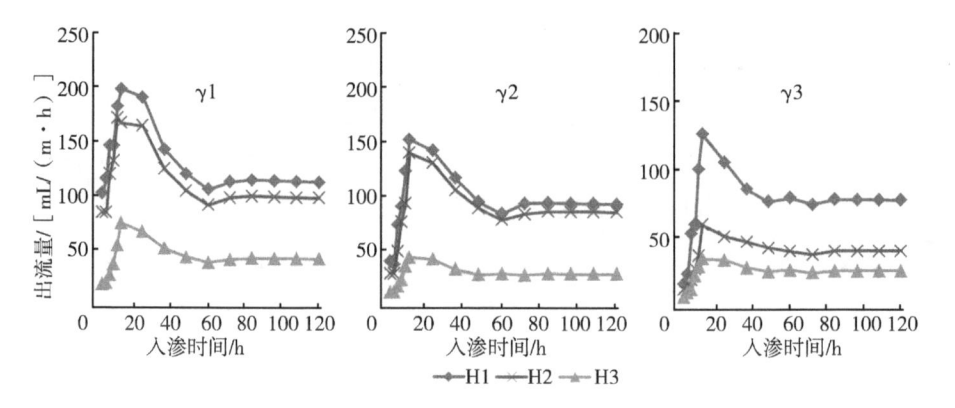

　　H1，压力水头为 2.0 m；H2，压力水头为 1.5 m；H3，压力水头为 1.0 m。γ1，土壤容重为 1.2g/cm³；γ2，土壤容重为 1.3g/cm³；γ3，土壤容重为 1.4g/cm³。

图 2-3　不同压力水头下微润灌溉的出流量

二、压力水头对微润灌溉湿润锋形状和运移的影响

（一）压力水头对微润灌溉湿润锋形状的影响

　　不同压力水头处理下微润灌溉湿润锋的截面形状（以 1/2 为例）见图 2-4，压力对湿润锋的形状没有明显影响，但对湿润锋垂直和水平方向的运移距离有明显影响。不同处理湿润锋的截面形状均为椭圆形，其垂直方向的运移距离大于水平方向的运移距离，且垂直向下的运移距离大于垂直向上的运移距离。在相同入渗时间内，不同处理之间湿润锋的截面大小表现为 H1＞H2＞H3，湿润锋的运移距离随着压力水头的增加而增加。随着灌水时间的延长，湿润锋的截面半径在不断增大，在相同时间内湿润半径增大的幅度在不断减小，即湿润锋的扩展速度在减缓。灌水结束时，水平运移距离与垂直向下运移距离相差较小，但均大于垂直向上的运移距离。在入渗 120 h 时，处理 H1、H2、H3 的湿润锋纵向垂直向下的运移距离分别为 18.8 cm、18.5 cm、15.5 cm，垂直向上的运移距离分别为

15.7 cm、13.8 cm、12.8 cm，横向运移距离分别为 18.2 cm、16.5 cm、12.1 cm。

水分在土壤中的运移主要受水力传导度和水势梯度的影响。在入渗刚开始时，重力势、土壤基质势和供水压力势共同影响着出流孔水流，随着压力水头的增大，入渗界面处的压力势也随之增大，同时入渗初期的土壤含水率较低，基质势较小，水吸力较大，相应的水势梯度也较大，微润管的出流量也就越大，所以湿润锋的扩散距离随压力水头的增大而增大；随着入渗时间的推移，土壤含水率逐步增大，土壤水吸力则逐渐减小并趋于0，但入渗界面处压力势始终不变，故膜内外水势梯度随着入渗时间的推移而减小，此时湿润锋运移速率的特点为先快后慢。

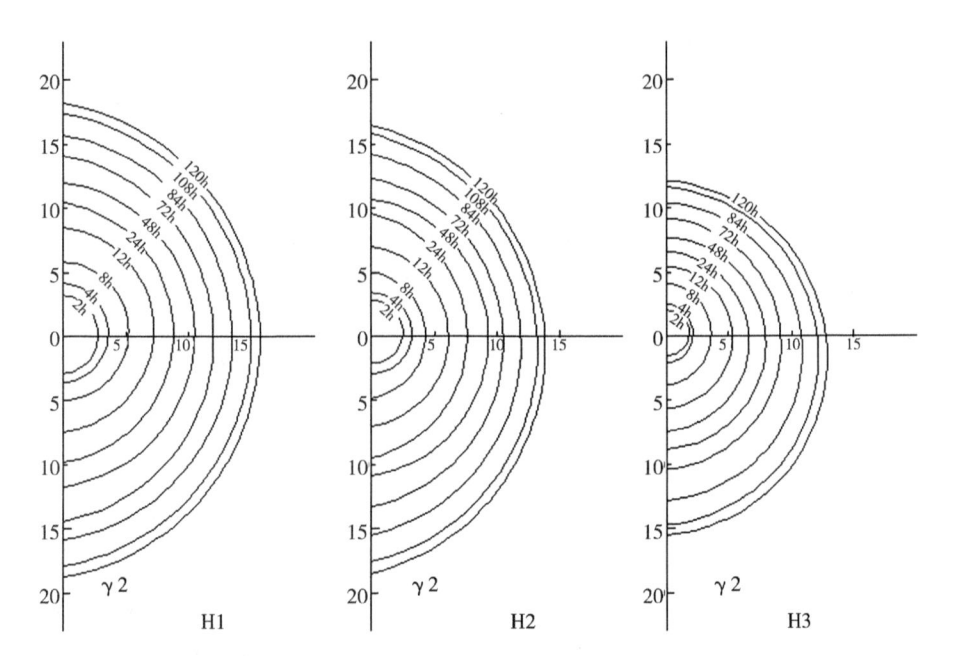

H1，压力水头为2.0 m；H2，压力水头为1.5 m；H3，压力水头为1.0 m；γ2，土壤容重为1.3 g/cm³。

图 2-4 不同压力水头下微润灌溉湿润锋的形状（以土壤容重 γ2 为例）

（二）压力水头对微润灌溉湿润锋运移的影响

不同压力水头处理下微润灌溉湿润锋在 R、U、D 方向的运移距离见图 2-5，各方向的运移距离都表现为 H1＞H2＞H3。随入渗时间推移，湿润锋在各方向的运移距离都呈增大趋势，且在入渗的 0~24 d 内运移距离增加迅速，之后增速放缓，在入渗 120 h 结束时，湿润锋仍有继续扩展的趋势。压力水头越大，湿润锋运移越快，这是因为压力是微润管出流的主要驱动力，在开始入渗时，因微润管外土壤界面处含水率较低，管内外水势差较大，因此入渗水分运移较快，之后随土壤水分含量的增加，运移速度逐渐变缓。

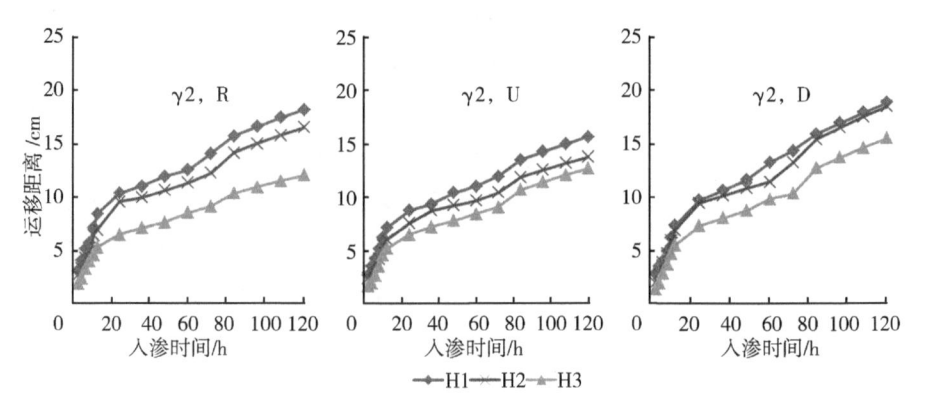

H1，压力水头为 2.0 m；H2，压力水头为 1.5 m；H3，压力水头为 1.0 m；γ2，土壤容重为 1.3g/cm³；R，水平向右方向；U，垂直向上方向；D，垂直向下方向。

图 2-5 不同压力水头下微润灌溉湿润锋的运移距离（以土壤容重 γ2 为例）

对不同压力水头处理下微润灌溉湿润锋在 R、U、D 方向的运移距离和入渗时间的关系进行拟合，其相关关系可以用幂函数 $y = ax^b$ 表达，其中 $R^2 > 0.97$（表 2-4）。这里 a 为入渗系数，b 为入渗指数。各方向的入渗系数 a 均随着压力水头的减小而减小，而入渗指数 b 的变化幅度较小，说明压力水头对入渗系数的影响较大。

表 2-4 不同压力水头下微润灌溉湿润锋运移距离和入渗时间的拟合关系

压力 水头	R			U			D		
	a	b	R^2	a	b	R^2	a	b	R^2
H1	2.563 7	0.409 4	0.982 7	2.211 9	0.408 8	0.984 3	2.007 9	0.467 6	0.988 4
H2	2.129 3	0.427 9	0.981 2	1.943 7	0.409 4	0.987 0	1.637 0	0.506 7	0.979 9
H3	1.601 4	0.422 7	0.981 8	1.320 3	0.473 7	0.973 3	1.164 9	0.541 2	0.977 4

注：H1，压力水头为 2.0 m；H2，压力水头为 1.5 m；H3，压力水头为 1.0 m；R，水平向右方向；U，垂直向上方向；D，垂直向下方向；a，入渗系数；b，入渗指数。

入渗系数 a 反映的是入渗开始后首个单位阶段内的入渗总量，在数值上为第一个入渗阶段末的入渗速率，就土壤水分运移机理而言，在入渗压力较小时，其值与土壤本身的理化性质有关，与压力无关。入渗指数 b 表征的是入渗过程的时效性，决定入渗指数的主要因素包括土壤的机械组成、土壤质地和初始含水率。在初始含水率不变的情况下，机械组成及土壤质地对入渗指数的变化起着重要作用。随着压力水头的增大，入渗界面的土壤颗粒由于入渗界面处压力势的增大而进一步分散，导致土壤骨架发生一定变形，细小颗粒随入渗水流向入渗面以下消散，使入渗界面处的土壤机械组成发生了变化，所以随着压力水头的增加，入渗过程的时效性发生改变，但由于变化相对较小，所以入渗指数的变化相对比较平稳。

不同压力水头处理下微润灌溉湿润锋在 R、U、D 方向的运移速率见图 2-6。各处理的运移速率在入渗 0~72 h 内呈减少趋势，并且在 0~24 h 内减少较多，在入渗 72~120 h 运移速率基本平稳。各方向的运移速率都表现为 H1＞H2＞H3，随着时间的推移，三者之间的差值呈减小趋势。

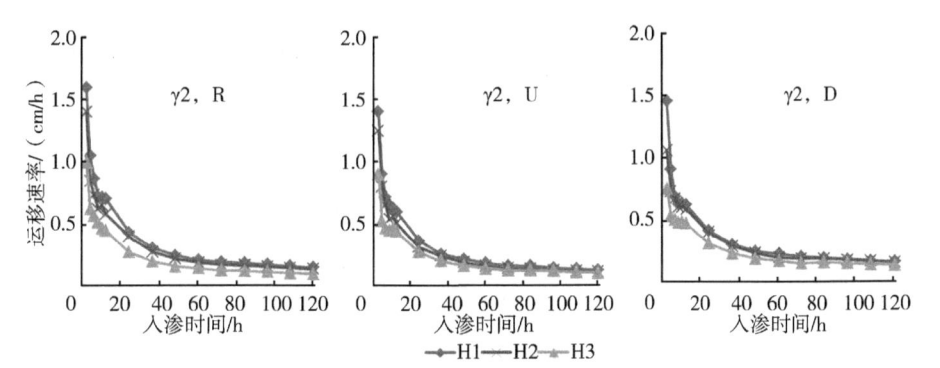

H1，压力水头为 2.0 m；H2，压力水头为 1.5 m；H3，压力水头为 1.0 m；$\gamma2$，土壤容重为 1.3g/cm³；R，水平向右方向；U，垂直向上方向；D，垂直向下方向。

图 2-6　不同压力水头下微润灌溉湿润锋的运移速率

对不同压力水头处理下微润灌溉湿润锋在 R、U、D 方向的运移速率和入渗时间的关系进行拟合，其相关关系也可以用幂函数 $y=ax^b$ 表达，b 为负值，表现为减函数，其中 $R^2＞0.96$（表 2-5）。在入渗 120 h 时，处理 H1、H2、H3 在 R 方向的运移速率分别为 0.15 cm/h、0.14 cm/h、0.10 cm/h，在 U 方向的运移速率分别为 0.13 cm/h、0.11 cm/h、

0.11 cm/h，在 D 方向的运移速率分别为 0.16 cm/h、0.15 cm/h、0.13 cm/h。

表 2-5　不同压力水头下微润灌溉湿润锋运移速率和入渗时间的拟合关系

压力水头	R			U			D		
	a	b	R^2	a	b	R^2	a	b	R^2
H1	2.563 7	-0.591 0	0.991 6	2.211 9	-0.591 0	0.992 4	2.007 9	-0.532 0	0.991 1
H2	2.129 3	-0.572 0	0.989 4	1.943 7	-0.591 0	0.993 7	1.637 0	-0.493 0	0.978 8
H3	1.601 4	-0.577 0	0.990 1	1.320 3	-0.526 0	0.978 3	1.164 9	-0.459 0	0.968 8

注：H1，压力水头为 2.0 m；H2，压力水头为 1.5 m；H3，压力水头为 1.0 m；R，水平向右方向；U，垂直向上方向；D，垂直向下方向；a，入渗系数；b，入渗指数。

三、压力水头对微润灌溉土壤含水率的影响

不同压力水头处理下微润灌溉沿 R、U 和 D 方向、距离微润管 5 cm、10 cm 和 15 cm 处的土壤含水率变化见图 2-7。就不同方向来看，D 方向的土壤含水率高于 R 和 U 方向。就距离微润管的距离来看，随着距离的增加，土壤含水率呈减少趋势。不同压力水头处理之间，土壤含水率表现为 H1＞H2＞H3，并且 H1 的土壤含水率与 H2、H3 的土壤含水率差异显著（P＜0.05，下同）。在 R 方向，距离微润管 5 cm 和 10 cm 处，H2、H3 的土壤含水率差异不显著；在距离微润管 15 cm 处，H2、H3 的土壤

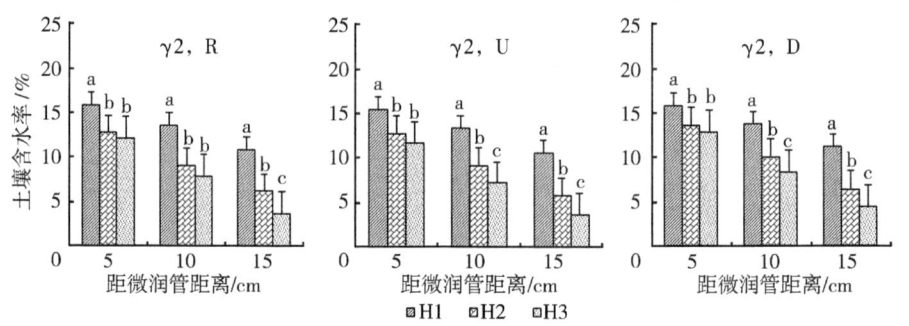

H1，压力水头为 2.0 m；H2，压力水头为 1.5 m；H3，压力水头为 1.0 m；γ2，土壤容重为 1.3g/cm³；R，水平向右方向；U，垂直向上方向；D，垂直向下方向；小写字母 a、b、c 表示 0.05 差异显著水平。

图 2-7　不同压力水头下微润灌溉土壤的含水率

含水率差异显著。在 U 和 D 方向，H2、H3 的土壤含水率的表现一致，在距离微润管 5 cm 处，H2、H3 的土壤含水率差异不显著；在距离微润管 10 cm、15 cm 处，H2 的土壤含水率显著高于 H3。

以上可以说明，在本试验设定条件下，微润灌溉的土壤含水率随压力水头的增加而增加，随着与微润管距离的增加而减少，在微润管向下方向的土壤含水率比向上和向右方向的高。

第四节　土壤容重对微润灌溉水分入渗的影响

一、土壤容重对微润灌溉累积入渗量和出流量的影响

（一）土壤容重对微润灌溉累积入渗量的影响

不同土壤容重处理下微润灌溉的累积入渗量见图 2-8，容重对累积入渗量的影响显著（$P < 0.05$）。在微润灌溉入渗 0~120 h 内，各处理的累积入渗量呈增加趋势，各处理间表现为 γ1＞γ2＞γ3，累积入渗量随土壤容重的增加而减少，在 3 个不同压力水头下表现出相同的规律。在 H2 压力水头下，处理 γ1、γ2 的累积入渗量较为接近，远远高于处理 γ3；在 H3 压力水头下，处理 γ2 和 γ3 的累积入渗量较为接近，远远低于处理 γ1。

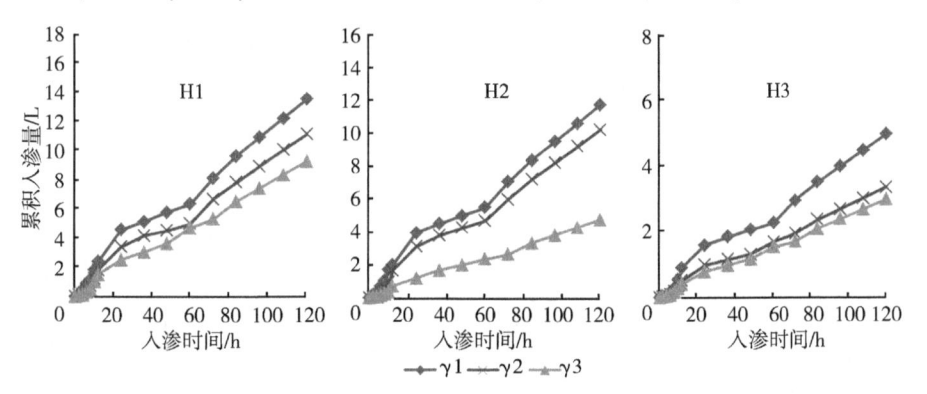

γ1，土壤容重为 1.2g/cm³；γ2，土壤容重为 1.3g/cm³；γ3，土壤容重为 1.4g/cm³；H1，压力水头为 2.0 m；H2，压力水头为 1.5 m；H3，压力水头为 2.0 m。

图 2-8　不同土壤容重下微润灌溉的累积入渗量

在入渗 120 h 时，处理 γ1 的累积入渗量在压力水头 H1、H2、H3 下分别为 13.47 L、11.71 L、4.95 L，处理 γ2 的累积入渗量分别为

11.08 L、10.20 L、3.35 L，处理 γ3 的累积入渗量分别为 9.24 L、4.74 L、2.98 L。

对不同土壤容重处理下微润灌溉累积入渗量和入渗时间的关系进行拟合，其拟合关系可以用线性方程 $y=ax+b$ 表达，其中 $R^2>0.98$（表 2-6）。在土壤容重 γ3 下，微润灌溉累积入渗量和入渗时间的线性相关性更强，其 $R^2>0.99$。

表 2-6　不同土壤容重下微润灌溉的累积入渗量和入渗时间的拟合关系

土壤容重	压力水头	拟合关系	R^2
γ1	H1	$y=0.108\ 3x+0.513\ 4$	0.985 6
γ2	H1	$y=0.090\ 7x+0.213\ 8$	0.987 6
γ3	H1	$y=0.076\ 3x+0.091\ 6$	0.993 4
γ1	H2	$y=0.094\ 2x+0.441\ 7$	0.985 5
γ2	H2	$y=0.083\ 8x+0.149\ 8$	0.987 6
γ3	H2	$y=0.039\ 4x+0.016\ 7$	0.993 4
γ1	H3	$y=0.040\ 4x+0.106\ 2$	0.985 1
γ2	H3	$y=0.027\ 6x+0.040\ 3$	0.991 6
γ3	H3	$y=0.024\ 7x+0.011\ 1$	0.995 1

注：γ1，土壤容重为 1.2g/cm³；γ2，土壤容重为 1.3g/cm³；γ3，土壤容重为 1.4g/cm³；H1，压力水头为 2.0 m；H2，压力水头为 1.5 m；H3，压力水头为 1.0 m；a，入渗系数；b，入渗指数。

（二）土壤容重对微润灌溉出流量的影响

不同土壤容重处理下微润灌溉的出流量见图 2-9，土壤容重对出流量的影响显著（$P<0.05$）。在微润灌溉入渗 0~12 h，各处理的出流量呈迅速增加趋势，在入渗 12~72 h 出流量逐渐减少，在入渗 72~120 h 出流量基本稳定。以压力水头 H1 为例，处理 γ1 在入渗 72 h、120 h 的出流量分别为 112.6 mL/(m·h)、112.2 mL/(m·h)，处理 γ2 的出流量分别为 92.9 mL/(m·h)、92.4 mL/(m·h)，处理 γ3 的出流量分别为 73.9 mL/(m·h)、77.0 mL/(m·h)。

各处理的出流量表现与累积入渗量相似，为 γ1>γ2>γ3，出流量随土壤容重的增加而减少，在 3 个不同压力水头下表现出相同的规律。在 H2 压力水头下，处理 γ1、γ2 的出流量较为接近，远远高于处理 γ3；在 H3 压力水头下，处理 γ2 和 γ3 的出流量较为接近，远远低于处理 γ1。

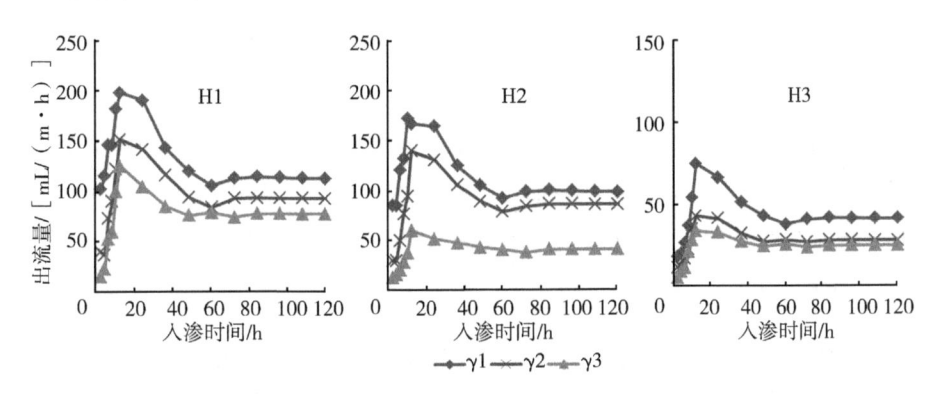

γ1，土壤容重为1.2g/cm³；γ2，土壤容重为1.3g/cm³；γ3，土壤容重为1.4g/cm³；H1，压力水头为2.0 m；H2，压力水头为1.5 m；H3，压力水头为1.0 m。

图2-9　不同土壤容重下微润灌溉的出流量

二、土壤容重对微润灌溉湿润锋形状和运移的影响

（一）土壤容重对微润灌溉湿润锋形状的影响

不同土壤容重处理下微润灌溉湿润锋的截面形状（以1/2为例）见图2-10，容重对湿润锋的形状没有明显影响，但对湿润锋垂直和水平方向的运移距离有明显影响。在相同入渗时间内，不同处理之间湿润锋的截面大小表现为γ1＞γ2＞γ3，湿润锋的运移距离随着容重的增加而减少。在入渗120 h时，处理γ1的湿润锋垂直向下、垂直向上、横向运移距离分别为18.9 cm、16.2 cm、19.1 cm，处理γ2的运移距离分别为18.5 cm、13.8 cm、16.5 cm，处理γ3的运移距离分别为15.8 cm、13.5 cm、15.6 cm；可以看出垂直向上的运移距离小于垂直向下和横向的运移距离。

（二）土壤容重对微润灌溉湿润锋运移的影响

不同土壤容重处理下微润灌溉湿润锋在R、U、D方向的运移距离见图2-11（以压力水头H2为例），各方向的运移距离都表现为γ1＞γ2＞γ3。在入渗的0~120 d内，湿润锋在各方向的运移距离都随入渗时间推移呈增大趋势，且在入渗的0~24 d内，运移距离增加迅速，之后增速放缓，在入渗120 h结束时，湿润锋仍有继续扩展的趋势。

土壤容重越大，湿润锋运移越慢，这是因为土壤水分入渗过程中水分迁移的主要通道是大孔隙及传导孔隙，而土壤容重反映了土壤的紧密程

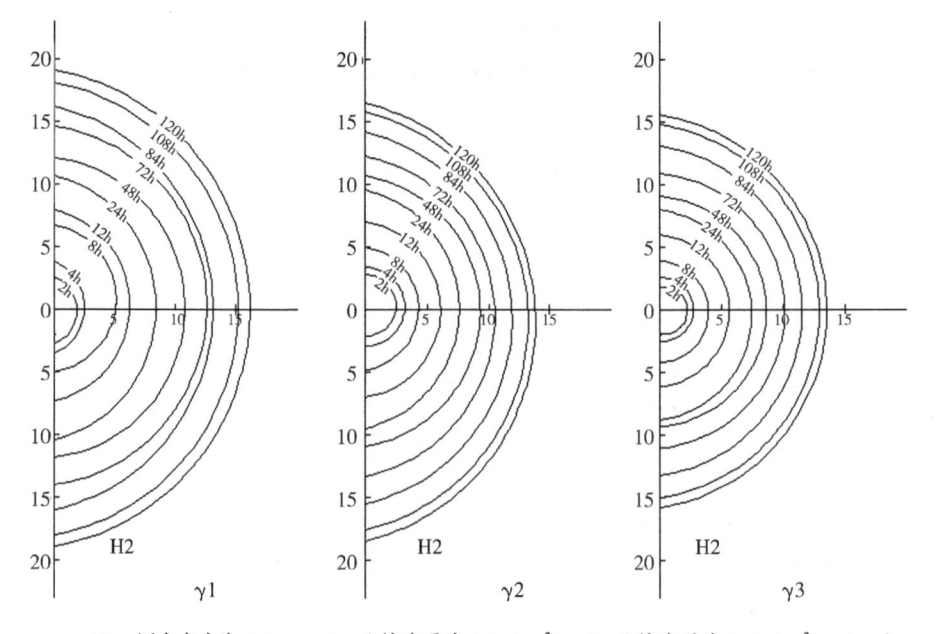

H2，压力水头为 1.5 m；γ1，土壤容重为 1.2g/cm³；γ2，土壤容重为 1.3g/cm³；γ3，土壤容重为 1.4g/cm³。

图 2-10　不同土壤容重下微润灌溉湿润锋的形状（压力水头为 H2）

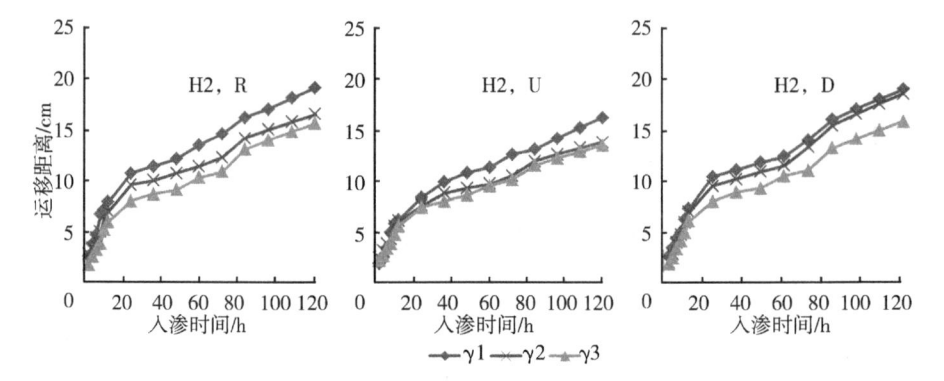

γ1，土壤容重为 1.2g/cm³；γ2，土壤容重为 1.3g/cm³；γ3，土壤容重为 1.4g/cm³；H2，压力水头为 1.5 m；R，水平向右方向；U，垂直向上方向；D，垂直向下方向。

图 2-11　不同土壤容重下微润灌溉湿润锋的运移距离（压力水头为 H2）

度，对土壤的孔隙状况产生直接影响。随着土壤容重的增大，土壤团粒结构变得紧密，内部孔隙减小，阻碍了水分在孔隙中的入渗，故湿润锋的运移速率减慢。

对不同土壤容重处理下微润灌溉湿润锋在 R、U、D 方向的运移距离和入渗时间的关系进行拟合，其相关关系可以用幂函数 $y = ax^b$ 表达，其中 $R^2 > 0.97$（表 2-7）。这里 a 为入渗系数，b 为入渗指数。R、D 方向的入渗系数 a 随土壤容重的增加而减小。

表 2-7 不同土壤容重下微润灌溉湿润锋运移距离和入渗时间的拟合关系
（压力水头为 H2）

土壤容重	R			U			D		
	a	b	R^2	a	b	R^2	a	b	R^2
γ1	2. 231 7	0. 452 0	0. 975 0	1. 524 3	0. 501 3	0. 972 8	1. 983 0	0. 471 0	0. 986 3
γ2	2. 129 3	0. 427 9	0. 981 2	1. 943 7	0. 409 4	0. 987 0	1. 637 0	0. 506 7	0. 979 9
γ3	1. 405 5	0. 503 2	0. 980 5	1. 615 9	0. 443 0	0. 987 9	1. 436 2	0. 500 9	0. 982 2

注：H2，压力水头为 1.5 m；R，水平向右方向；U，垂直向上方向；D，垂直向下方向；γ1，土壤容重为 1.2g/cm³；γ2，土壤容重为 1.3g/cm³；γ3，土壤容重为 1.4g/cm³；a，入渗系数；b，入渗指数。

不同土壤容重处理下微润灌溉湿润锋在 R、U、D 方向的运移速率见图 2-12。各处理的运移速率在入渗 0～72 h 内呈减少趋势，并且在 0～24 h 内减少较多，在入渗 72～120 h 内运移速率基本平稳。各方向的运移速率都表现为 γ1＞γ2＞γ3，随着时间的推移，三者之间的差值呈减小趋势。在入渗 120 h 时，处理 γ1、γ2、γ3 在 R 方向的运移速率分别为 0.16 cm/h、0.14 cm/h、0.13 cm/h，在 U 方向的运移速率分别为

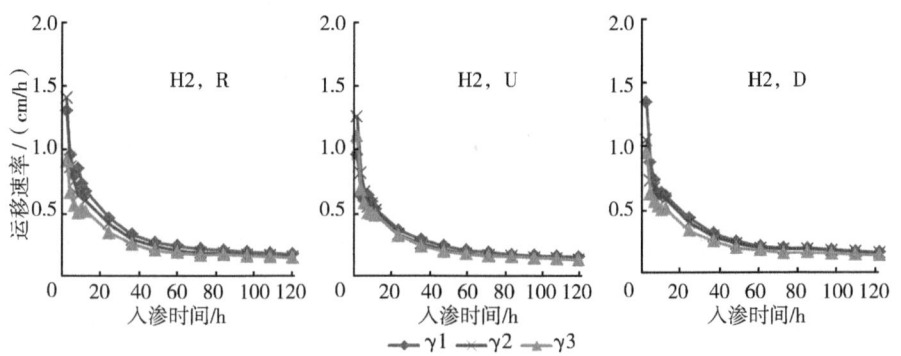

γ1，土壤容重为 1.2g/cm³；γ2，土壤容重为 1.3g/cm³；γ3，土壤容重为 1.4g/cm³；H2，压力水头为 1.5 m；R，水平向右方向；U，垂直向上方向；D，垂直向下方向。

图 2-12 不同土壤容重下微润灌溉湿润锋的运移速率（压力水头为 H2）

0.13 cm/h、0.11 cm/h、0.11 cm/h，在 D 方向的运移速率分别为0.16 cm/h、0.15 cm/h、0.13 cm/h。

对不同土壤容重处理下微润灌溉湿润锋在 R、U、D 方向的运移速率和入渗时间的关系进行拟合，其相关关系也可以用幂函数 $y=ax^b$ 表达，b 为负值，表现为减函数，其中 $R^2>0.97$（表2-8）。

表2-8 不同土壤容重下微润灌溉湿润锋运移速率和入渗时间的拟合关系（压力水头为 H2）

土壤容重	R			U			D		
	a	b	R^2	a	b	R^2	a	b	R^2
γ1	2.231 7	-0.548 0	0.982 9	1.524 3	-0.499 0	0.972 5	1.983 0	-0.529 0	0.989 1
γ2	2.129 3	-0.572 0	0.989 4	1.943 7	-0.591 0	0.993 7	1.637 0	-0.493 0	0.978 8
γ3	1.405 5	-0.497 0	0.980 0	1.615 9	-0.557 0	0.992 3	1.436 2	-0.499 0	0.982 1

注：H2，压力水头为 1.5 m；R，水平向右方向；U，垂直向上方向；D，垂直向下方向；γ1，土壤容重为 1.2g/cm³；γ2，土壤容重为 1.3g/cm³；γ3，土壤容重为 1.4g/cm³；a，入渗系数；b，入渗指数。

三、土壤容重对微润灌溉土壤含水率的影响

不同土壤容重处理下微润灌溉沿 R、U 和 D 方向、距离微润管 5 cm、10 cm 和 15 cm 处的土壤含水率变化见图 2-13（以压力水头 H2 为例）。随着距离微润管的距离的增加，土壤含水率呈减少趋势。在各方向上处理

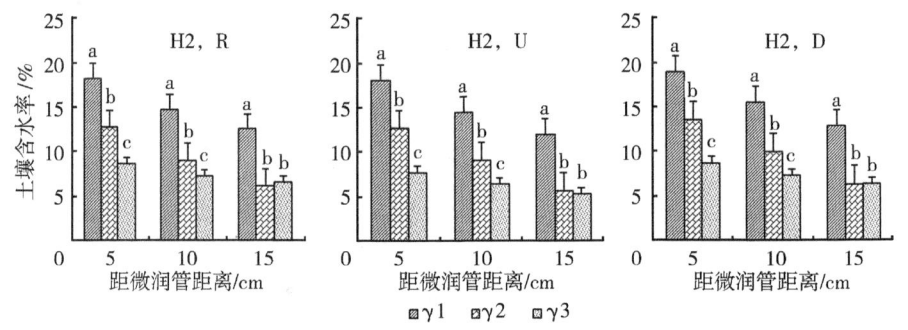

γ1，土壤容重为 1.2g/cm³；γ2，土壤容重为 1.3g/cm³；γ3，土壤容重为 1.4g/cm³；H2，压力水头为 1.5 m；R，水平向右方向；U，垂直向上方向；D，垂直向下方向；小写字母 a、b、c 表示 0.05 差异显著水平。

图2-13 不同土壤容重下微润灌溉土壤的含水率（压力水头为 H2）

γ1 的土壤含水率均显著高于 γ2 和 γ3（$P<0.05$，下同）；在距离微润管 5 cm、10 cm 处，处理 γ2 的土壤含水率均显著高于 γ3；在距离微润管 15 cm 处，处理 γ2 和 γ3 的土壤含水率差异不显著。

以上可以说明，在本试验设定条件下，微润灌溉的土壤含水率随土壤容重的增加呈减少趋势，但随着距离微润管距离的增加高容重土壤含水率的差异变小。

第五节　土壤质地对微润灌溉水分入渗的影响

一、土壤质地对微润灌溉累积入渗量和出流量的影响

（一）土壤质地对微润灌溉累积入渗量的影响

不同土壤质地处理下微润灌溉的累积入渗量见图 2-14，质地对累积入渗量的影响显著（$P<0.05$）。在微润灌溉入渗 0~120 h 内，各处理的累积入渗量呈增加趋势，各处理间表现为 LS＞SL＞CL，质地越黏重，累积入渗量越小，在 3 个不同压力水头下表现出相同的规律。

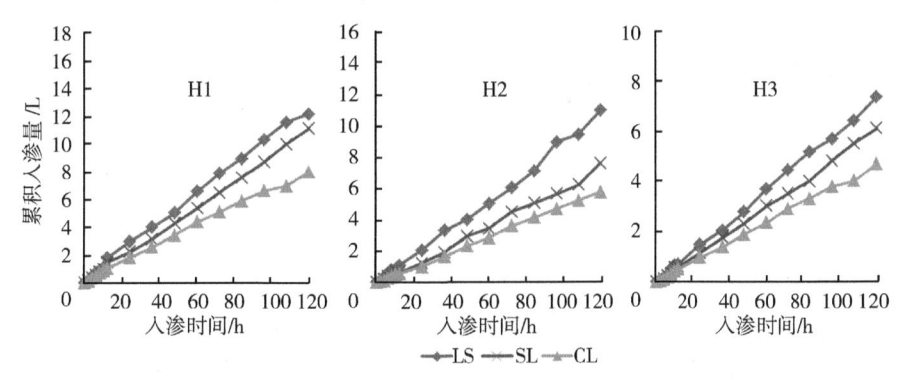

LS，壤质砂土；SL，砂质壤土；CL，黏壤土；H1，压力水头为 2 m；H2，压力水头为 1.5 m；H3，压力水头为 1.0 m。

图 2-14　不同土壤质地下微润灌溉的累积入渗量

在入渗 120 h 时，处理 LS、SL、CL 的累积入渗量在压力水头 H1 下分别为 12.18 L、11.09 L、7.99 L，在压力水头 H2 下分别为 10.94 L、7.58 L、5.74 L，在压力水头 H3 分别为 7.37 L、6.12 L、4.71 L。

对不同土壤质地处理下微润灌溉累积入渗量和入渗时间的关系进行

拟合，其拟合关系可以用线性方程 $y=ax+b$ 表达，其中 $R^2>0.99$（表 2-9）。

表 2-9 不同土壤质地下微润灌溉累积入渗量和入渗时间的拟合关系

土壤质地	压力水头	拟合关系	R^2
LS	H1	$y=0.104\,1x+0.171\,4$	0.997 4
SL	H1	$y=0.090\,8x+0.035\,0$	0.998 7
CL	H1	$y=0.066\,3x+0.161\,0$	0.997 0
LS	H2	$y=0.088\,9x-0.050\,7$	0.996 5
SL	H2	$y=0.060\,4x-0.046\,0$	0.995 7
CL	H2	$y=0.048\,7x-0.034\,8$	0.999 1
LS	H3	$y=0.060\,8x-0.022\,8$	0.998 9
SL	H3	$y=0.050\,7x-0.046\,3$	0.998 7
CL	H3	$y=0.039\,0x+0.003\,0$	0.998 3

注：LS，壤质砂土；SL，砂质壤土；CL，黏壤土；H1，压力水头为 2.0 m；H2，压力水头为 1.5 m；H3，压力水头为 1.0 m；a，入渗系数；b，入渗指数。

（二）土壤质地对微润灌溉出流量的影响

不同土壤质地处理下微润灌溉的出流量见图 2-15，土壤质地对出流量的影响显著（$P<0.05$）。在微润灌溉入渗 0~12 h，各处理的出流量呈迅速增加趋势，在入渗 12~72 h 出流量逐渐减少，在入渗 72~120 h 出流量基本稳定。

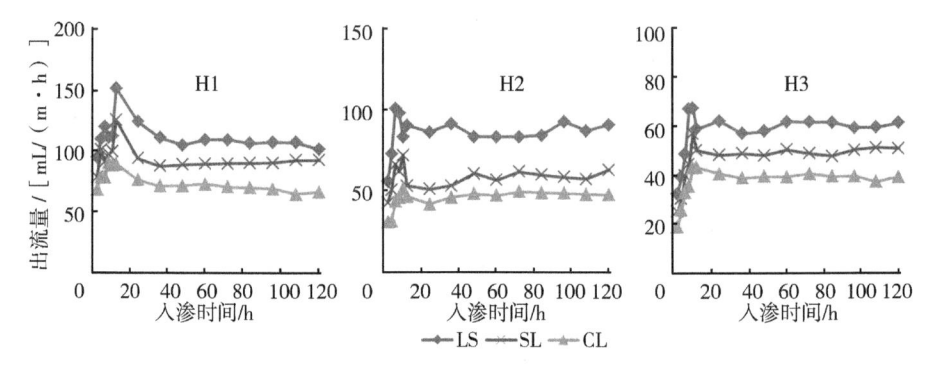

LS，壤质砂土；SL，砂质壤土；CL，黏壤土；H1，压力水头为 2.0 m；H2，压力水头为 1.5 m；H3，压力水头为 1.0 m。

图 2-15 不同土壤质地下微润灌溉的出流量

以压力水头 H1 为例，处理 LS 在入渗 72 h、120 h 的出流量分别为 109.4 mL/(m·h)、101.5 mL/(m·h)，处理 SL 的出流量分别为 89.9 mL/(m·h)、92.4 mL/(m·h)，处理 CL 的出流量分别为 70.6 mL/(m·h)、66.6 mL/(m·h)。

各处理的出流量表现与累积入渗量相似，为 LS＞SL＞CL，质地越黏重，出流量越小，在 3 个不同压力水头下表现出相同的规律。

二、土壤质地对微润灌溉湿润锋形状和运移的影响

(一) 土壤质地对微润灌溉湿润锋形状的影响

不同土壤质地处理下微润灌溉湿润锋的截面形状（以 1/2 为例）见图 2-16，质地对湿润锋的形状没有明显影响，但对湿润锋垂直和水平方向的运移距离有明显影响。在相同入渗时间内，不同处理之间湿润锋的截面大小表现为 LS＞SL＞CL。

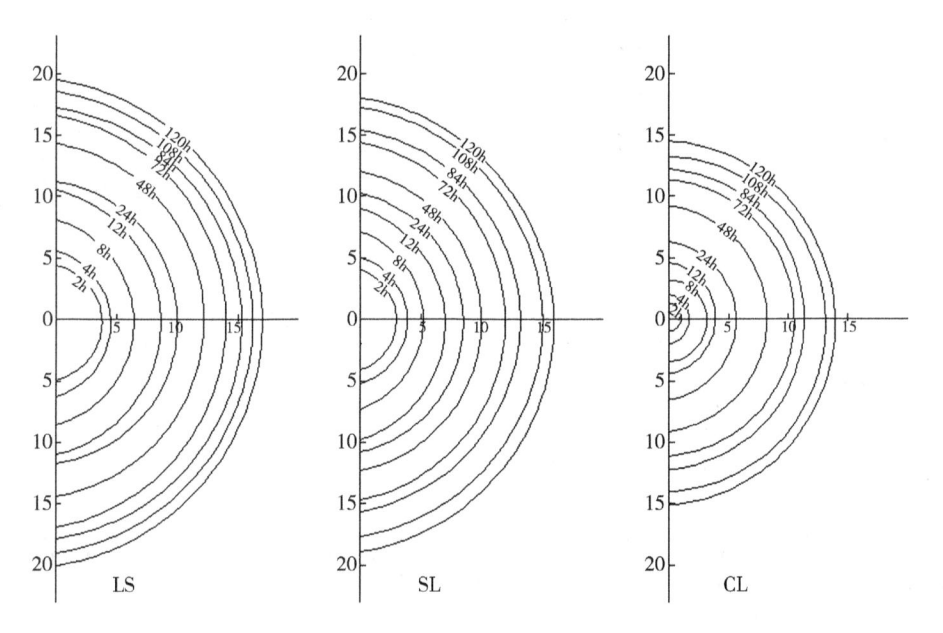

H1，压力水头为 2.0mm；LS，壤质砂土；SL，砂质壤土；CL，黏壤土。

图 2-16　不同土壤质地下微润灌溉湿润锋的形状（压力水头为 H1）

在入渗 120 h 时，处理 LS 的湿润锋垂直向下、垂直向上、横向运移距离分别为 20.0 cm、17.0 cm、19.5 cm，处理 SL 的运移距离分别为

18.9 cm、15.9 cm、18.0 cm，处理 CL 的运移距离分别为 15.1 cm、14.0 cm、14.5 cm；垂直向下运移距离＞横向运移距离＞垂直向上运移距离。

（二）土壤质地对微润灌溉湿润锋运移的影响

不同土壤质地处理下微润灌溉湿润锋在 R、U、D 方向的运移距离见图 2-17（以压力水头 H1 为例），各方向的运移距离都表现为 LS＞SL＞CL。在入渗的 0~120 d 内，湿润锋在各方向的运移距离都随入渗时间推移呈增大趋势，且在入渗的 0~12 d 内，运移距离增加迅速，之后增速放缓，在入渗 120 h 结束时，湿润锋仍有继续扩展的趋势。

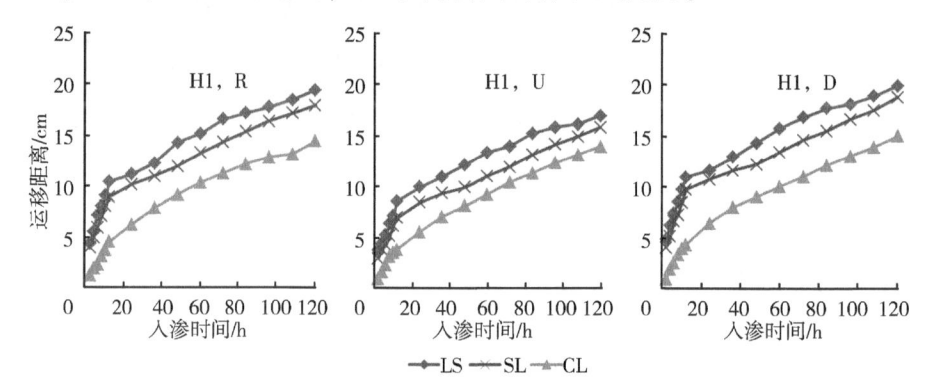

LS，壤质砂土；SL，砂质壤土；CL，黏壤土；H1，压力水头为 2.0 m；R，水平向右方向；U，垂直向上方向；D，垂直向下方向。

图 2-17　不同土壤质地下微润灌溉湿润锋的运移距离（压力水头为 H1）

随供试土壤质地变黏，＜0.02 mm 粒径土壤颗粒占比增加，0.02~＜2.00 mm 粒径颗粒占比减少，颗粒间大孔隙减少，湿润锋运移变慢。

对不同土壤质地处理下微润灌溉湿润锋在 R、U、D 方向的运移距离和入渗时间的关系进行拟合，其相关关系可以用幂函数 $y = ax^b$ 表达，其中 $R^2 > 0.97$（表 2-10）。这里 a 为入渗系数，b 为入渗指数。各方向的入渗系数 a 随土壤质地变黏呈减小趋势。

不同土壤质地处理下微润灌溉湿润锋在 R、U、D 方向的运移速率见图 2-18。各处理运移速率的变化规律和前述不同压力水头、不同土壤容重处理下运移速率的变化规律相似，均表现为在入渗 0~72 h 内呈减少趋势，并且在0~24 h内减少较多，在入渗72~120 h内运移速率基本平稳。在入渗0~24 h内，LS和SL处理运移速率减小的幅度大于CL处理。各方向的运移速率都表现为LS和SL处理大于CL处理，而LS和SL之间差别不大，随着时间的推移，三者之间的差值呈减小趋势。

表2-10　不同土壤质地下微润灌溉湿润锋运移距离和入渗时间的拟合关系
（压力水头为H1）

土壤质地	R			U			D		
	a	b	R^2	a	b	R^2	a	b	R^2
LS	3.802 1	0.342 8	0.980 8	2.938 1	0.370 7	0.987 6	4.248 3	0.323 2	0.983 1
SL	3.297 8	0.349 8	0.985 2	2.309 7	0.395 5	0.989 0	3.529 2	0.341 6	0.976 8
CL	0.929 7	0.584 0	0.992 9	0.783 1	0.610 2	0.990 9	0.860 9	0.607 9	0.984 5

注：R，水平向右方向；U，垂直向上方向；D，垂直向下方向；LS，壤质砂土；SL，砂质壤土；CL，黏壤土；a，入渗系数；b，入渗指数。

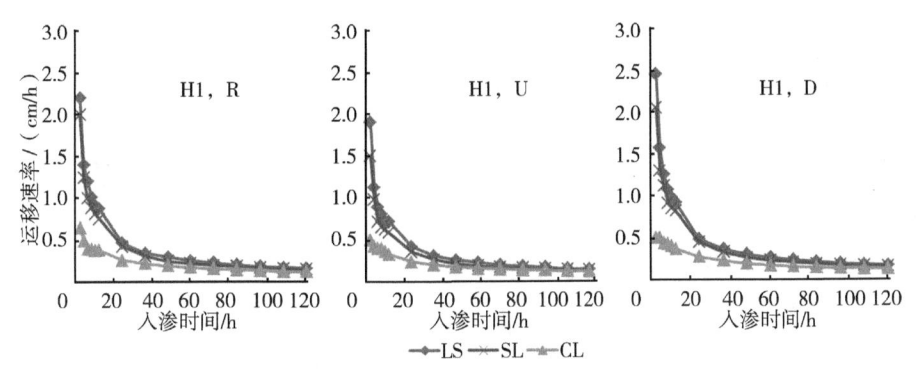

LS，壤质砂土；SL，砂质壤土；CL，黏壤土；H1，压力水头为2.0 m；R，水平向右方向；U，垂直向上方向；D，垂直向下方向。

图2-18　不同土壤质地下微润灌溉湿润锋的运移速率（压力水头为H1）

在入渗120 h时，处理LS、SL、CL在R方向的运移速率分别为0.16 cm/h、0.15 cm/h、0.12 cm/h，在U方向的运移速率分别为0.14 cm/h、0.13 cm/h、0.12 cm/h，在D方向的运移速率分别为0.17 cm/h、0.16 cm/h、0.13 cm/h。

对不同土壤质地处理下微润灌溉湿润锋在R、U、D方向的运移速率和入渗时间的关系进行拟合，其相关关系也可以用幂函数$y=ax^b$表达，b为负值，表现为减函数，其中$R^2>0.96$（表2-11）。

表2-11　不同土壤质地下微润灌溉湿润锋运移速率和入渗时间的拟合关系

土壤质地	R			U			D		
	a	b	R^2	a	b	R^2	a	b	R^2
LS	3.802 1	-0.657 0	0.994 7	2.938 1	-0.629 0	0.995 7	4.248 3	-0.677 0	0.996 1
SL	3.297 8	-0.650 0	0.995 7	2.309 7	-0.605 0	0.995 3	3.529 2	-0.658 0	0.993 7
CL	0.929 7	-0.416 0	0.986 2	0.783 1	-0.390 0	0.977 9	0.860 9	-0.392 0	0.963 6

注：R，水平向右方向；U，垂直向上方向；D，垂直向下方向；LS，壤质砂土；SL，砂质壤土；CL，黏壤土；a，入渗系数；b，入渗指数。

三、土壤质地对微润灌溉土壤含水率的影响

不同土壤质地处理下微润灌溉沿R、U和D方向、距离微润管5 cm、10 cm和15 cm处的土壤含水率变化见图2-19（以压力水头H1为例）。在各方向上土壤含水率均表现为LS<SL<CL。就处理LS而言，各方向上距离微润管5 cm、10 cm处的土壤含水率差异不显著，但均显著高于距离

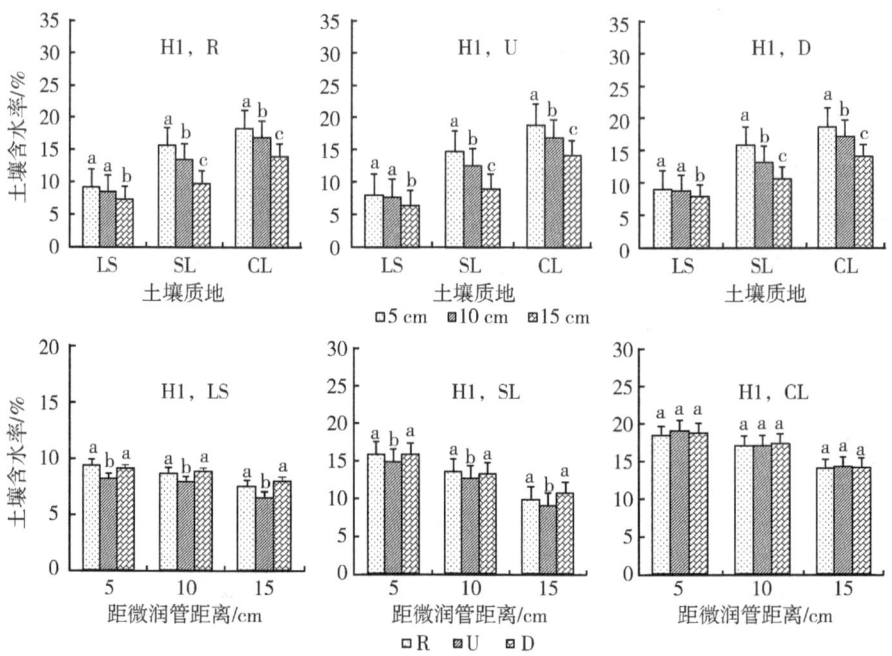

H1，压力水头为2.0 m；R，水平向右方向；U，垂直向上方向；D，垂直向下方向；LS，壤质砂土；SL，砂质壤土；CL，黏壤土；小写字母a、b、c表示0.05差异显著水平。

图2-19　不同土壤质地下微润灌溉土壤的含水率（压力水头为H1）

微润管 15 cm 处的土壤含水率（$P<0.05$，下同）；就处理 SL 和 CL 而言，距离微润管 5 cm 处的土壤含水率显著高于距离微润管 10 cm、15 cm 处的土壤含水率，而距离微润管 10 cm 处的土壤含水率显著高于距离微润管 15 cm 处的土壤含水率。就 R、U 和 D 方向来看，处理 LS 和 SL 距离微润管 5 cm、10 cm、15 cm 处的土壤含水率都表现为 R 和 D 方向的差异不显著，但都显著高于 U 方向的；而处理 CL 在距离微润管 5 cm、10 cm、15 cm 处的土壤含水率分别在各方向上的差异都不显著。

以上可以说明，在本试验设定条件下，微润灌溉的土壤含水率随供试土壤质地变黏呈增加趋势，其中壤质砂土和砂质壤土的土壤含水率在垂直向上方向上低于水平和垂直向下方向的含水率，而黏壤土在各方向上的土壤含水率差别不大。

第六节　微润管抗堵塞性能研究

一、微润管清水出流试验

（一）微润管空气和地埋的累积入渗量

不同压力水头下微润管在空气中和地埋情况下的累积入渗量变化见图 2-20。可以看出，在 3 个压力水头下微润管在空气中的累积入渗量都高于在地埋情况下，说明埋土后的压力和土壤水分状况都对微润管出流有一定影响。

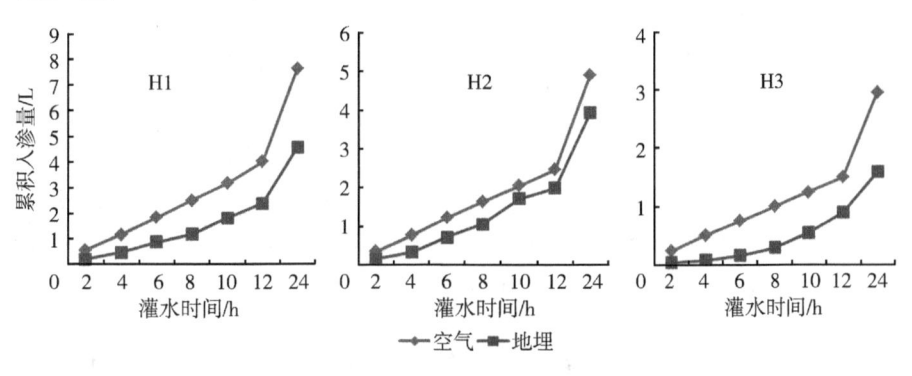

H1，压力水头为 2.0 m；H2，压力水头为 1.5 m；H3，压力水头为 1.0 m。

图 2-20　不同压力水头下微润管空气和地埋的累积入渗量

对不同压力水头下微润管在空气中和地埋情况下的累积入渗量和灌水时间的关系进行拟合，其拟合关系可以用线性方程 $y=ax+b$ 表达，其中 $R^2>0.99$（表 2-12）。可见在空气出流条件下，微润管流量与压力为线性关系，而区别于其他微管灌水器的幂函数关系（张琛等，2010）。

表 2-12　不同压力水头下微润管空气和地埋的累积入渗量和灌水时间的拟合关系

压力水头	微润管状态	拟合关系	R^2
H1	空气	$y=0.3258x-0.0862$	0.9986
H1	地埋	$y=0.2049x-0.2924$	0.9926
H2	空气	$y=0.2069x-0.0319$	0.9998
H2	地埋	$y=0.1777x-0.2567$	0.9903
H3	空气	$y=0.1235x+0.0071$	0.9999
H3	地埋	$y=0.0761x-0.2044$	0.9950

注：H1，压力水头为 2.0 m；H2，压力水头为 1.5 m；H3，压力水头为 1.0 m；a，入渗系数；b，入渗指数。

（二）微润管空气和地埋的出流量

不同压力水头下微润管在空气中和地埋下的出流量见图 2-21。可以看出，微润管在空气中的出流量明显高于在地埋情况下，在空气中出流量达到平稳的时间较在地埋情况下早；在地埋情况下，出流量在灌水开始 12 h 内增加较多，之后逐渐平稳。

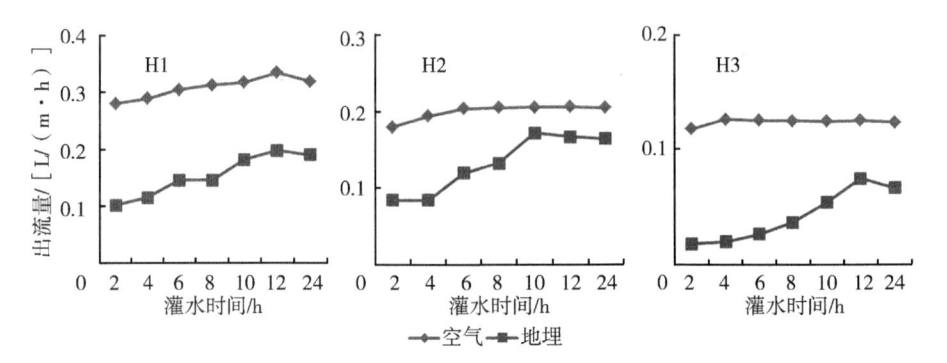

H1，压力水头为 2.0 m；H2，压力水头为 1.5 m；H3，压力水头为 1.0 m。

图 2-21　不同压力水头下微润管空气和地埋的出流量

微润管在空气中的出流量高于在地埋下的研究结果与祁世磊等（2013）的研究结果相同，但与薛万来等（2013a）的研究结果不同。后者的研究结果为在相同压力水头下，微润管在土体中的入渗量要明显大于在空气中的入渗量，他们认为，在微润灌溉条件下，微润管出流主要依靠半透膜两侧的基质势梯度差，在大气中主要依赖于压力水头形成的压力势，但在土壤中除压力势之外，还有土壤基质势等在发挥相应的作用，在特定时间内可增大半透膜两侧的压力势，故在一定时间段内，相同压力水头下微润管在空气中的出流量小于地埋出流量。而笔者认为，在地埋情况下，微润管被土壤包裹，渗出膜外的水分在有限的基质势下，并不能及时地扩散出去，减小了膜内外的水势梯度，从而抑制了水分的出流，而空气出流则无此限制。这可能与试验取用的土壤状况等有关系，此结论尚需进一步的试验验证。

二、微润管浑水出流试验

（一）浑水对微润管空气出流量的影响

微润管清水和不同浑水条件在空气中的出流量见表 2-13。可以看出，在浑水条件下，微润管在灌水 0~6 h 即发生一定程度的堵塞，处理 T1~T9 的相对流量 Q 为 73.9%~83.0%；在灌水 72~78 h，相对流量 Q 为 60.2%~73.9%，均低于 75%，即已发生严重堵塞；在灌水 138~144 h，相对流量 Q 仅为 46.5%~59.4%，堵塞更为严重。相对流量的降幅即堵塞的严重程度，随着灌水时间的增加呈明显增加趋势。

表 2-13　清水和不同浑水条件下微润管的空气出流量

试验分组	$Q_{清}$/[mL/(m·h)]	灌水 0~6 h		灌水 72~78 h		灌水 138~144 h	
		$Q_{浑}$/[mL/(m·h)]	Q/%	$Q_{浑}$/[mL/(m·h)]	Q/%	$Q_{浑}$/[mL/(m·h)]	Q/%
T1	266.2	196.8	73.9	160.4	60.2	123.9	46.5
T2	266.2	216.3	81.2	166.9	62.7	131.0	49.2
T3	266.2	211.4	79.4	172.5	64.8	136.1	51.1
T4	266.2	199.2	74.8	172.5	64.8	125.7	47.2
T5	266.2	209.0	78.5	184.7	69.4	136.1	51.1
T6	266.2	218.7	82.1	182.2	68.4	141.4	53.1
T7	266.2	209.0	78.5	182.1	68.4	146.6	55.1
T8	266.2	216.3	81.2	192.8	72.4	151.9	57.0
T9	266.2	221.1	83.0	196.8	73.9	158.0	59.4

（二）泥沙粒径对微润管堵塞的影响

不同泥沙粒径浑水下微润管的空气出流量见图 2-22，图中横线为微润管清水空气出流量的 75%。可以看出，微润管浑水的空气出流量在灌水初期呈增加趋势，之后逐渐减少。在泥沙含量相同时，微润管浑水的空

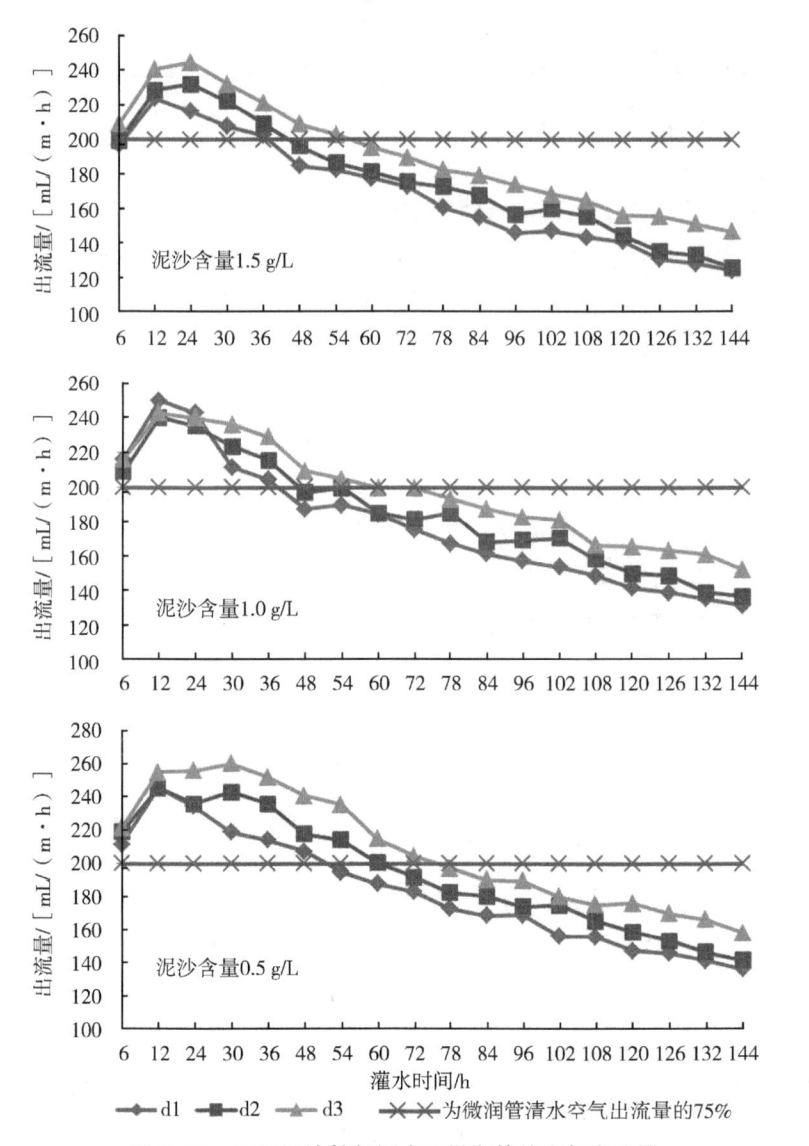

图 2-22 不同泥沙粒径浑水下微润管的空气出流量

气出流量都表现为 d1＜d2＜d3，即泥沙粒径越大，微润管越容易堵塞，且发生严重堵塞（相对流量＜75%）的时间越提前。在泥沙含量 1.5 g/L 时，粒径 d1、d2、d3 处理达到严重堵塞的时间分别为灌水后 36 h、48 h、54 h；在泥沙含量 1.0 g/L 时，其达到严重堵塞的时间分别为灌水后 36 h、48 h、60 h；在泥沙含量 0.5 g/L 时，其达到严重堵塞的时间分别为灌水后 54 h、60 h、78 h。这可能是因为随着灌水时间的推移，大粒径泥沙将微润管微孔堵塞，颗粒团聚形成粒径更大的团聚体，从而进一步堵塞出水微孔且发生沉淀，致使微润管堵塞。

（三）泥沙含量对微润管堵塞的影响

不同泥沙含量浑水下微润管的空气出流量见图 2-23，图中横线为微润管清水空气出流量的 75%。可以看出，在相同泥沙粒径条件下，微润管浑水的空气出流量表现为处理 1.5 g/L 低于处理 0.5 g/L、1.0 g/L，即泥沙含量越高，微润管的空气出流量越小，微润管堵塞越严重，且达到严重堵塞的时间越早。在粒径 d1 条件下，处理 1.5 g/L、1.0 g/L 达到严重堵塞的时间为灌水后 36 h，而处理 0.5 g/L 为灌水后 50 h；在粒径 d2 条件下，处理 1.5 g/L、1.0 g/L 达到严重堵塞的时间为灌水后 48 h，而处理 0.5 g/L 为灌水后 60 h；在粒径 d3 条件下，处理 1.5 g/L、1.0 g/L 达到严重堵塞的时间为灌水后 58 h，而处理 0.5 g/L 为灌水后 78 h。说明泥沙含量越高，微润管越容易堵塞。

第七节　本章小结

本章主要针对微润灌溉条件下不同压力水头、土壤容重和土壤质地对土壤水分运移的影响，进行了室内土箱模拟试验，对微润灌溉土壤水分的累积入渗量、微润管的出流量、微润灌溉湿润体的形状和在 R、U、D 方向的运移特点、土壤含水率的变化等情况进行了测定分析，揭示了不同影响因素下微润灌溉土壤水分的入渗和运移特点，可以为微润灌溉系统设计参数设定提供借鉴；针对微润管的防堵塞性能，进行了微润管清水出流和浑水出流试验，探究了微润管抗堵性能与泥沙含量和粒径之间的关系，可以为微润灌溉技术的实际应用提供理论参考。

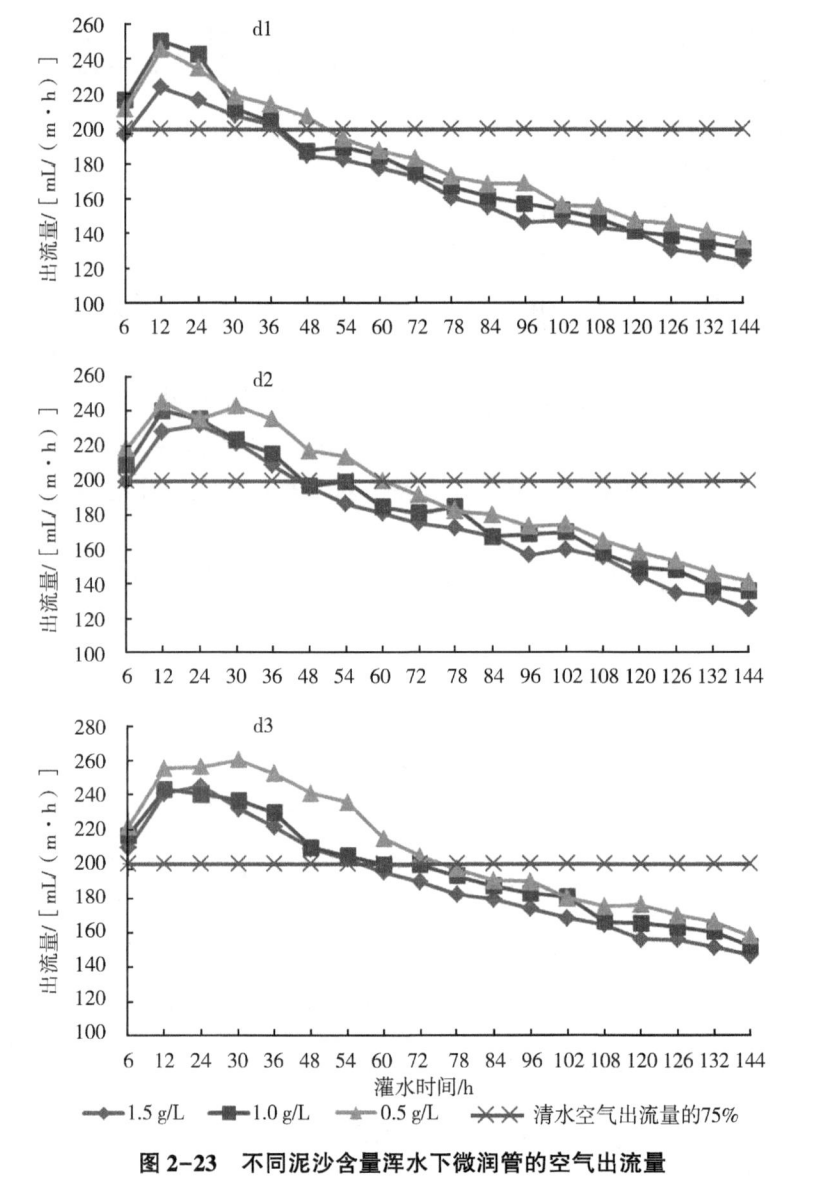

图 2-23　不同泥沙含量浑水下微润管的空气出流量

一、不同压力水头下土壤水分的运移特征

压力水头对微润灌溉土壤水分的累积入渗量、微润管的出流量影响显著（$P < 0.05$）。在微润灌溉入渗 0~120 h 内，各处理的累积入渗量呈增加趋势，累积入渗量随压力水头的增加而增加，累积入渗量和入渗时间的

关系可以用线性方程 $y=ax+b$ 表达（$R^2>0.98$）。各处理出流量的表现与累积入渗量相似，也是随着压力水头的增加而增加。在微润灌溉入渗 0~12 h，各处理的出流量呈迅速增加趋势，在入渗 12~72 h 出流量逐渐减少，在入渗 72~120 h 出流量基本稳定。

压力水头对微润灌溉湿润锋的形状没有明显影响，但对湿润锋垂直和水平方向的运移距离有明显影响。不同压力水头处理下湿润锋的截面形状均为椭圆形，其垂直方向的运移距离大于水平方向的运移距离，且垂直向下的运移距离大于垂直向上的运移距离。在相同入渗时间内，不同处理之间湿润锋的截面大小表现为 H1＞H2＞H3，湿润锋的运移距离随着压力水头的增加而增加。随着灌水时间的延长，湿润锋的截面半径在不断增大，在相同时间内湿润半径增大的幅度在不断减小，即湿润锋的扩展速度在减缓。

不同压力水头处理下微润灌溉湿润锋在 R、U、D 方向的运移距离随入渗时间推移呈增大趋势，且在入渗的 0~24 d 内运移距离增加迅速，之后增速放缓。压力水头越大，湿润锋运移越快。湿润锋的运移距离和入渗时间的关系可以用幂函数 $y=ax^b$ 表达（$R^2>0.97$）。湿润锋的运移速率在入渗 0~72 h 内呈减少趋势，并且在 0~24 h 内减少较多，在入渗 72~120 h 运移速率基本平稳。湿润锋的运移速率和入渗时间的关系也可以用幂函数 $y=ax^b$ 表达（$R^2>0.96$），这里的 b 为负值，表现为减函数。

在本试验设定条件下，微润灌溉的土壤含水率随压力水头的增加而增加，随着与微润管距离的增加而减少，在微润管向下方向的土壤含水率比向上和向右方向的高。

二、不同土壤容重下土壤水分的运移特征

土壤容重对微润灌溉土壤水分的累积入渗量、微润管的出流量的影响显著（$P<0.05$）。在微润灌溉入渗 0~120 h 内，各处理的累积入渗量呈增加趋势，累积入渗量随土壤容重的增加而减少，累积入渗量和入渗时间的关系可以用线性方程 $y=ax+b$ 表达（$R^2>0.98$）。出流量随土壤容重的增加而减少。在微润灌溉入渗 0~12 h，各处理的出流量呈迅速增加趋势，在入渗 12~72 h 出流量逐渐减少，在入渗 72~120 h 出流量基本稳定。

土壤容重对微润灌溉湿润锋的形状没有明显影响，但对湿润锋垂直和

水平方向的运移距离有明显影响。在相同入渗时间内，不同处理之间湿润锋的截面大小表现为 γ1＞γ2＞γ3，湿润锋的运移距离随着容重的增加而减少，垂直向上的运移距离小于垂直向下和横向的运移距离。湿润锋在 R、U、D 方向的运移距离都随入渗时间推移呈增大趋势，且在入渗的 0~24 d 内，运移距离增加迅速，之后增速放缓。湿润锋的运移距离和入渗时间的关系可以用幂函数 $y=ax^b$ 表达（$R^2＞0.97$）。湿润锋的运移速率在入渗 0~72 h 内呈减少趋势，并且在 0~24 h 内减少较多，在入渗 72~120 h 内运移速率基本平稳。湿润锋的运移速率和入渗时间的关系也可以用幂函数 $y=ax^b$ 表达（$R^2＞0.97$），这里的 b 为负值，表现为减函数。

在本试验设定条件下，微润灌溉的土壤含水率随土壤容重的增加呈减少趋势，但随着距离微润管距离的增加高容重土壤含水率的差异变小。

三、不同土壤质地下土壤水分的运移特征

土壤质地对微润灌溉土壤水分的累积入渗量、微润管的出流量的影响显著（$P＜0.05$）。在微润灌溉入渗 0~120 h 内，各处理的累积入渗量呈增加趋势，质地越黏重，累积入渗量越小。累积入渗量和入渗时间的关系可以用线性方程 $y=ax+b$ 表达（$R^2＞0.99$）。在微润灌溉入渗 0~12 h，各处理的出流量呈迅速增加趋势，在入渗 12~72 h 出流量逐渐减少，在入渗 72~120 h 出流量基本稳定。出流量的表现与累积入渗量相似，质地越黏重，出流量越小。

土壤质地对微润灌溉湿润锋的形状没有明显影响，但对湿润锋垂直和水平方向的运移距离有明显影响。在相同入渗时间内，不同处理之间湿润锋的截面大小表现为 LS＞SL＞CL。湿润锋垂直向下运移距离＞横向运移距离＞垂直向上运移距离。在入渗的 0~120 d 内，湿润锋在各方向的运移距离都随入渗时间推移呈增大趋势，且在入渗的 0~12 d 内，运移距离增加迅速，之后增速放缓。随供试土壤质地变黏，＜0.02 mm 粒径土壤颗粒占比增加，0.02~＜2.00 mm 粒径颗粒占比减少，颗粒间大孔隙减少，湿润锋运移变慢。湿润锋的运移距离和入渗时间的关系可以用幂函数 $y=ax^b$ 表达（$R^2＞0.97$）。各方向的入渗系数 a 随土壤质地变黏呈减小趋势。

湿润锋的运移速率和前述压力水头、土壤容重处理下运移速率的变化规律相似，均表现为在入渗 0~72 h 内呈减少趋势，并且在 0~24 h 内减

少较多，在入渗 72~120 h 内运移速率基本平稳。湿润锋的运移速率和入渗时间的关系也可以用幂函数 $y=ax^b$ 表达，这里的 b 为负值，表现为减函数（$R^2>0.96$）。

在本试验设定条件下，微润灌溉的土壤含水率随供试土壤质地变黏呈增加趋势，其中壤质砂土和砂质壤土的土壤含水率在垂直向上方向上低于水平和垂直向下方向的，而黏壤土在各方向上的土壤含水率差别不大。

四、微润管的抗堵塞性能

微润管在空气中的累积入渗量、出流量高于在地埋情况下，埋土后的压力和土壤水分状况都对微润管出流有一定影响。微润管在空气中和地埋情况下的累积入渗量和灌水时间的关系可以用线性方程 $y=ax+b$ 表达（$R^2>0.99$）。在空气中出流量达到平稳的时间较在地埋情况下早；在地埋情况下，出流量在灌水开始 12 h 内增加较多，之后逐渐平稳。

在浑水条件下，微润管在灌水 0~6 h 即发生一定程度的堵塞，相对流量 Q 为 73.9%~83.0%；在灌水 72~78 h，相对流量 Q 均低于 75%，即已发生严重堵塞；在灌水 138~144 h，相对流量 Q 仅为 46.5%~59.4%，堵塞更为严重。相对流量的降幅即堵塞的严重程度，随着灌水时间的增加呈明显增加趋势。

微润管浑水的空气出流量在灌水初期呈增加趋势，之后逐渐减少。在泥沙含量相同时，微润管浑水的空气出流量表现为 d1<d2<d3，即泥沙粒径越大，微润管越容易堵塞，且发生严重堵塞（相对流量<75%）的时间越提前。在相同泥沙粒径条件下，泥沙含量越高，微润管的空气出流量越小，微润管堵塞越严重，且达到严重堵塞的时间越早。

第三章　微润交替灌溉土壤水分运移特征研究

第一节　试验概述

目前微润灌溉的研究主要针对常规微润灌溉，无论室内土箱模拟还是植物栽培试验，所采用的灌溉方法基本为单一微润连续灌溉模式，对其他灌溉模式的探讨研究较为稀少。

早在 20 世纪 70 年代，国外就尝试在一些农作物上采用隔行或隔沟灌溉；20 世纪 90 年代，有关学者对水分胁迫下植物根源信号原理进行了深入研究，为交替灌溉提供了理论依据（康绍忠等，1997；Davies et al.，2003）。交替灌溉是保持作物根系层的土壤部分区域干旱，即保持作物的一部分根系生长在干旱或较为干旱的土壤中的节水灌溉方式，主要有隔沟交替灌溉、交替滴灌及隔管交替渗灌等（蔡倩等，2015）。

关于隔沟交替灌溉、交替滴灌目前已有大量的研究积累（漆栋良等，2015；董彦红等，2016），在多种作物上得以验证，但作为隔管交替渗灌的一种，将微润灌溉和交替灌溉相结合进行微润交替灌溉的研究尚不多见。针对微润灌溉湿润体特性的研究也主要集中于常规微润连续灌溉模拟试验，尚缺少关于其他模式如间歇微润交替灌溉的研究。

基于此，本章研究针对微润交替灌溉水分运移和湿润体特性，进行了室内土箱模拟试验，设置不同微润管铺设间距、埋深、交替时间和压力水头等变量，对微润交替灌溉下累积入渗量和出流量、湿润锋形状和运移特点、土壤含水率等的变化情况进行了观测分析，揭示微润交替灌溉和普通连续微润灌溉的特点，为微润灌溉技术理论体系的发展、该技术的科学推广及多样化应用提供理论依据。

第二节　试验材料与试验方法

一、试验装置

试验分别于 2016 年 10—12 月和 2017 年 10—12 月在山西省太原市太原理工大学水利科学与工程学院土壤实验室进行。试验装置主要包括：可升降活动支架、马氏瓶、输水管、阀门、微润管和土箱（图 3-1）。2 个马氏瓶放置在一定高度的支架上用来保持恒定水头供水，调节活动支架的高度可以使马氏瓶提供不同压力水头的供水。马氏瓶上标有刻度，试验时读取水面刻度变化计算供水量。输水管为内径 16 mm 的黑色聚乙烯（PE）管，与马氏瓶和微润管相连。输水管安装有阀门以控制供水。供水水源为经过过滤的城市自来水。微润管由深圳市微润灌溉技术有限公司生产，长度为 1 m，内径为 16 mm，壁厚为 1 mm。土箱采用透明有机玻璃制作，长×宽×高为：100 cm×40 cm×40 cm。土箱两端侧板有孔距为 10 cm、20 cm、30 cm 的对称圆孔用来贯穿 2 根微润管。2 根微润管通过输水管分别连接 2 个马氏瓶供水。

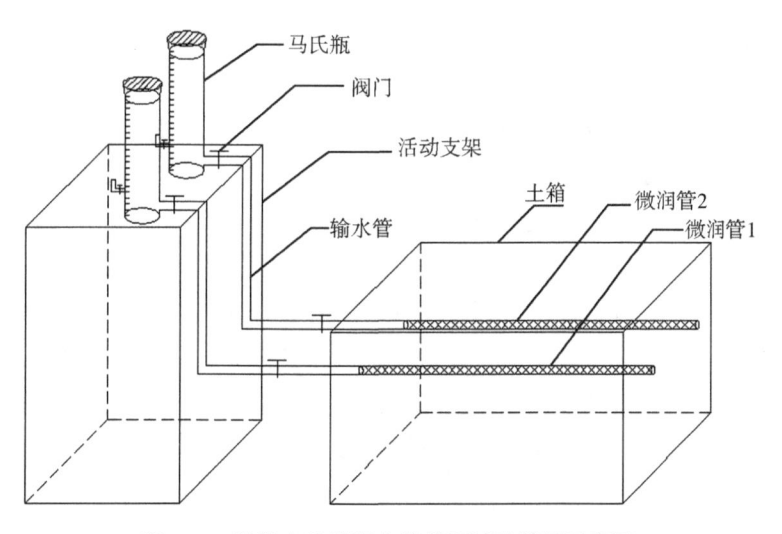

图 3-1　微润交替灌溉土箱模拟试验装置示意图

二、试验设计和方法

供试用土壤样品取自山西省太原市尖草坪区芮城村。试验前将土壤样品自然风干、碾碎，过 2 mm 孔径的筛子后混合均匀备用。土壤样品各粒径所占比例为黏粒（＜0.002 mm）23.16%、粉粒（0.002~＜0.020 mm）35.78%、砂粒（0.020~＜2.000 mm）41.06%。根据国际制土壤质地分级标准，供试土壤样品为黏壤土。试验设计土壤容重为 1.3 g/cm³，土壤初始含水率为 1.38%。试验分组分时间段分别进行。试验设 3 次重复。

试验 1 为不同微润管铺设间距下微润交替灌溉对土壤水分入渗的影响研究（试验设计见表 3-1）。试验 1 设置 2 个压力水头 1.0 m、1.5 m（分别记为 H1、H2）和 3 个微润管铺设间距 10 cm、20 cm、30 cm（分别记为 S1、S2、S3）。土箱装土方式与第二章相同，当土层厚度达到 30 cm 时，各处理土箱分别铺设不同间距的微润管 2 根分别记为 M1、M2，然后再装土 10 cm 厚，最终微润管埋深为 10 cm。试验开始前记录两个马氏瓶的水位，先打开阀门使 M1 供水 4 d 后关闭，然后打开阀门使 M2 供水 4 d，形成交替微润灌溉，试验周期为 8 d。在 S2、S3 微润管铺设间距下设置二次交替，即 M1、M2 管分别供水 2 次，每次 4 d，试验周期为 16 d。

表 3-1　不同管间距下微润交替灌溉对土壤水分入渗的影响试验设计

试验处理	压力水头/ m	微润管间距/ cm	微润管埋深/ cm	交替时间/ d	试验周期/ d
H1S1	1.0	10	10	4	8
H1S2	1.0	20	10	4	8
H1S3	1.0	30	10	4	8
H2S1	1.5	10	10	4	8
H2S2	1.5	20	10	4	8
H2S3	1.5	30	10	4	8
H1S2-2	1.0	20	10	4	16
H1S3-2	1.5	30	10	4	16
H2S2-2	1.0	20	10	4	16
H2S3-2	1.5	30	10	4	16

供水前 12 h，每隔 2 h 记录一次马氏瓶水位，之后每 12 h 记录一次水位，按时间段计算累积入渗量和出流量。在入渗过程中，在土箱侧板描绘出湿润锋的位置，用 AutoCAD 绘制湿润锋的截面形状。试验结束后，移

除土箱侧板，从土体横截面上采集土样，用烘干法测定土壤含水率。土壤取样点为垂直距离土体横截面表面 5 cm、10 cm、15 cm、20 cm、25 cm、30 cm 和 35 cm 处，水平距离土箱左侧板（近 M1）5 cm、10 cm、15 cm、20 cm、25 cm、30 cm 和 35 cm 处。

试验 2 为不同微润管埋深下微润交替灌溉对土壤水分入渗的影响研究（试验设计见表 3-2）。试验 2 设置 2 个压力水头 1.0 m、1.5 m（分别记为 H1、H2）和 3 个微润管埋深 10 cm、15 cm、20 cm（分别记为 D1、D2、D3）。土箱装土方式与第二章相同，当土层厚度分别达到 30 cm、25 cm、20 cm 时，各处理土箱分别铺设间距为 30 cm 的微润管 2 根（分别记为 M1、M2），然后再装土至满箱，达到微润管预定埋深。试验开始前记录两个马氏瓶的水位，先打开阀门使 M1 供水 6 d 后关闭，然后打开阀门使 M2 供水 6 d，形成交替微润灌溉，试验周期为 12 d。

表 3-2　不同管埋深下微润交替灌溉对土壤水分入渗的影响试验设计

试验处理	压力水头/ m	微润管埋深/ cm	微润管间距/ cm	交替时间/ d	试验周期/ d
H1D1	1.0	10	30	6	12
H1D2	1.0	15	30	6	12
H1D3	1.0	20	30	6	12
H2D1	1.5	10	30	6	12
H2D2	1.5	15	30	6	12
H2D3	1.5	20	30	6	12

供水前 12 h，每隔 2 h 记录一次马氏瓶水位，之后每 12 h 记录一次水位，按时间段计算累积入渗量和出流量。在入渗过程中，在土箱侧板描绘出湿润锋的位置，用 AutoCAD 绘制湿润锋的截面形状。试验结束后，移除土箱侧板，从土体横截面上采集土样，用烘干法测定土壤含水率。土壤取样点为与微润管铺设位置平行处（分别为土面下 10 cm、15 cm、20 cm），水平距离土箱左侧板（近 M1）5 cm、10 cm、15 cm、20 cm、25 cm、30 cm 和 35 cm 处。

试验 3 为不同交替时间下微润交替灌溉对土壤水分入渗的影响研究（试验设计见表 3-3）。试验 3 压力水头为 1.5 m，微润管埋深为 15 cm，微润管铺设间距为 30 cm，设置 6 个微润交替灌溉时间，分别为 2 d、3 d、

4 d、5 d、6 d、7 d（分别记为 T1、T2、T3、T4、T5、T6）。土箱装土方式同上。以处理 T1 为例，试验开始前记录两个马氏瓶的水位，先打开阀门使 M1 供水 2 d 后关闭，然后打开阀门使 M2 供水 2 d，形成微润交替灌溉，试验周期为 4 d。处理 T2、T3、T4、T5、T6 分别依交替时间 3 d、4 d、5 d、6 d、7 d 不同，试验周期分别为 6 d、8 d、10 d、12 d、14 d。

表 3-3　不同交替时间下微润交替灌溉对土壤水分入渗的影响试验设计

试验处理	压力水头/ m	微润管埋深/ cm	微润管间距/ cm	交替时间/ d	试验周期/ d
T1	1.5	15	30	2	4
T2	1.5	15	30	3	6
T3	1.5	15	30	4	8
T4	1.5	15	30	5	10
T5	1.5	15	30	6	12
T6	1.5	15	30	7	14

在试验过程中，土壤水分累积入渗量和微润管出流量的观测、湿润锋截面形状的绘制、土壤含水率的测定等均同试验 2。

试验 4 为不同压力水头下微润交替灌溉对土壤水分入渗的影响研究（试验设计见表 3-4）。试验 4 微润管埋深为 15 cm，微润管铺设间距为 30 cm，微润交替灌溉时间为 4 d，试验周围为 8 d，设置 6 个压力水头，分别为 0.75 m、1.00 m、1.25 m、1.50 m、1.75 m、2.00 m（分别记为 H1、H2、H3、H4、H5、H6）。

表 3-4　不同压力水头下微润交替灌溉对土壤水分入渗的影响试验设计

试验处理	压力水头/ m	微润管埋深/ cm	微润管间距/ cm	交替时间/ d	试验周期/ d
H1	0.75	15	30	4	8
H2	1.00	15	30	4	8
H3	1.25	15	30	4	8
H4	1.50	15	30	4	8
H5	1.75	15	30	4	8
H6	2.00	15	30	4	8

土箱装土方式同上。在试验过程中，土壤水分累积入渗量和微润管出流量的观测、湿润锋截面形状的绘制、土壤含水率的测定等均同试验 2。

试验 5 为不同微润灌溉模式对土壤水分入渗的影响研究（试验设计见表 3-5）。试验 5 微润管埋深为 15 cm，微润管铺设间距为 30 cm，设置 2 个压力水头分别为 1.0 m、1.5 m，在每个压力水头下设置微润交替灌溉和持续灌溉 2 种灌溉模式，在微润交替灌溉模式下再设置 2 个交替时间 4 d、8 d，试验周期为 8 d、16 d。

土箱装土方式同上。在试验过程中，土壤水分累积入渗量和微润管出流量的观测、湿润锋截面形状的绘制、土壤含水率的测定等均同试验 2。

表 3-5　不同微润灌溉模式对土壤水分入渗的影响试验设计

试验处理	压力水头/ m	微润管埋深/ cm	微润管间距/ cm	入渗时间	试验周期/ d	灌溉模式
T1	1.0	15	30	M1、M2 各 4 d	8	交替
T2	1.0	15	30	M1、M2 均 8 d	8	持续
T3	1.5	15	30	M1、M2 各 4 d	8	交替
T4	1.5	15	30	M1、M2 均 8 d	8	持续
T5	1.0	15	30	M1、M2 各 8 d	16	交替
T6	1.0	15	30	M1、M2 均 16 d	16	持续
T7	1.5	15	30	M1、M2 各 8 d	16	交替
T8	1.5	15	30	M1、M2 均 16 d	16	持续

三、数据处理

采用 Excel 2010、AutoCAD 2014、Surfer 11 进行数据整理、制作图表，采用 SPSS 19.0 软件进行数据统计分析，方差分析使用最小显著差异（LSD）法进行。

第三节　微润交替灌溉管间距对土壤水分入渗的影响

微润交替灌溉管间距对土壤水分入渗的影响试验设计参数见表 3-1。

一、微润交替灌溉管间距对累积入渗量和出流量的影响

不同微润管铺设间距下微润交替灌溉的累积入渗量见图 3-2。在不同压力水头（H1、H2）和微润管铺设间距（S1、S2、S3）下，微润管 M1、

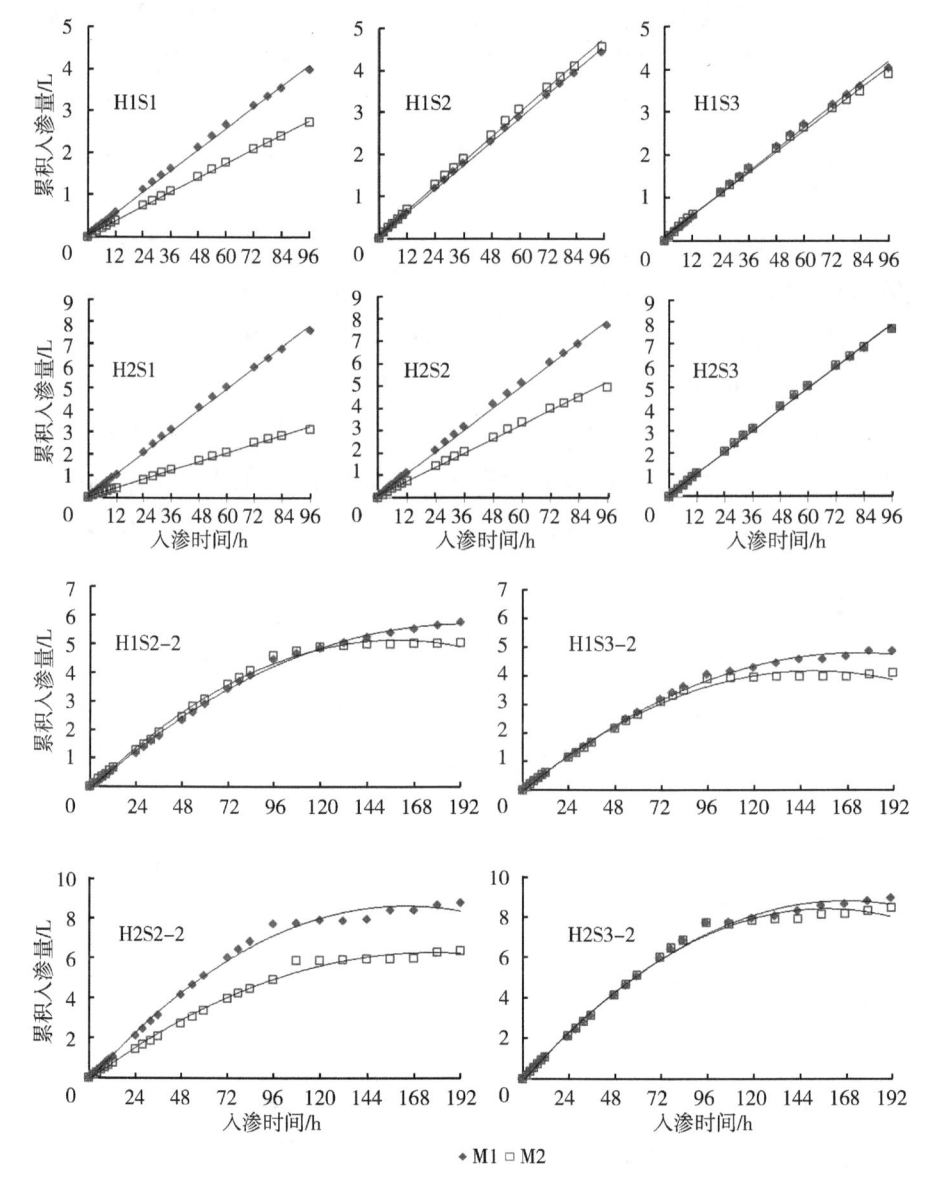

H1S1~H2S3-2 为不同间距下微润管交替灌溉试验处理。H1，压力水头为 1.0 m；H2，压力水头为 1.5 m；S1，微润管埋深 10 cm 交替灌溉 1 次；S2，微润管埋深 20 cm 交替灌溉 1 次；S3，微润管埋深 30 cm 交替灌溉 1 次；S2-2，微润管埋深 20 cm 交替灌溉 2 次；S3-2，微润管埋深 30 cm 交替灌溉 2 次。

图 3-2　不同管间距下微润交替灌溉的累积入渗量

M2 的累积入渗量在入渗 0~96 h 迅速增加，在入渗 96~192 h 变化平缓，入渗速率基本稳定。其中处理 H1S1、H2S1、H2S2 下微润管 M1 的累积入渗量明显高于 M2，而处理 H1S2、H1S3、H2S3 下微润管 M1、M2 的累积入渗量相近。压力水头是影响微润管水分入渗的重要因素，在 1.5 m 压力水头下管 M1、M2 的累积入渗量均明显高于在压力水头 1.0 m 下。

当微润管铺设间距为 10 cm 时，在两种压力水头下管 M1 的累积入渗量均明显高于管 M2，这与管 M1 的水分入渗范围扩展到管 M2 附近，使管 M2 的出流和水分入渗受到影响有关。当微润管铺设间距为 20 cm 时，在压力水头 1.5 m 下管 M1 的累积入渗量明显高于管 M2，而在压力水头 1.0 m 下管 M1 和 M2 的累积入渗量相近，这与压力水头较大时管 M1 的水分入渗范围可能扩展到管 M2 附近有关。当微润管铺设间距为 30 cm 时，在两种压力水头下微润管 M1、M2 的累积入渗量相近，说明间距较大时，管 M1 的出流和水分入渗对管 M2 影响不大。

当进行二次交替供水后，微润交替灌溉的累积入渗量在入渗 96~192 h 变化不大，就处理 H2S2-2 而言，与进行单次交替供水处理 H2S2 一样，管 M1 的累积入渗量明显高于管 M2。而对处理 H1S2-2、H1S3-2、H2S3-2 来说，累积入渗量在进行二次交替供水后管 M1 的累积入渗量在灌水后期高于管 M2，即 M2 的累积入渗量减少。

对不同微润管铺设间距下微润交替灌溉的累积入渗量与入渗时间的关系进行拟合，单次交替灌溉周期下管 M1、M2 的累积入渗量与入渗时间的拟合关系可以用线性方程 $y=ax+b$ 表达，二次交替灌溉周期下管 M1、M2 的累积入渗量与入渗时间的拟合关系可以用二次函数方程 $y=ax^2+bx+c$ 表达，其中 $R^2>0.99$（表 3-6）。

表 3-6 不同管间距下微润交替灌溉的累积入渗量与入渗时间的拟合关系

试验处理	微润管	拟合公式	R^2
H1S1	M1	$y=0.041\ 8x+0.075\ 6$	0.998 2
	M2	$y=0.028\ 4x+0.047\ 3$	0.999 3
H1S2	M1	$y=0.046\ 2x+0.056\ 4$	0.999 3
	M2	$y=0.048\ 0x+0.088\ 2$	0.998 2
H1S3	M1	$y=0.042\ 8x+0.085\ 2$	0.997 5
	M2	$y=0.041\ 0x+0.112\ 8$	0.996 7

（续表）

试验处理	微润管	拟合公式	R^2
H2S1	M1	$y=0.080\,4x+0.113\,2$	0.998 4
	M2	$y=0.033\,4x+0.045\,2$	0.998 1
H2S2	M1	$y=0.081\,2x+0.118\,5$	0.998 4
	M2	$y=0.052\,7x+0.117\,7$	0.997 1
H2S3	M1	$y=0.081\,1x+0.114\,3$	0.998 6
	M2	$y=0.081\,3x+0.112\,9$	0.998 3
H1S2-2	M1	$y=-0.000\,2x^2+0.058\,8x-0.064\,9$	0.998 5
	M2	$y=-0.000\,2x^2+0.065\,2x-0.079\,4$	0.997 1
H1S3-2	M1	$y=-0.000\,2x^2+0.055\,6x-0.034\,9$	0.997 8
	M2	$y=-0.000\,2x^2+0.055\,5x-0.017\,9$	0.994 7
H2S2-2	M1	$y=-0.000\,3x^2+0.105\,7x-0.090\,6$	0.994 5
	M2	$y=-0.000\,2x^2+0.071\,4x-0.087\,5$	0.994 8
H2S3-2	M1	$y=-0.000\,3x^2+0.105\,3x-0.100\,5$	0.996 4
	M2	$y=-0.000\,3x^2+0.107\,4x-0.114\,3$	0.994 6

注：H1S1~H2S3-2 为不同间距下微润管交替灌溉试验处理。H1，压力水头为 1.0 m；H2，压力水头为 1.5 m；S1，微润管埋深 10 cm 交替灌溉 1 次；S2 微润管埋深 20 cm 交替灌溉 1 次；S3，微润管埋深 30 cm 交替灌溉 1 次；S2-2，微润管埋深 20 cm 交替灌溉 2 次；S3-2，微润管埋深 30 cm 交替灌溉 2 次；a，入渗系数；b，入渗指数。

不同微润管铺设间距下微润交替灌溉的出流量见图 3-3。就单次微润交替灌溉处理 H1S1、H1S2、H1S3、H2S1、H2S2 和 H2S3 而言，管 M1 和 M2 的出流量在入渗 0~6 h 或 0~8 h 迅速增加，在入渗 6~24 h 或 8~24 h 逐渐减少，在入渗 24~96 h 变化平缓，出流量基本稳定。与累积入渗量的变化规律相似，处理 H1S1、H2S1、H2S2 下微润管 M1 的出流量明显高于 M2，而处理 H1S2、H1S3、H2S3 下微润管 M1 和 M2 的出流量相近。

压力水头是影响微润管水分出流的重要因素，在 1.5 m 压力水头下管 M1 和 M2 的出流量均显著高于在压力水头 1.0 m 下（$P<0.05$）。当管间距为 10 cm 或 20 cm 时，在 1.5 m 压水水头下管 M1 和 M2 之间的流量差大于在 1.0 m 压力水头下管 M1 和 M2 之间的流量差。

对于处理 H1S2-2、H1S3-2、H2S2-2 和 H2S3-2 来说，在入渗 96~192 h 的出流量明显低于在入渗 24~96 h 的出流量，这是因为在进行二次交替灌溉供水时，土壤已经湿润，使水分入渗变得困难，导致出流量下降。

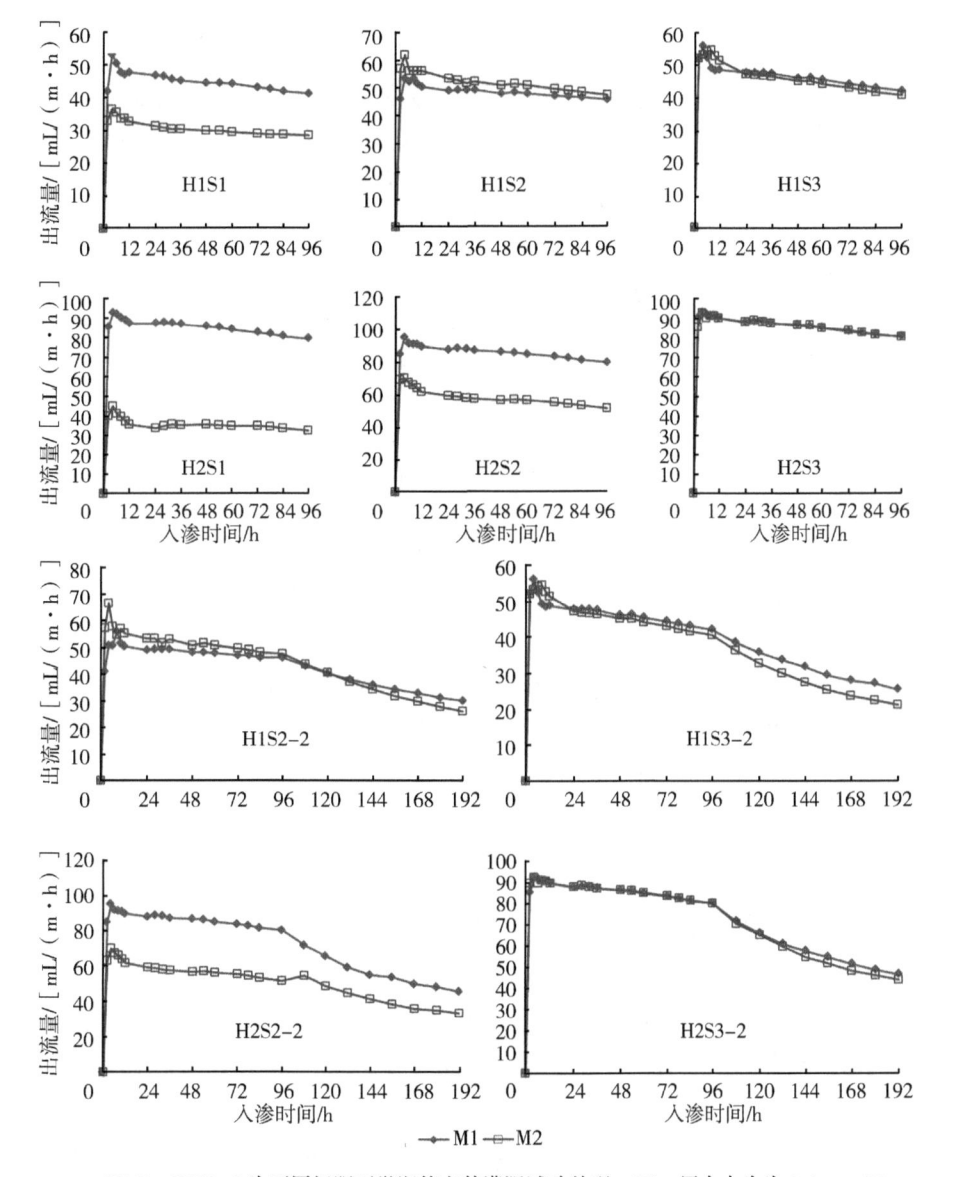

H1S1~H2S3-2 为不同间距下微润管交替灌溉试验处理。H1，压力水头为 1.0 m；H2，压力水头为 1.5 m；S1，微润管埋深 10 cm 交替灌溉 1 次；S2 微润管埋深 20 cm 交替灌溉 1 次；S3，微润管埋深 30 cm 交替灌溉 1 次；S2-2，微润管埋深 20 cm 交替灌溉 2 次；S3-2，微润管埋深 30 cm 交替灌溉 2 次。

图 3-3　不同管间距下微润交替灌溉的出流量

在灌水初期，微润管的出流量较高，随着入渗时间的推移，出流量逐渐减小并保持在稳定水平。牛文全等（2017）报道，微润管自我调节时间约为44 h，随着灌水时间的增加，微润管流量呈先快速增加再减小后趋于稳定平缓的趋势，灌水后约48 h趋于稳定状态。该研究中微润管出流的大体变化趋势与本研究结论一致。

二、微润交替灌溉管间距对湿润锋形状和运移的影响

（一）微润交替灌溉管间距对湿润锋形状的影响

不同微润管铺设间距下微润交替灌溉各处理湿润锋的截面形状见图3-4。单根微润管湿润体的截面形状类似于同心圆，在1.5 m压头水头下湿润体的截面面积大于在1.0 m压头水头下的湿润体截面面积。当微润管铺设间距为10 cm时，管M1和M2的湿润体在单周期入渗结束时会重叠；当微润管铺设间距为20 cm时，管M1和M2的湿润体略有重叠；当管间距为30 cm时，两者之间没有相互影响。张俊等（2012）报道，微润灌溉湿润体是以微润带为轴心的柱状体，砂土的湿润体横剖面为倒梨形，黏壤土的湿润体为近似圆柱体，本试验对黏壤土的研究也得到了相同的结果。受供试用土箱截面积大小所限，试验中所观测到的部分处理的湿润体截面形状为不完整的近似圆形。

处理H1S1的两根微润管间距为10 cm，当关闭管M1，开启管M2时，管M1先形成的湿润体已接近管M2，因此管M2开启后形成了相互重叠的圆形截面。处理H1S2的两根微润管间距为20 cm，当开启管M2后一段时间内，两管形成的截面形状是两个相互独立的圆形，随着水分入渗的进行，两根微润管形成的湿润体截面相交，最终形成部分相交的圆形截面。处理H1S3的两根微润管间距为30 cm，管M1和M2的湿润体没有相互影响，最后形成两个独立相似的圆形截面。处理H2S1的微润管间距与处理H1S1相同，也为10 cm，但因其压力水头较大，开启管M1后其湿润锋的运移速度较快，运移距离较大，管M1湿润锋形成面积较大的圆形并覆盖了管M2区域，开启管M2后的湿润体截面形状逐渐形成向下方偏移的椭圆形。处理H2S2在开启管M1后其湿润锋形成面积较大的圆形，并逐步接近管M2所在区域，开启管M2后，其湿润锋形成两个较大的相交圆形，并逐渐向椭圆形过渡。处理H2S3的两根微润管形成截面相互独立的湿润

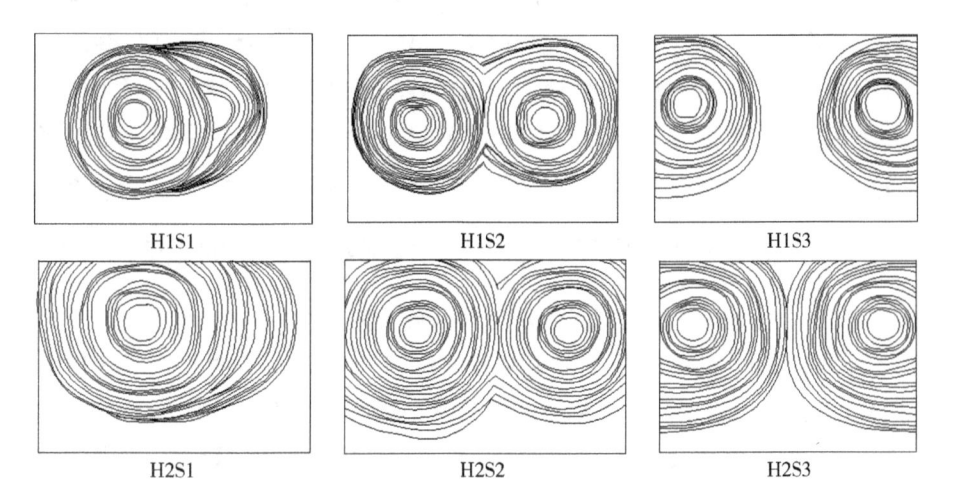

H1S1   H1S2   H1S3

H2S1   H2S2   H2S3

    H1S1~H2S3 为不同管间距微润交替灌溉试验处理。H1，压力水头为 1.0 m；H2，压力水头为 1.5 m；S1，微润管铺设间距 10 cm；S2 微润管铺设间距 20 cm；S3，微润管铺设间距 30 cm。

图 3-4　不同管间距下微润交替灌溉湿润锋的形状

体，到本试验结束时形成两个相切的圆形。

    微润交替灌溉双周期试验，其湿润体运移情况与单周期试验相近，在二次交替灌溉后湿润体的形状没有太大的变化，说明在第一次交替灌溉中，土壤湿润体的形状已经大致固定，二次交替微润灌溉对湿润体形状的影响较小。

（二）微润交替灌溉管间距对湿润锋运移的影响

    不同微润管铺设间距下微润交替灌溉湿润锋在 R、U、D 方向的运移距离见图 3-5、图 3-6。在不同压力水头下，管 M1、M2 在 R、U、D 方向的运移距离随入渗时间的增加而增加，并且在入渗 0~24 h 内增加较多，之后增速放缓。在入渗开始时，土壤的初始含水率较低，微润管内外土壤水势差较大，使水分出流较为容易，随着入渗时间的推进，土壤含水率逐渐增加，土壤水势增加，微润管内外水势差逐渐减小，使水分入渗动力减小。此外，随着水分的入渗土壤孔隙被逐渐占据，阻碍了水分运移，使土壤湿润锋的运移速率逐渐降低。

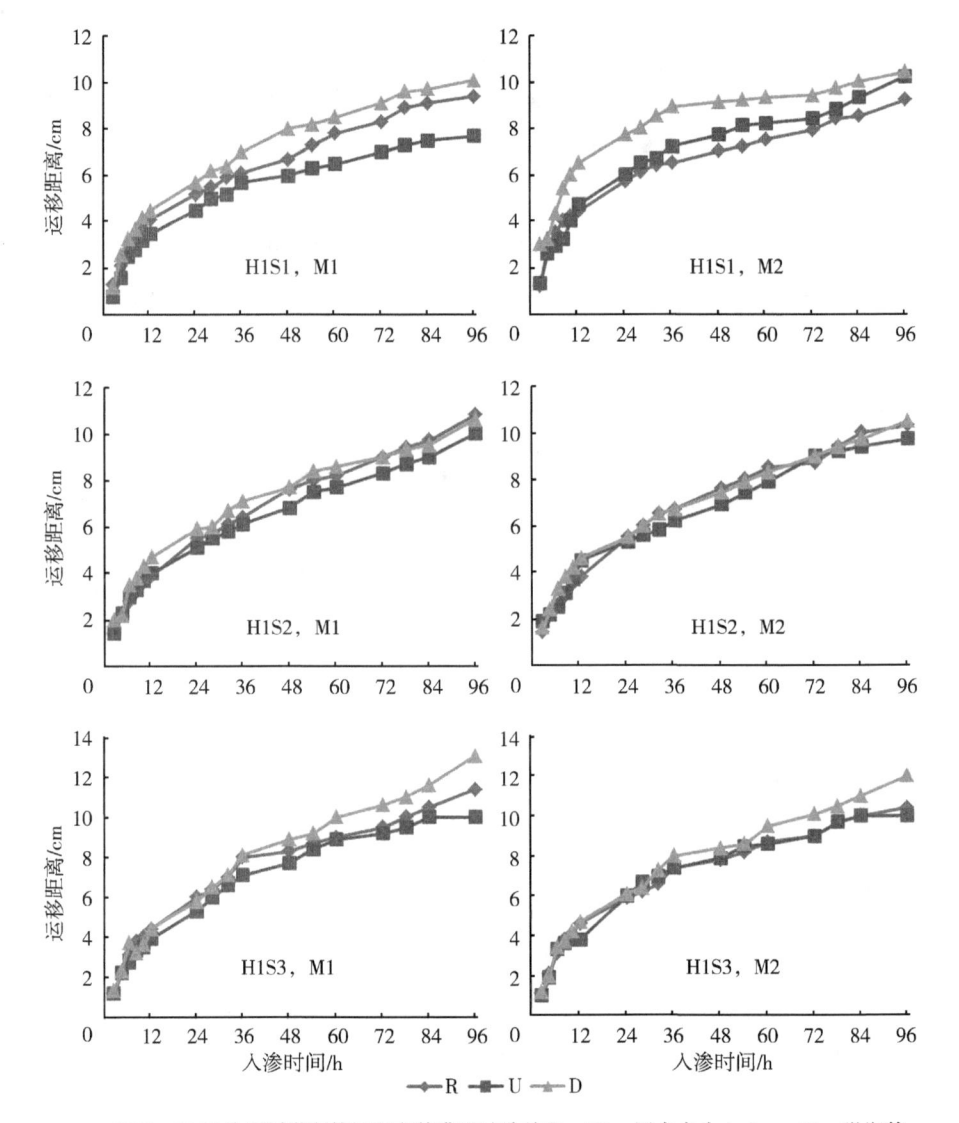

H1S1~H1S3 为不同微润管间距交替灌溉试验处理。H1，压力水头 1.0 m；S1，微润管铺设间距 10 cm；S2，微润管铺设间距 20 cm；S3，微润管铺设间距 30 cm；M1，微润管 1；M2，微润管 2；R，水平向右方向；U，垂直向上方向；D，垂直向下方向。

图 3-5　不同管间距下微润交替灌溉湿润锋的运移距离

压力水头是影响湿润锋运移距离远近的一个重要因素。在 H2 压力水头下，管 M1、M2 的湿润锋在 R、U、D 方向的运移距离大体上大于在 H1 压力水头下的运移距离，其中在 U 方向的湿润锋因试验土箱大小限制，

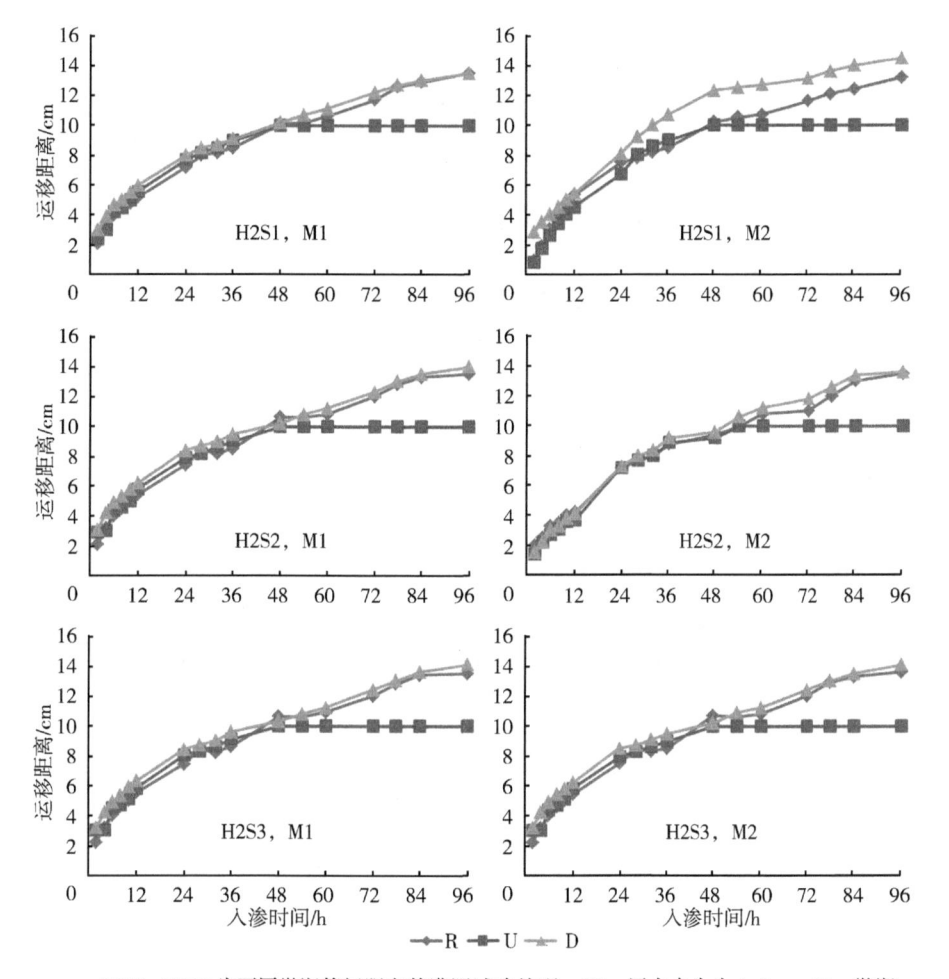

H2S1~H2S3 为不同微润管间距交替灌溉试验处理。H2，压力水头为 1.5 m；S1，微润
管铺设间距 10 cm；S2，微润管铺设间距 20 cm；S3，微润管铺设间距 30 cm；M1，微润管 1；
M2，微润管 2；R，水平向右方向；U，垂直向上方向；D，垂直向下方向。

图 3-6　不同管间距下微润交替灌溉湿润锋的运移距离

在入渗 48 h 左右即到达土箱表面。在两种压力水头下，湿润锋在 R 和 D
方向的最终运移距离大体上大于在 U 方向的运移距离，这与入渗水分受
重力作用影响，湿润锋向上运移受到的阻力较大有关。

不同微润管铺设间距下微润管 M1、M2 的湿润锋在 R、U、D 方向的
运移距离和入渗时间的拟合关系可以用幂函数 $y = ax^b$ 来表示，其中 $R^2 >$
0.92（表 3-7）。

表 3-7　不同管间距下微润交替灌溉湿润锋运移距离和入渗时间的拟合关系

试验处理	微润管	R			U			D		
		a	b	R^2	a	b	R^2	a	b	R^2
H1S1	M1	1.107 5	0.478 4	0.986 7	0.834 9	0.513 6	0.948 4	1.235 2	0.477 6	0.961 0
	M2	1.425 1	0.418 5	0.921 2	1.233 3	0.472 3	0.966 7	2.529 7	0.325 8	0.943 9
H1S2	M1	1.112 8	0.493 6	0.995 8	1.201 6	0.458 2	0.988 7	1.496 9	0.427 0	0.982 6
	M2	1.043 6	0.511 3	0.996 5	1.271 5	0.447 5	0.986 1	1.372 5	0.444 9	0.985 0
H1S3	M1	1.101 4	0.522 5	0.974 2	1.016 6	0.523 9	0.987 2	1.066 3	0.545 8	0.981 8
	M2	1.094 9	0.512 7	0.958 4	0.988 7	0.539 2	0.953 0	1.080 2	0.536 2	0.970 0
H2S1	M1	1.637 6	0.464 8	0.996 7	2.005 6	0.390 0	0.958 9	2.272 9	0.390 8	0.999 0
	M2	0.905 2	0.618 6	0.949 7	0.814 8	0.620 1	0.922 1	6.921 5	0.152 1	0.986 4
H2S2	M1	1.659 1	0.467 4	0.995 1	2.221 4	0.363 9	0.953 1	2.425 1	0.380 9	0.997 8
	M2	1.279 8	0.518 3	0.991 4	1.054 3	0.543 0	0.962 3	1.015 9	0.586 9	0.991 9
H2S3	M1	1.701 5	0.461 6	0.996 3	2.287 2	0.357 2	0.948 8	2.463 3	0.377 9	0.998 0
	M2	2.463 4	0.377 7	0.997 9	2.272 5	0.358 4	0.951 1	1.697 1	0.462 5	0.996 1

注：H1，压力水头为 1.0 m；H2，压力水头为 1.5 m；S1，微润管铺设间距 10 cm；S2，微润管铺设间距 20 cm；S3，微润管铺设间距 30 cm；M1，微润管 1；M2，微润管 2；R，水平向右方向；U，垂直向上方向；D，垂直向下方向；a，入渗系数；b，入渗指数。

三、微润交替灌溉管间距对土壤含水率的影响

不同微润管铺设间距下微润交替灌溉各处理的土壤含水率见图 3-7，总体表现为土壤含水率随着与微润管距离的增加而减小的趋势，以处理 H1S1 为例，土壤含水率围绕微润管呈辐射状减小趋势。

对于试验结束于 8 d 的处理 H1S1、H1S2、H2S1 和 H2S2 来说，由于管 M2 的供水刚刚结束，因此管 M2 附近的土壤含水量明显高于管 M1 附近的土壤含水率；并且在 1.5 m 压力水头下的处理 H2S1 和 H2S2 的土壤水分的入渗量和湿润迁移的范围，要比在 1.0 m 压力水头下的处理 H1S1 和 H1S2 的大，因此在土箱相同位置处 H2S1 和 H2S2 处理的土壤含水率要高于 H1S1 和 H1S2 处理。对于处理 H1S3 来说，管 M1 和 M2 附近的土壤水分分布状况相似，这是因为在 1.0 m 压力水头和 30 cm 微润管铺设间距下，管 M1 和 M2 的供水基本互不影响，因此各自形成相似的含水率分布状况。对于处理 H2S3 来说，在土箱相同位置处 H2S3 处理的土壤含水率要高于 H1S3 处理，这是因为在 1.5 m 压力水头下土壤水分的入渗量和

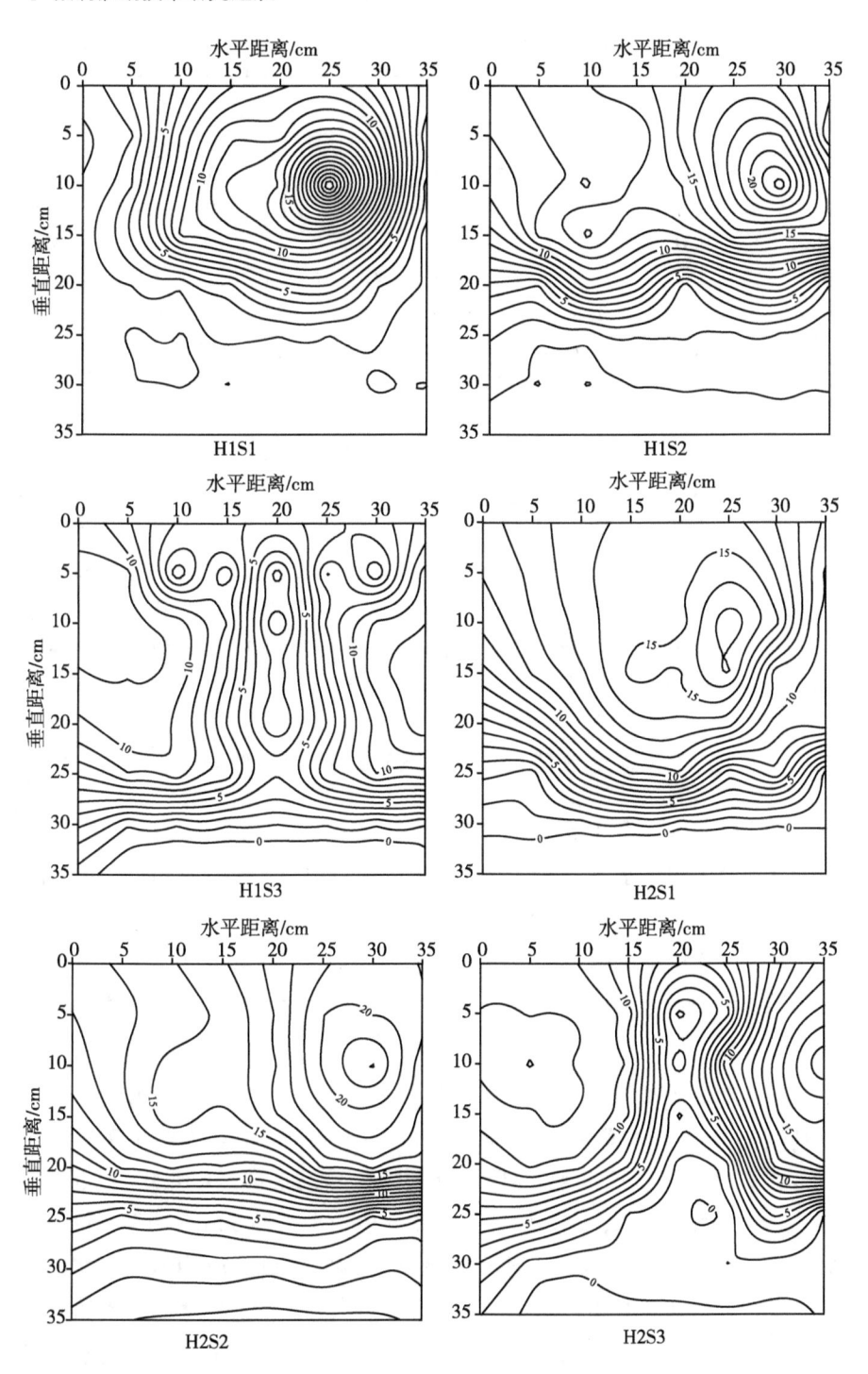

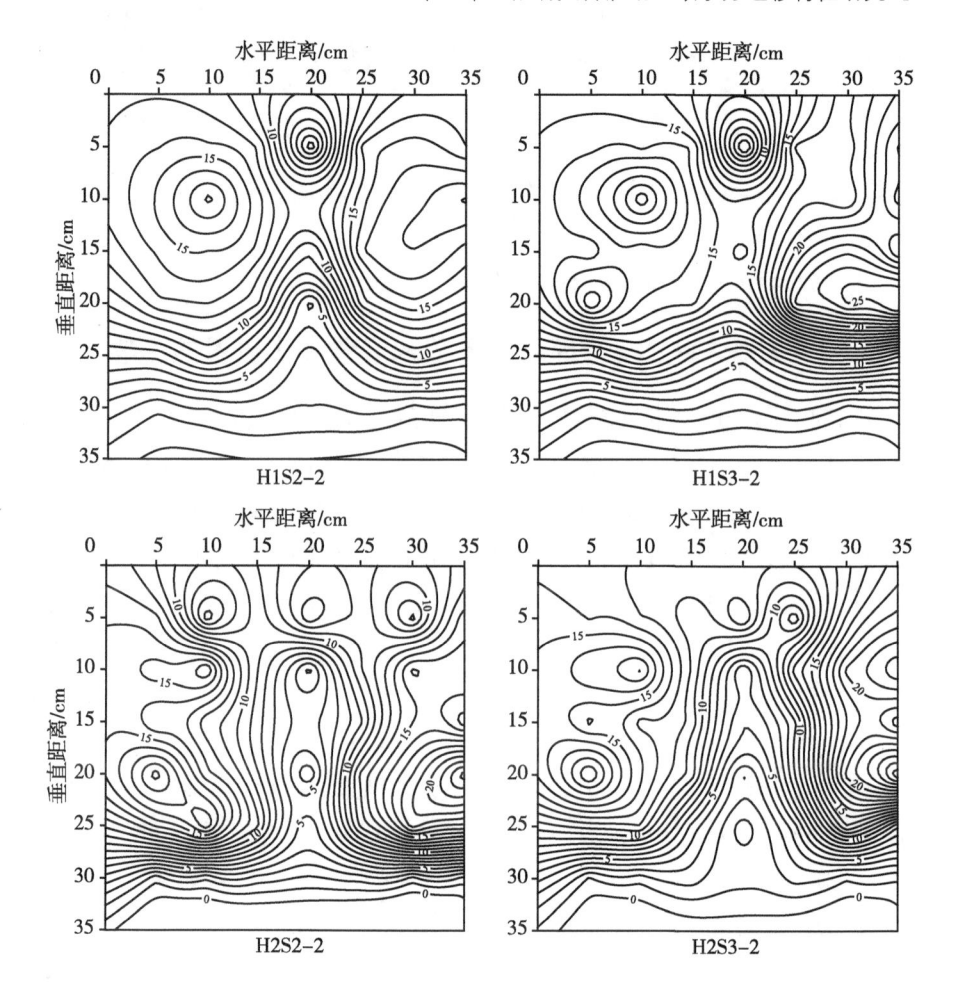

H1，压力水头为 1.0 m；H2，压力水头为 1.5 m；S1，微润管间距为 10 cm；S2，微润管间距 20 cm 下交替灌溉一次；S3，微润管间距 30 cm 下交替灌溉一次；S2-2，微润管间距20 cm 下交替灌溉两次；S3-2，微润管间距 30 cm 下交替灌溉两次。

图 3-7 不同管间距下微润交替灌溉的土壤含水率

湿润迁移的范围要比在 1.0 m 压力水头下的大。

对于试验结束于 16 d 的处理 H1S2-2 和 H2S2-2 来说，管 M1 附近的土壤含水量高于处理 H1S2 和 H2S2 的管 M1 附近，使管 M1 和 M2 附近的土壤水分分布更加均匀。对于处理 H1S3-2 而言，与处理 H1S3 相比，管 M1 和 M2 周围的土壤水分分布相似，处理 H1S3-2 与 H1S3 的区别在于 H1S3-2 的土壤含水量较高。对于处理 H2S3-2 而言，管 M1 附近的土壤含水率高于处理 H2S3 的管 M1 附近，且处理 H2S3-2 的水分分配范围大于处理 H2S3。

第四节 微润交替灌溉管埋深对土壤水分入渗的影响

微润交替灌溉管埋深对土壤水分入渗的影响试验设计参数见表 3-2。

一、微润交替灌溉管埋深对累积入渗量和出流量的影响

不同微润管埋深下微润交替灌溉的累积入渗量见图 3-8。在不同压力水头（H1、H2）和微润管埋深（D1、D2、D3）下，微润管 M1、M2 的累积入渗量在入渗 0~144 h 呈增加趋势。累积入渗量受埋深和压力水头的影响。在压力水头相同时，埋深小的处理的累积入渗量高于埋深大的处理，表现为 D1>D2>D3。如在试验结束时，处理 H1D1 的管 M1、M2 的累积入渗量分别为 9.88 L、9.39 L，处理 H1D2 的管 M1、M2 的累积入渗量分别为 7.10 L、6.93 L，处理 H1D3 的管 M1、M2 的累积入渗量分别为 5.27 L、4.98 L。在埋深相同时，压力水头大的处理的累积入渗量高于压力水头小的处理，表现为 H2>H1。如在试验结束时，处理 H2D1 的管 M1、M2 累积入渗量分别为 13.77 L、9.55 L，处理 H2D2 的管 M1、M2 的累积入渗量分别为 13.39 L、10.67 L，处理 H2D3 的管 M1、M2 的累积入渗量分别为 6.80 L、6.44 L，均分别高于前述处理 H1D1、H1D2 和 H1D3。

就两根微润管的累积入渗量而言，在 1.0 m 压力水头下 3 个埋深处理 H1D1、H1D2、H1D3 的管 M1、M2 的累积入渗量差别不大，但在 1.5 m 压力水头下埋深 10 cm、20 cm 处理 H2D1、H2D2 的管 M1 的累积入渗量明显高于管 M2。这是因为各处理两根微润管的铺设间距均为 30 cm，在压力水头为 1.0 m 时，管 M1 的水分入渗量比较少，其水分运移湿润的范围对管 M2 的水分入渗影响不大，因此形成基本相当的水分入渗量；而在压力水头为 1.5 m 时，管 M1 在埋深 D1、D2 处理下水分入渗量较大，其水分运移湿润的范围影响到管 M2 的水分入渗，但在埋深 D3 处理下水分入渗量较小，其水分运移湿润的范围对管 M2 的水分入渗影响不大。这说明在压力水头一定时，微润管的埋深对累积入渗量具有一定影响。

对不同微润管埋深下微润交替灌溉的累积入渗量与入渗时间的关系进

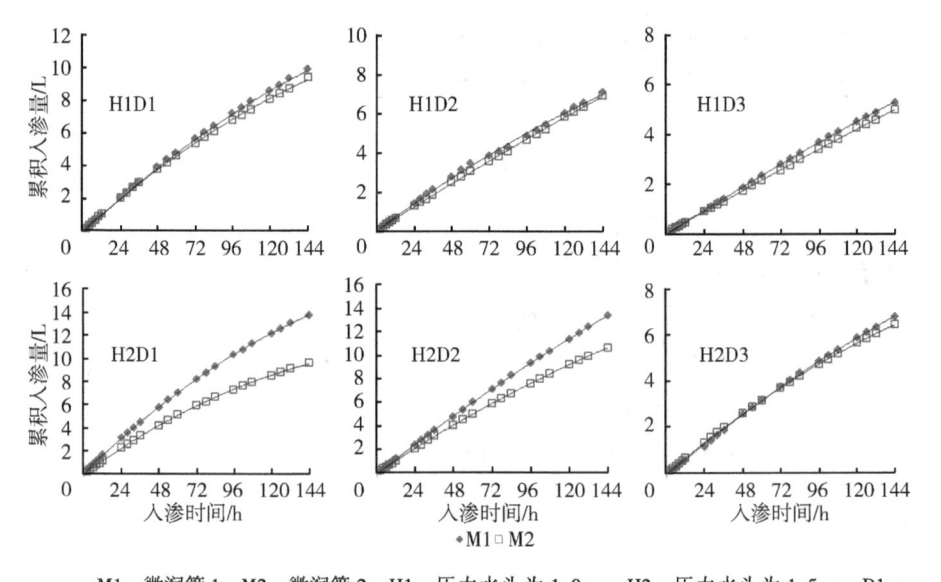

M1，微润管 1；M2，微润管 2；H1，压力水头为 1.0 m；H2，压力水头为 1.5 m；D1，微润管埋深 10 cm；D2，微润管埋深 20 cm；D3，微润管埋深 30 cm。

图 3-8 不同管埋深下微润交替灌溉的累积入渗量

行拟合，各处理管 M1、M2 的累积入渗量与入渗时间的拟合关系可以用二次函数方程 $y = ax^2 + bx + c$ 表达，其中 $R^2 > 0.99$（表 3-8）。

表 3-8 不同管埋深下微润交替灌溉的累积入渗量与入渗时间的拟合关系

试验处理	微润管	拟合公式	R^2
H1D1	M1	$y = -1 \times 10^{-4}x^2 + 0.088\,9x - 0.093\,6$	0.999 9
	M2	$y = -1 \times 10^{-4}x^2 + 0.084\,6x + 0.018\,0$	0.999 6
H1D2	M1	$y = -7 \times 10^{-5}x^2 + 0.058\,5x + 0.057\,9$	0.998 5
	M2	$y = -2 \times 10^{-5}x^2 + 0.050\,7x + 0.058\,8$	0.999 6
H1D3	M1	$y = -3 \times 10^{-5}x^2 + 0.041\,2x - 0.019\,7$	0.999 9
	M2	$y = -1 \times 10^{-5}x^2 + 0.036\,3x + 0.022\,5$	0.999 9
H2D1	M1	$y = -2 \times 10^{-4}x^2 + 0.130\,5x + 0.026\,7$	1.000 0
	M2	$y = -2 \times 10^{-4}x^2 + 0.097\,3x - 0.046\,9$	0.999 8
H2D2	M1	$y = -9 \times 10^{-5}x^2 + 0.106\,3x - 0.099\,2$	1.000 0
	M2	$y = -1 \times 10^{-4}x^2 + 0.090\,0x - 0.029\,0$	0.999 9
H2D3	M1	$y = -7 \times 10^{-5}x^2 + 0.058\,3x - 0.120\,5$	0.999 7
	M2	$y = -9 \times 10^{-5}x^2 + 0.058\,8x - 0.060\,2$	0.999 9

注：M1，微润管 1；M2，微润管 2；H1，压力水头为 1.0 m；H2，压力水头为 1.5 m；D1，微润管埋深 10 cm；D2，微润管埋深 20 cm；D3，微润管埋深 30 cm；a，入渗系数；b，入渗指数。

　　不同微润管埋深下微润交替灌溉的出流量见图3-9。不同微润管埋深各处理的管M1和M2的出流量在入渗0~4 h或0~6 h迅速增加，在入渗4~24 h或6~24 h逐渐减少，在入渗24~144 h埋深为20 cm、30 cm的处理H1D2、H1D3、H2D2和H2D3的出流量平稳，埋深为10 cm的处理H1D1、H2D1的出流量呈微减趋势。在相同压力水头下，管M1和M2的出流量随埋深的增加而减少，表现为D1＞D2＞D3。在相同埋深下，管M1和M2的出流量随压力水头的增加而增加，表现为H2＞H1。在1.0 m压力水头下，各埋深处理的管M1和M2的出流量相近；在1.5 m压力水头下，埋深10 cm、20 cm处理H2D1、H2D2的管M1的出流量明显高于管M2。这与累积入渗量的变化规律相一致。

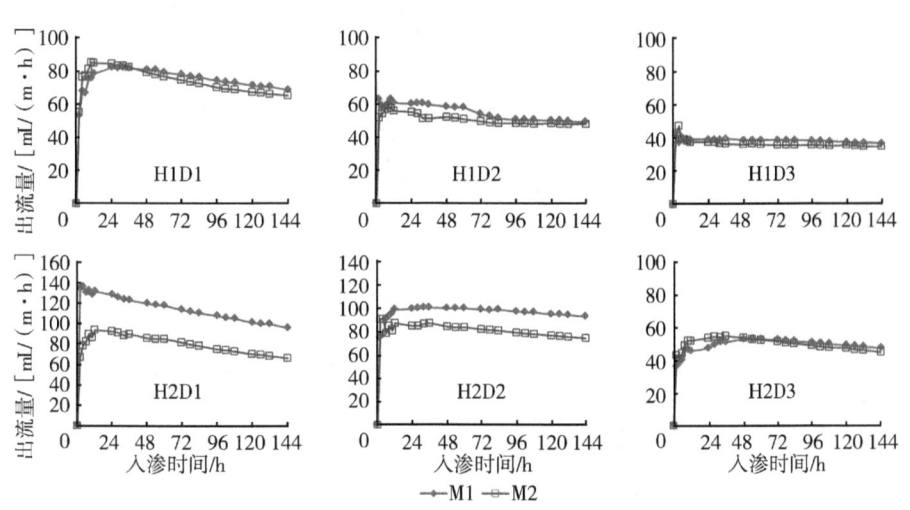

　　M1，微润管1；M2，微润管2；H1，压力水头为1.0 m；H2，压力水头为1.5 m；D1，微润管埋深10 cm；D2，微润管埋深20 cm；D3，微润管埋深30 cm。

图3-9　不同管埋深下微润交替灌溉的出流量

二、微润交替灌溉管埋深对湿润锋形状和运移的影响

（一）微润交替灌溉管埋深对湿润锋形状的影响

　　不同微润管埋深下微润交替灌溉湿润锋的形状见图3-10。可以看出，在相同压力水头下，随着微润管埋深的增加，湿润锋的湿润面积逐渐减小，管M1和M2形成的湿润锋间距越远。在相同微润管埋深下，随着压力水头的增加，湿润锋的湿润面积逐渐增加，管M1和M2形成的湿润锋间距越近。

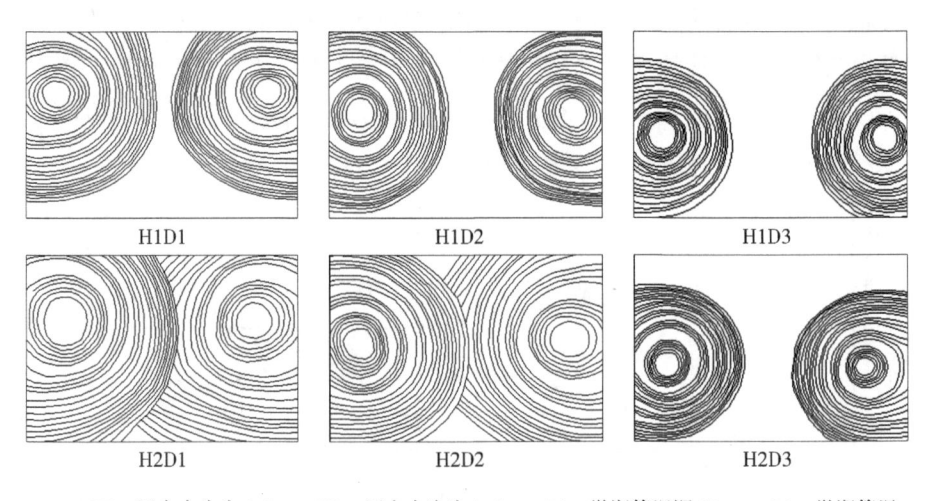

H1，压力水头为1.0 m；H2，压力水头为1.5 m；D1，微润管埋深10 cm；D2，微润管埋深20 cm；D3，微润管埋深30 cm。

图3-10 不同管埋深下微润交替灌溉湿润锋的形状

在1.0 m压力水头下，3个埋深处理H1D1、H1D2、H1D2的管M1和M2形成的湿润锋均没有相交；其中处理H1D1、H1D2的管M1形成的湿润锋截面积比管M2形成的略大，两侧湿润体轮廓线间距均由疏变密，说明湿润锋推进的距离逐渐变小；处理H1D3的管M1形成的湿润锋截面积大小与管M2形成的相近，说明管M1对管M2的入渗影响不大。

在1.5 m压力水头下，埋深为10 cm、15 cm的处理H2D1、H2D2的管M1和M2形成的湿润锋相交，而埋深为20 cm的处理H2D3的管M1和M2形成的湿润锋没有相交。处理H2D1的管M1在水分入渗28 h湿润锋扩散到土层表面，管M2在水分入渗32 h土体表层开始湿润，管M1形成的湿润体体积较大。在关闭管M1开启管M2后，管M1湿润体的水分继续向管M2侧扩散，在管M2水分入渗48 h后两侧的湿润体相接。处理H2D3的管M1形成的湿润锋截面积与管M2的相近，两侧的湿润体没有接触，湿润锋运移距离较短，表土层没有湿润。

（二）微润交替灌溉管埋深对湿润锋运移的影响

不同微润管埋深下微润交替灌溉管M1、M2的湿润锋在R、U和D方向的运移情况见图3-11、图3-12。可以看出，各处理各方向的湿润锋运移距离均表现为前期增长较快，后期增长缓慢。这是因为水分扩散的主要动力为微润管内外的水势差，扩散初期水势差较大，水分扩散较快，随着扩散的进行，水势差逐渐减小，水分子扩散的动力减小，扩散速率减小，湿润锋运移距离的增长值也越来越小。

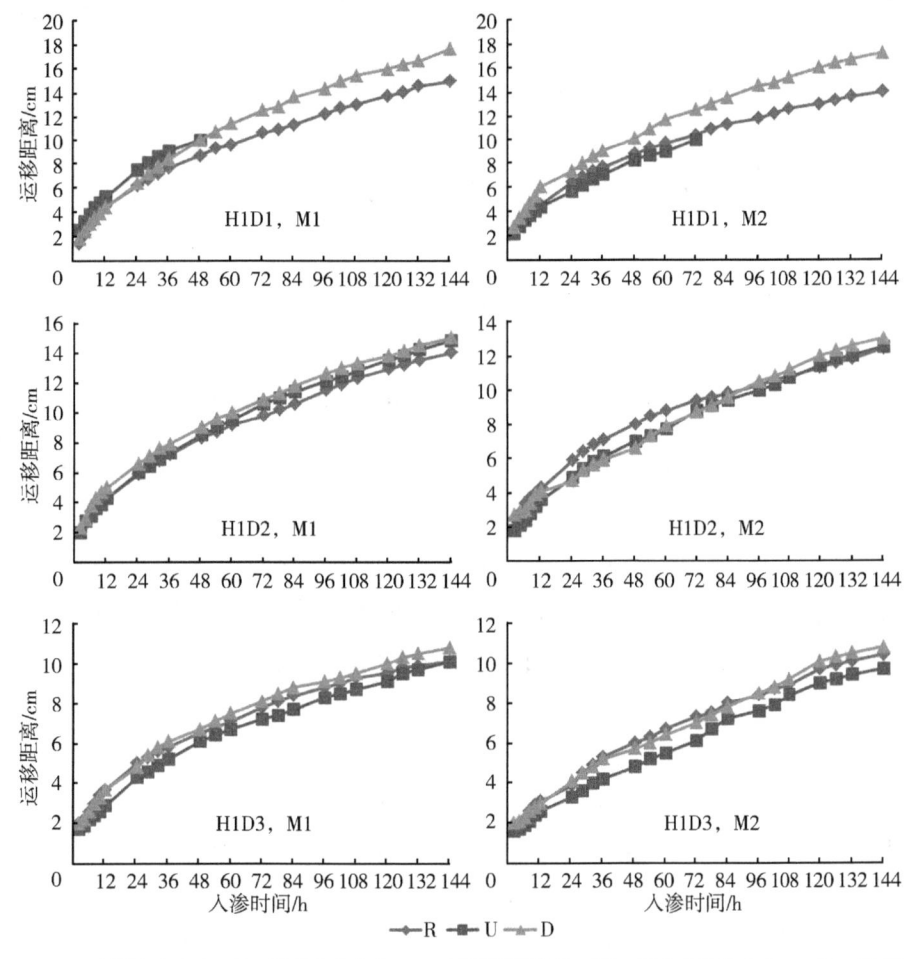

R，水平向右方向；U，垂直向上方向；D，垂直向下方向；H1，压力水头为1.0 m；D1，微润管埋深10 cm；D2，微润管埋深20 cm；D3，微润管埋深30 cm；M1，微润管1；M2，微润管2。

图 3-11　不同管埋深下微润交替灌溉湿润锋的运移距离

在1.0 m压力水头下，当微润管埋深为10 cm时，处理H1D1的管M1、M2分别在入渗48 h、72 h向U方向的运移距离到达土体表面，在D方向的运移距离大于在R方向的运移距离，入渗结束时管M1在R、D方

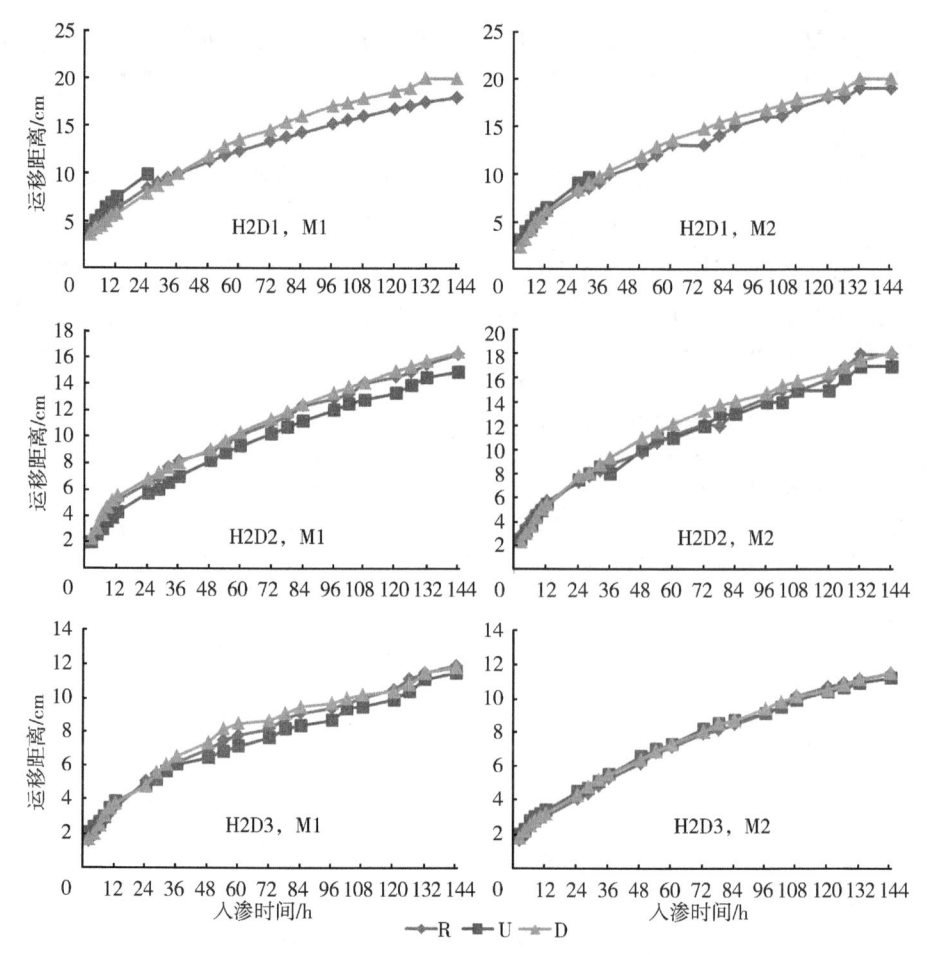

R，水平向右方向；U，垂直向上方向；D，垂直向下方向；H2，压力水头为 1.5 m；D1，微润管埋深 10 cm；D2，微润管埋深 20 cm；D3，微润管埋深 30 cm；M1，微润管 1；M2，微润管 2。

图 3-12　不同管埋深下微润交替灌湿润锋的运移距离

向的运移距离大于管 M2。当微润管埋深为 15 cm 时，处理 H1D2 的管 M1 在各方向的运移距离均大于管 M1。当微润管埋深为 20 cm 时，处理 H1D3 的管 M1、M2 在各方向的运移距离较为接近，其中在 D 方向的运移距离大于在 R、U 方向的。

在 1.5 m 压力水头下，当微润管埋深为 10 cm 时，处理 H2D1 的管 M1、M2 分别在入渗 24 h、28 h 向 U 方向的运移距离到达土体表面，同样地，在 D 方向的运移距离大于在 R 方向的运移距离。当微润管埋深为

15 cm 时，管 M1、M2 入渗结束时在各方向的运移距离较为接近。当微润管埋深为 20 cm 时，处理 H1D3 的管 M1、M2 在 U 方向的运移距离低于在 R、D 方向的。

就埋深而言，各方向的运移距离总体随着埋深的增加而减少。就压力水头而言，各方向的运移距离总体随着压力水头的的增加而增加。

就不同微润管埋深下各处理的管 M1 和 M2 的湿润锋在 R、U、D 方向的运移距离和入渗时间的关系进行拟合，其相关关系可以用幂函数 $y=ax^b$ 表达，其中 $R^2>0.95$（表 3-9）。

表 3-9 不同管埋深下微润交替灌溉湿润锋运移距离和入渗时间的拟合关系

试验处理	微润管	R			U			D		
		a	b	R^2	a	b	R^2	a	b	R^2
H1D1	M1	1.096 1	0.532 1	0.994 7	1.723 6	0.458 4	0.996 6	1.135 5	0.554 9	0.998 3
	M2	1.634 8	0.433 5	0.998 8	1.551 1	0.426 2	0.996 2	1.907 7	0.440 7	0.997 8
H1D2	M1	1.382 7	0.463 0	0.999 0	1.353 2	0.447 7	0.997 8	1.664 7	0.441 0	0.998 6
	M2	1.684 7	0.398 6	0.995 2	1.082 9	0.486 4	0.994 0	1.528 0	0.410 4	0.958 6
H1D3	M1	1.328 5	0.412 0	0.995 1	1.007 8	0.459 1	0.989 8	1.282 8	0.429 1	0.994 2
	M2	1.023 0	0.460 0	0.990 5	0.846 4	0.473 1	0.970 4	1.097 5	0.443 3	0.973 7
H2D1	M1	2.538 3	0.389 7	0.997 0	3.061 1	0.359 5	0.986 4	2.108 5	0.449 5	0.981 1
	M2	2.017 1	0.434 9	0.998 1	2.107 6	0.449 8	0.995 1	1.621 9	0.514 8	0.998 6
H2D2	M1	1.385 3	0.489 7	0.996 7	1.297 4	0.483 7	0.995 5	1.733 5	0.443 8	0.994 0
	M2	1.967 6	0.424 2	0.996 4	1.644 3	0.481 3	0.994 6	1.565 9	0.496 0	0.998 6
H2D3	M1	1.081 4	0.479 8	0.997 9	1.363 0	0.413 2	0.990 7	1.151 1	0.471 9	0.993 4
	M2	0.968 1	0.489 0	0.987 8	1.239 8	0.435 2	0.986 3	1.094 4	0.465 3	0.989 1

注：R，水平向右方向；U，垂直向上方向；D，垂直向下方向；H1，压力水头为 1.0 m；H2，压力水头为 1.5 m；D1，微润管埋深 10 cm；D2，微润管埋深 20 cm；D3，微润管埋深 30 cm；M1，微润管 1；M2，微润管 2；a，入渗系数；b，入渗指数。

三、微润交替灌溉管埋深对土壤含水率的影响

不同管埋深下微润交替灌溉入渗试验结束后，在土体与微润管铺设位置平行处沿水平距离土箱左侧板（近 M1）5 cm、10 cm、15 cm、20 cm、25 cm、30 cm 和 35 cm 处取样测定土壤含水率情况见图 3-13、图 3-14。由图 3-13 可以看出，在压力水头相同条件下，土箱不同位置处土壤含水率表现为 D1＞D2＞D3，土壤含水率随着微润管埋深的增加而减少。由图 3-14 可以看出，在埋深相同情况下，土箱不同位置处土壤含水率表现为 H2＞H1，土壤含水率随着压力水头的增加而增加。就土箱不同位置来说，

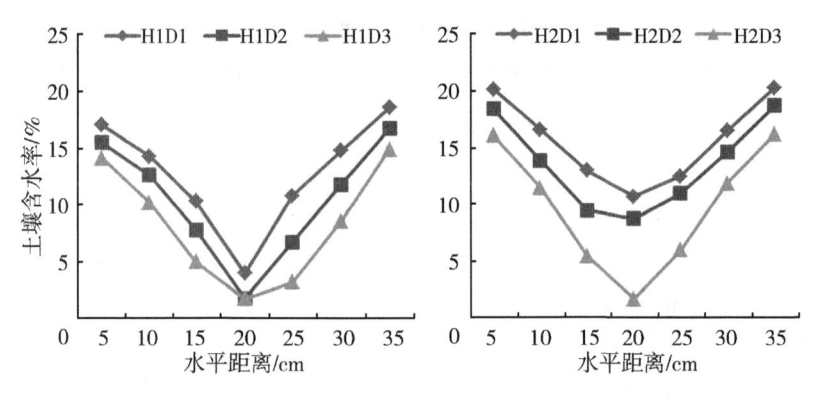

H1，压力水头为 1.0 m；H2，压力水头为 1.5 m；D1，微润管埋深 10 cm；D2，微润管埋深 20 cm；D3，微润管埋深 30 cm。

图 3-13　不同管埋深下微润交替灌溉的土壤含水率

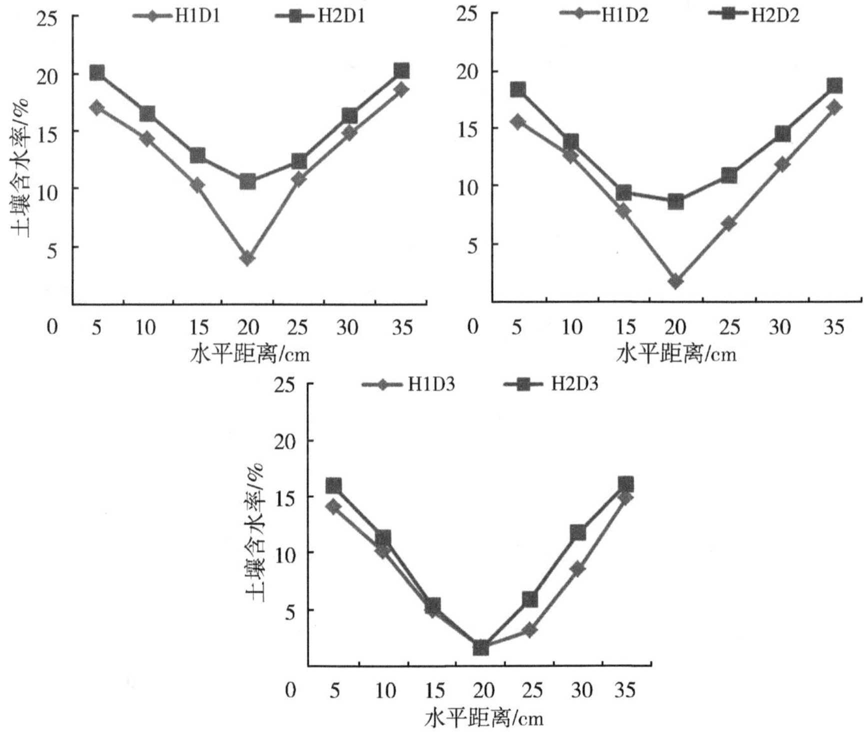

H1，压力水头为 1.0 m；H2，压力水头为 1.5 m；D1，微润管埋深 10 cm；D2，微润管埋深 20 cm；D3，微润管埋深 30 cm。

图 3-14　不同管埋深下微润交替灌溉的土壤含水率

土壤含水率随着与微润管 M1、M2 距离的增加而减少，在距离两根微润管 M1 和 M2 距离相等的中心位置土壤含水率最低。随着微润管埋深的增加，两个压力水头下土箱不同位置处的土壤含水率的差别减小。

第五节　微润交替灌溉时间对土壤水分入渗的影响

微润交替灌溉时间对土壤水分入渗的影响试验设计参数见表 3-3。

一、微润交替灌溉时间对累积入渗量和出流量的影响

不同交替时间下微润交替灌溉的累积入渗量见图 3-15。在不同交替时间（T1、T2、T3、T4、T5、T6）下，微润管 M1、M2 的累积入渗量呈增加趋势，管 M1 的累积入渗量大于管 M2。随交替时间的延长，管 M1、M2 的累积入渗量的差别逐渐减小，处理 T6 的管 M1、M2 的累积入渗量曲线较为接近。以处理 T1、T6 为例，在入渗 48 d 时，处理 T1 的管 M1、M2 的累积入渗量分别为 3.0 L、2.2 L，管 M2 的累积入渗量比管 M1 减少 36.3%；在入渗 168 d 时，处理 T6 的管 M1、M2 的累积入渗量分别为 11.0 L、9.6 L，管 M2 的累积入渗量比管 M1 减少 14.6%。

对不同交替时间下微润交替灌溉的累积入渗量与入渗时间的关系进行拟合，处理 T1、T2 的管 M1、M2 的累积入渗量与入渗时间的拟合关系可以用线性方程 $y=ax+b$ 表达，其中 $R^2>0.99$；处理 T3、T4、T5、T6 的管 M1、M2 的累积入渗量与入渗时间的拟合关系可以用二次函数方程 $y=ax^2+bx+c$ 表达，其中 $R^2>0.99$（表 3-10）。

表 3-10　不同交替时间下微润交替灌溉的累积入渗量与入渗时间的拟合关系

试验处理	微润管	拟合公式	R^2
T1	M1	$y=0.062\,3x+0.042\,9$	0.999 2
	M2	$y=0.046\,1x+0.009\,2$	0.999 6
T2	M1	$y=0.074\,1x-0.045\,9$	0.999 6
	M2	$y=0.046\,5x+0.050\,1$	0.999 5
T3	M1	$y=-1\times10^{-4}x^2+0.086\,5x-0.057\,7$	0.999 8
	M2	$y=-1\times10^{-4}x^2+0.067\,1x-0.048\,7$	0.999 8
T4	M1	$y=-8\times10^{-5}x^2+0.081\,6x+0.088\,5$	0.999 8
	M2	$y=-2\times10^{-4}x^2+0.079\,9x+0.059\,9$	0.998 9

试验处理	微润管	拟合公式	R^2
T5	M1	$y=-6\times10^{-5}x^2+0.079\ 7x+0.106\ 1$	0.999 8
	M2	$y=-2\times10^{-4}x^2+0.074\ 4x+0.117\ 6$	0.998 2
T6	M1	$y=-1\times10^{-4}x^2+0.082\ 6x+0.007\ 8$	0.999 6
	M2	$y=-1\times10^{-4}x^2+0.076\ 0x-0.079\ 6$	0.999 5

注：M1，微润管 1；M2，微润管 2；T1，微润交替灌溉时间 2 d；T2，微润交替灌溉时间 3 d；T3，微润交替灌溉时间 4 d；T4，微润交替灌溉时间 5 d；T5，微润交替灌溉时间 6 d；T6，微润交替灌溉时间 7 d；a，入渗系数；b，入渗指数。

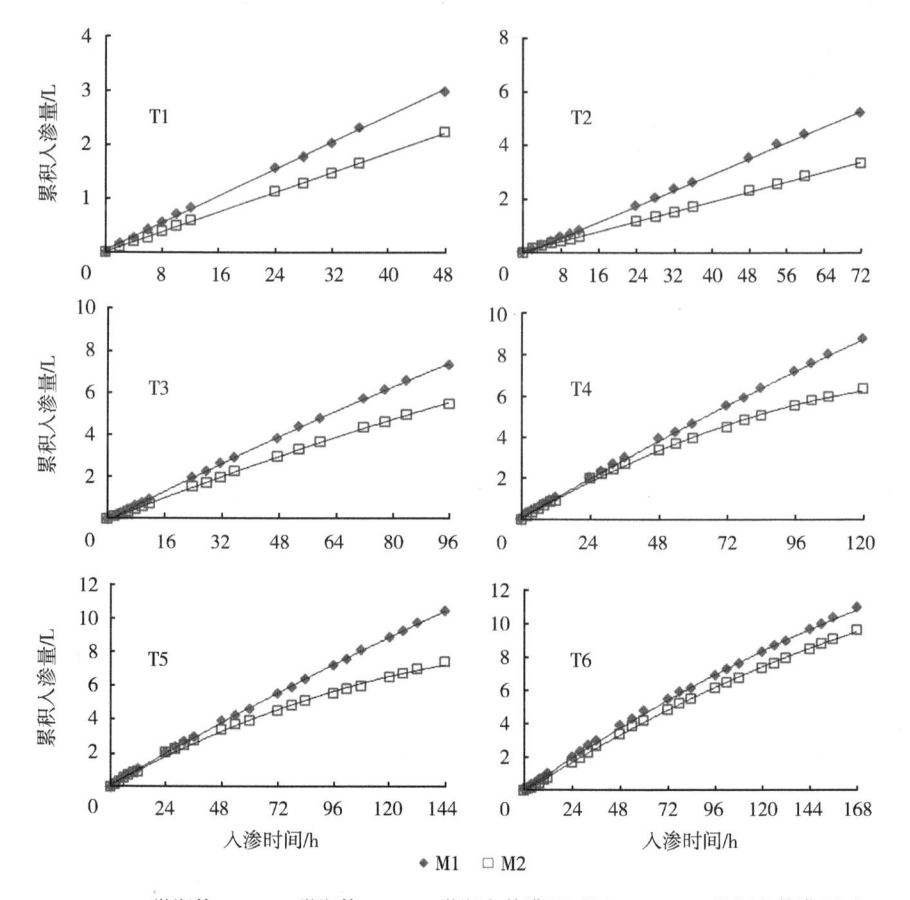

M1，微润管 1；M2，微润管 2；T1，微润交替灌溉时间 2 d；T2，微润交替灌溉时间 3 d；T3，微润交替灌溉时间 4 d；T4，微润交替灌溉时间 5 d；T5，微润交替灌溉时间 6 d；T6，微润交替灌溉时间 7 d。

图 3-15　不同交替时间下微润交替灌溉的累积入渗量

　　不同交替时间下微润交替灌溉的出流量见图 3-16。各处理的管 M1 和 M2 的出流量在入渗 0~6 h 或 0~8 h 迅速增加，处理 T1、T2、T3 的管 M1 和 M2 的出流量在入渗 12 h 后基本稳定，其中管 M1 的出流量大于管 M2。处理 T4、T5、T6 的管 M1 和 M2 的出流量在入渗 24 h 后呈缓慢降低趋势，其中管 M2 的出流量降低的程度大于管 M1；管 M1 的出流量大于管 M2，但两

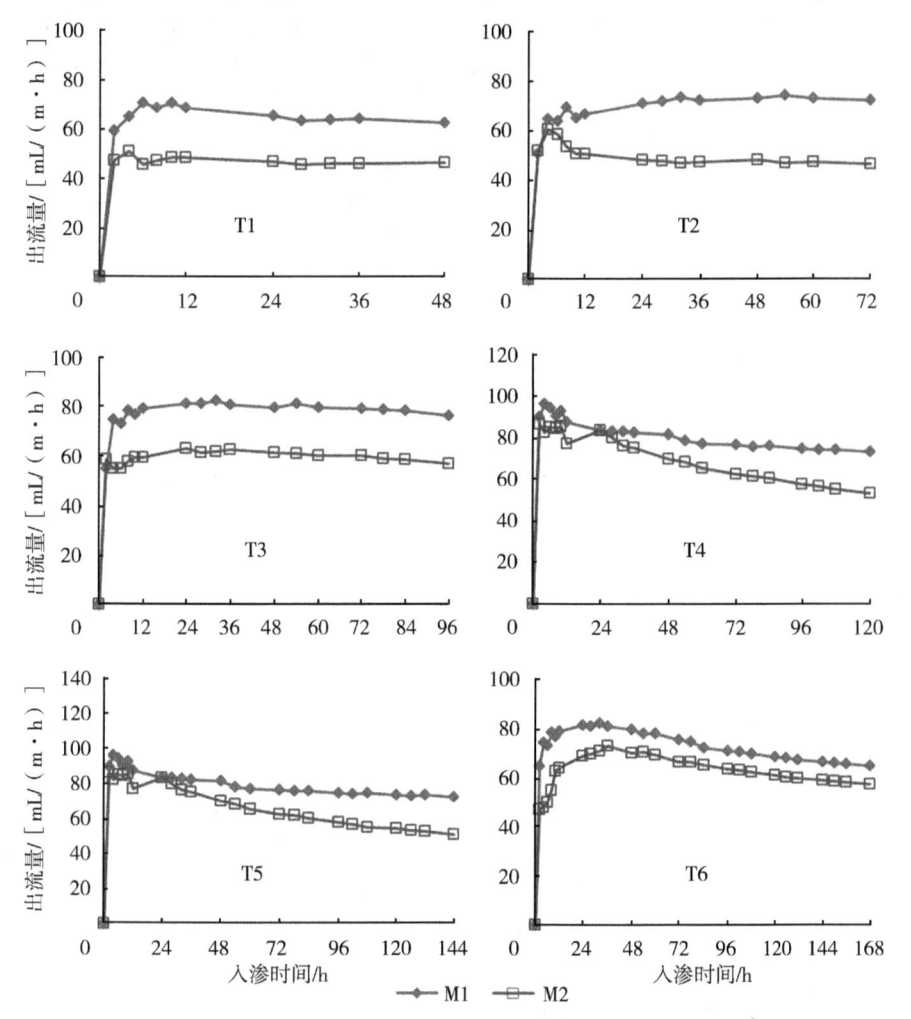

　　M1，微润管 1；M2，微润管 2；T1，微润交替灌溉时间 2 d；T2，微润交替灌溉时间 3 d；T3，微润交替灌溉时间 4 d；T4，微润交替灌溉时间 5 d；T5，微润交替灌溉时间 6 d；T6，微润交替灌溉时间 7 d。

图 3-16　不同交替时间下微润交替灌溉的出流量

者之间的差别比处理 T1、T2、T3 的管 M1 和 M2 的出流量的差别要小。以处理 T1、T6 为例，在入渗 48 d 时，处理 T1 的管 M1、M2 的出流量分别为 62.5 mL/（m·h）、46.6 mL/（m·h），管 M2 的出流量比管 M1 减少 34.1%；在入渗 168 d 时，处理 T6 的管 M1、M2 的累积入渗量分别为 65.2 mL/（m·h）、57.4 mL/（m·h），管 M2 的出流量比管 M1 减少 13.5%。

二、微润交替灌溉时间对湿润锋形状和运移的影响

不同交替时间下微润交替灌溉湿润锋的形状见图 3-17。各处理湿润锋的形状为以微润管为中心的同心圆。处理 T1、T2、T3 的管 M1 和 M2 的湿润锋在试验周期内没有相交，湿润锋截面形状类似两个相互独立互不影响的圆形；处理 T4、T5、T6 的管 M1 和 M2 的湿润锋在试验周期内相交。总体而言，管 M1 形成的湿润锋的截面积比管 M2 的大，以处理 T4、T5、T6 的表现更为明显，这与管 M1 的水分入渗对管 M2 的水分入渗造成影响有关。

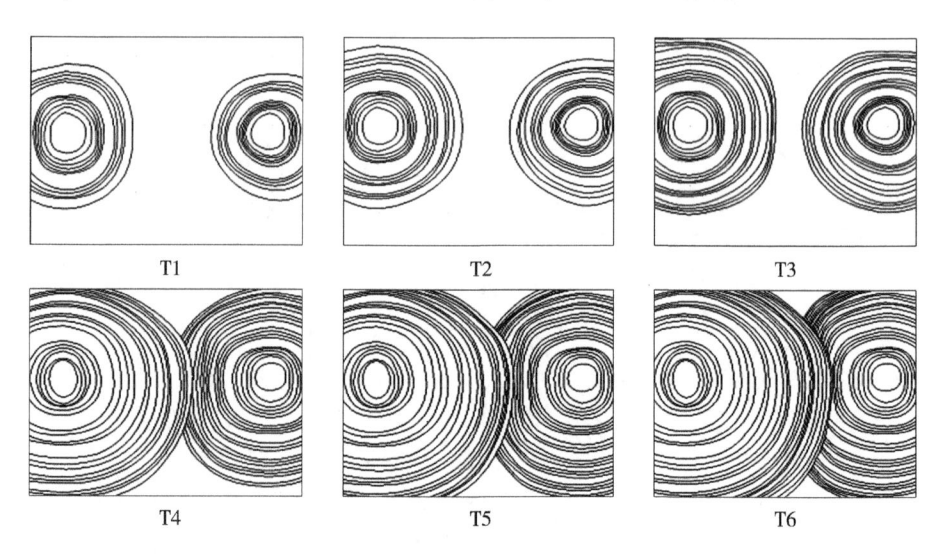

T1，微润交替灌溉时间 2 d；T2，微润交替灌溉时间 3 d；T3，微润交替灌溉时间 4 d；T4，微润交替灌溉时间 5 d；T5，微润交替灌溉时间 6 d；T6，微润交替灌溉时间 7 d。

图 3-17 不同交替时间下微润交替灌溉湿润锋的形状

三、微润交替灌溉时间对土壤含水率的影响

不同交替时间下微润交替灌溉土壤的含水率见图 3-18。以处理 T1 为

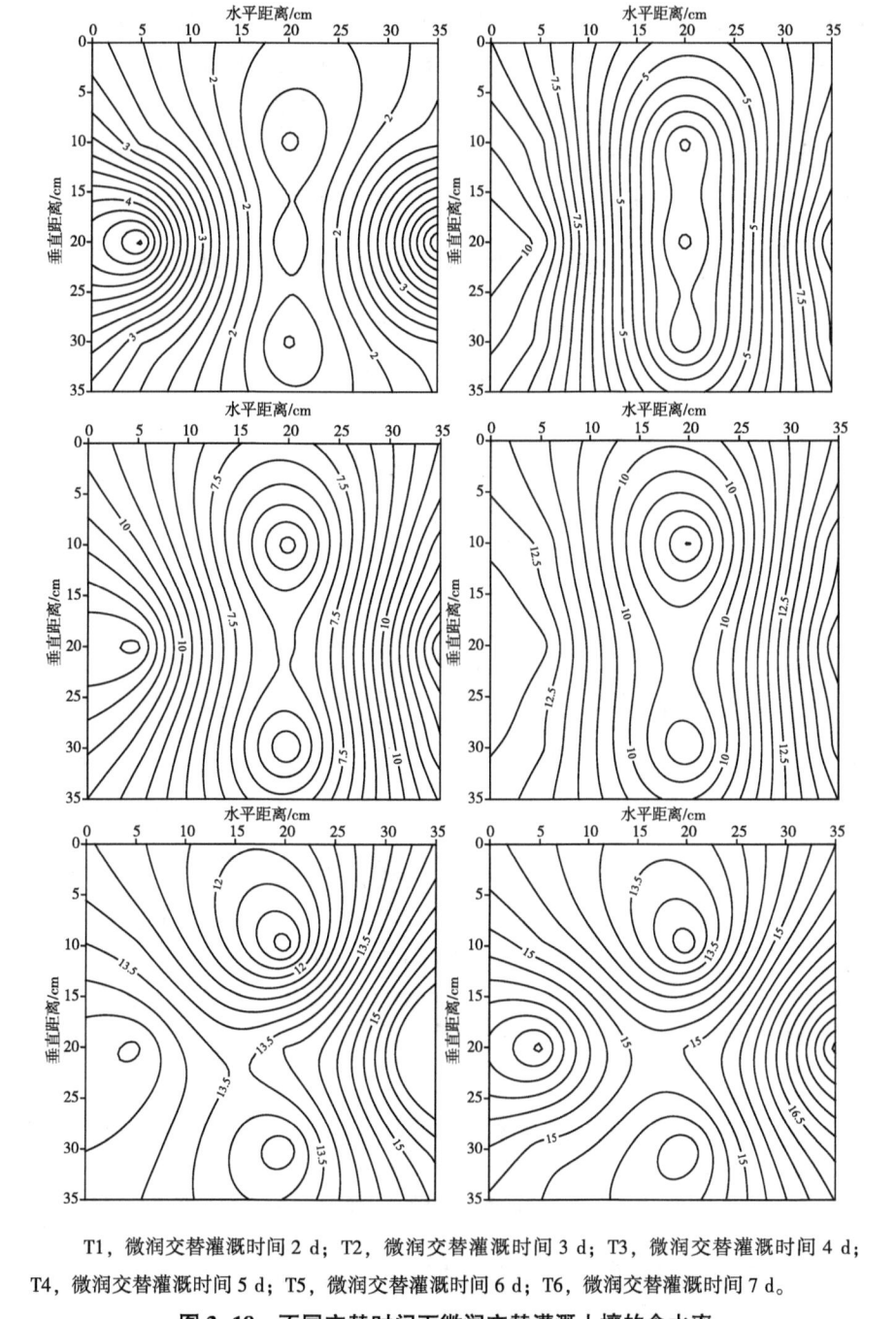

T1，微润交替灌溉时间 2 d；T2，微润交替灌溉时间 3 d；T3，微润交替灌溉时间 4 d；T4，微润交替灌溉时间 5 d；T5，微润交替灌溉时间 6 d；T6，微润交替灌溉时间 7 d。

图 3-18　不同交替时间下微润交替灌溉土壤的含水率

例，土壤含水率围绕微润管 M1 和 M2 呈环状降低状态，在近微润管 M1
附近，即图示垂直距离土箱表面 20 cm、水平距离土箱左侧板 5 cm 处的土
壤含水率最高，其次为微润管 M2 附近的土壤含水率较高；图示水平距离
土箱左侧板 20 cm 处为微润管 M1 和 M2 中间处的土壤，含水率最低。处
理 T2、T3、T4 的表现与处理 T1 相似，因交替灌溉时间较短，微润管 M1
和管 M2 形成的湿润锋没有相交（处理 T1、T2、T3）或相交较少（处理
T4），因此土箱中间区域的土壤水分含量较低。随交替灌溉时间的延长，
处理 T5 和 T6 的微润管 M1 和 M2 形成的湿润锋相交，土箱中间区域的土
壤水分含量增加。

第六节　微润交替灌溉压力水头对
土壤水分入渗的影响

微润交替灌溉压力水头对土壤水分入渗的影响试验设计参数见表
3-4。

一、微润交替灌溉压力水头对累积入渗量和出流量的影响

不同压力水头下微润交替灌溉的累积入渗量见图 3-19。可以看出，
随压力水头的增加，各处理的管 M1 和 M2 累积入渗量增加，表现为
H1＜H2＜H3＜H4＜H5＜H6。本试验微润交替灌溉时间为 4 d，入渗结束
时管 M1 和 M2 形成的湿润体没有相交（处理 H1~H5）或微微相交（处
理 H6），两管的累积入渗量差别不大。前述试验表明，如果管 M1 和 M2
形成的湿润体相交，则管 M2 的累积入渗量会明显减少。以处理 H1、H6
为例，在入渗 96 h 时，处理 H1 的管 M1 和 M2 的累积入渗量分别为
2.24 L、2.05 L，管 M2 的累积入渗量比管 M1 减少 9.26%；而处理 H6 的
管 M1 和 M2 的累积入渗量分别为 7.61 L、7.30 L，管 M2 的累积入渗量比
管 M1 减少 4.24%。

对不同压力水头下微润交替灌溉的管 M1 和 M2 的累积入渗量与入渗
时间的关系进行拟合，其拟合关系可以用线性方程 $y = ax + b$ 表达，其中
$R^2 > 0.98$（表 3-11）。

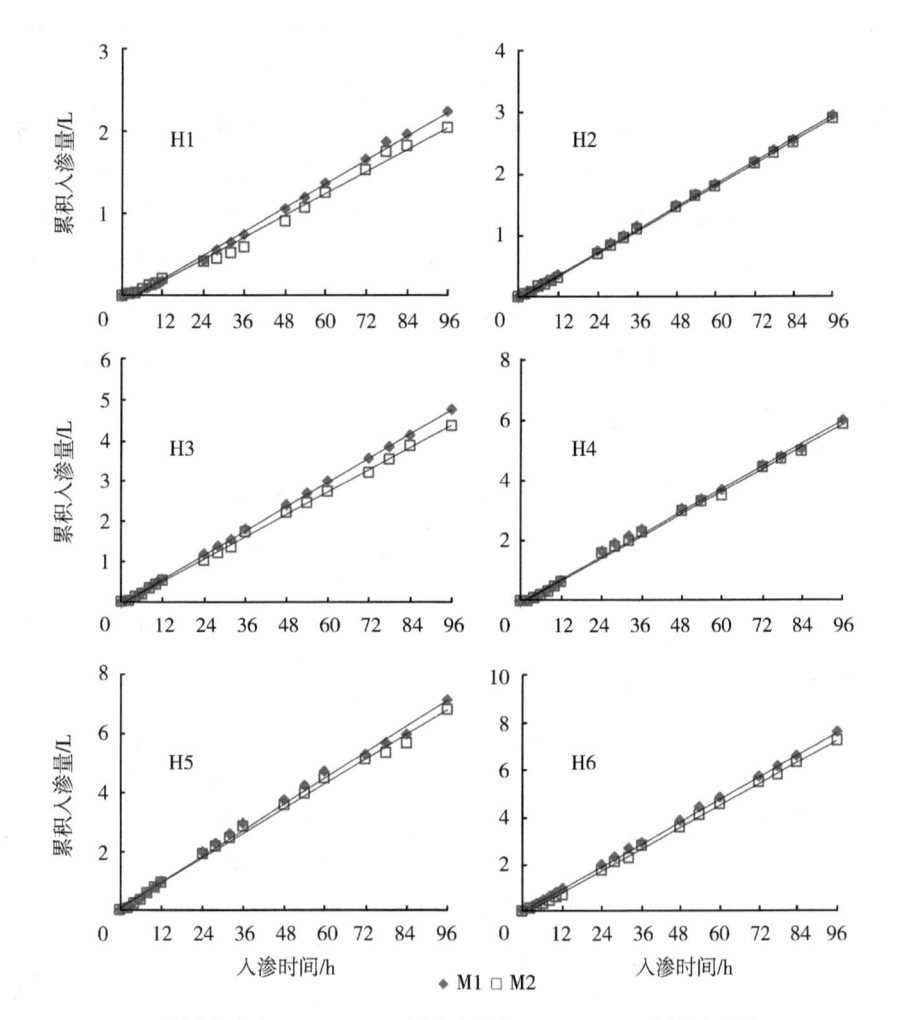

H1，压力水头为 0.75 m；H2，压力水头为 1.00 m；H3，压力水头为 1.25 m；
H4，压力水头为 1.50 m；H5，压力水头为 1.75 m；H6，压力水头为 2.00 m；M1，
微润管 1；M2，微润管 2。

图 3-19 不同压力水头下微润交替灌溉的累积入渗量

表 3-11 不同压力水头下微润交替灌溉的累积入渗量与入渗时间的拟合关系

试验处理	微润管	拟合公式	R^2
H1	M1	$y = 0.024\ 3x - 0.092\ 2$	0.996 4
	M2	$y = 0.022\ 2x - 0.085\ 7$	0.988 8
H2	M1	$y = 0.030\ 8x - 0.005\ 7$	0.999 5
	M2	$y = 0.030\ 5x - 0.019\ 9$	0.999 5

试验处理	微润管	拟合公式	R^2
H3	M1	$y = 0.050\ 2x - 0.040\ 3$	0.999 6
	M2	$y = 0.046\ 1x - 0.045\ 6$	0.998 7
H4	M1	$y = 0.062\ 7x - 0.034\ 1$	0.995 3
	M2	$y = 0.061\ 7x - 0.061\ 2$	0.996 6
H5	M1	$y = 0.073\ 4x + 0.067\ 8$	0.994 6
	M2	$y = 0.070\ 0x + 0.069\ 6$	0.994 2
H6	M1	$y = 0.079\ 2x + 0.010\ 4$	0.999 4
	M2	$y = 0.077\ 0x - 0.097\ 0$	0.999 0

注：H1，压力水头为0.75 m；H2，压力水头为1.00 m；H3，压力水头为1.25 m；H4，压力水头为1.50 m；H5，压力水头为1.75 m；H6，压力水头为2.00 m；M1，微润管1；M2，微润管2；a，入渗系数；b，入渗指数。

不同压力水头下微润交替灌溉的管 M1 和 M2 的出流量见图 3-20。各处理的出流量在 0~12 h 或 0~24 h 呈增加趋势，之后变化平稳。与累积入渗量的变化规律一致，管 M1 和 M2 的出流量随压力水头的增加而增加，处理 H1 的管 M1 和 M2 在入渗 96 h 时的出流量分别为 23.3 mL/（m·h）、21.3 mL/（m·h），管 M2 的出流量比管 M1 减少 9.38%；而处理 H6 的管 M1 和 M2 在入渗 96 h 时的出流量分别为 79.3 mL/（m·h）、76.0 mL/（m·h），管 M2 的出流量比管 M1 减少 4.34%。

二、微润交替灌溉压力水头对湿润锋运移的影响

不同压力水头下微润交替灌溉的管 M1 和 M2 的湿润锋在 R、U 和 D 方向的运移距离见图 3-21、图 3-22。可以看出，各处理在各方向上的运移距离均随着入渗时间的增加而增加，在入渗的 0~24 h 内，各方向的运移距离增加较多，之后增加逐渐变少。在 H1 压力水头下，管 M1、M2 在 D 方向的运移距离低于在 U 方向的运移距离，说明在低压力水头下，水分入渗量较少，水分运移受重力作用的影响较小。在 H2~H4 压力水头下，管 M1、M2 在入渗 48~96 h 在 D 方向的运移距离均大于在 U 方向的运移距离，说明重力作用对水分运移有较大影响。在 H5 压力水头下，管 M1、M2 在 U 和 D 方向的运移距离差别不大，但均大于在 R 方向的运移距离；在 H6 压力水头下，管 M1、M2 在 R、U 和 D 方向的运移距离差别

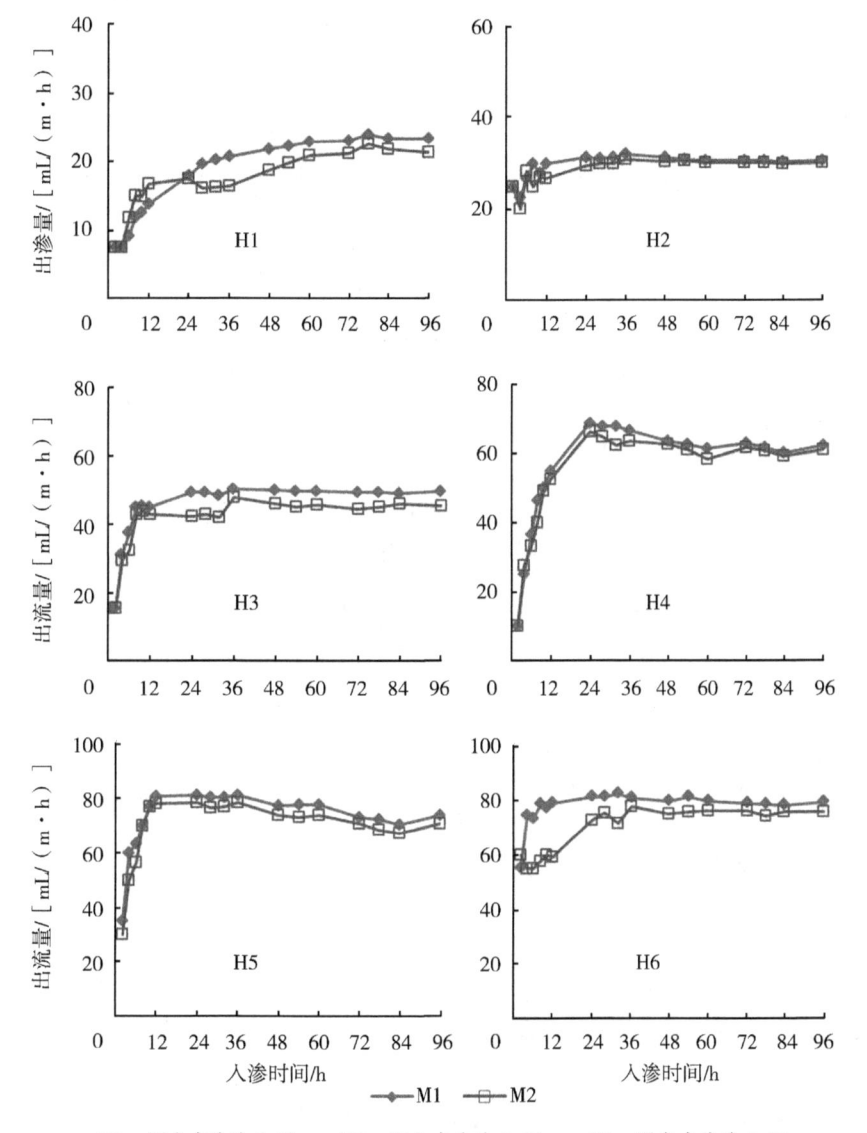

H1，压力水头为 0.75 m；H2，压力水头为 1.00 m；H3，压力水头为 1.25 m；H4，压力水头为 1.50 m；H5，压力水头为 1.75 m；H6，压力水头为 2.00 m；M1，微润管 1；M2，微润管 2。

图 3-20　不同压力水头下微润交替灌溉的出流量

不大；说明在压力水头较大时，重力作用对水分运移的影响变小。

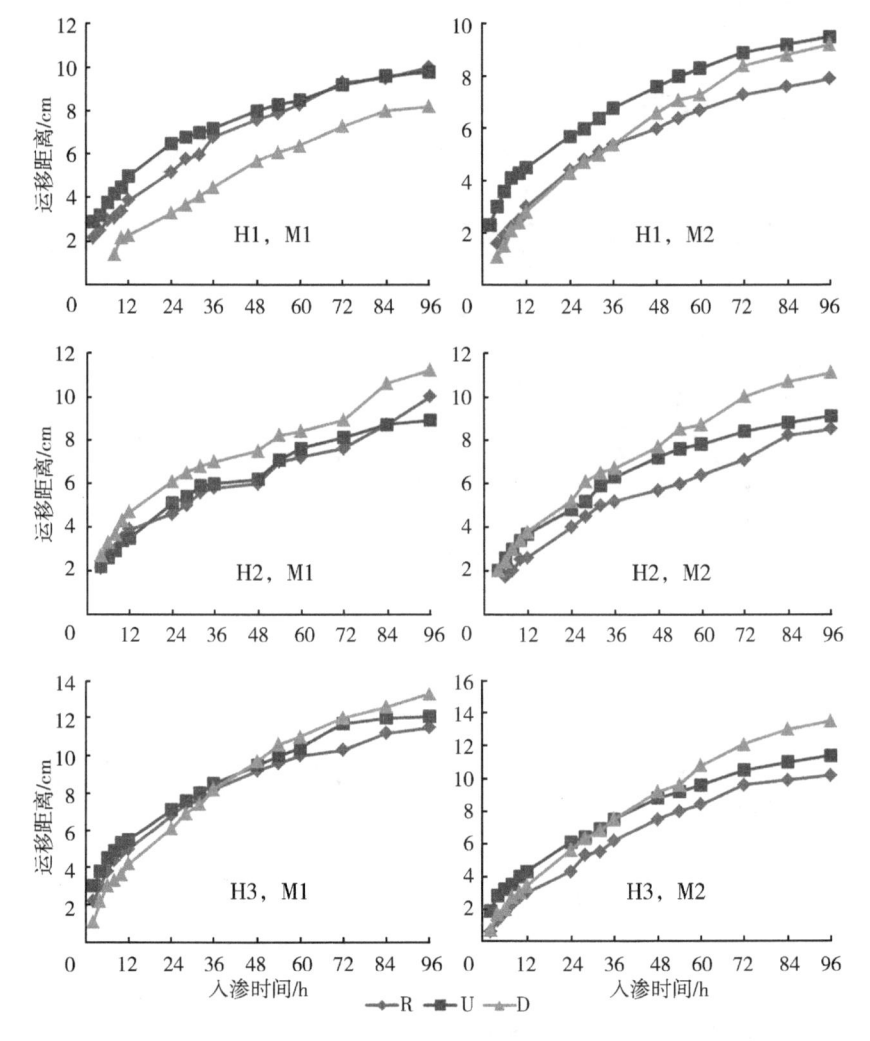

R，水平向右方向；U，垂直向上方向；D，垂直向下方向；H1，压力水头为 0.75 m；H2，压力水头为 1.00 m；H3，压力水头为 1.25 cm；M1，微润管 1；M2，微润管 2。

图 3-21 不同压力水头下微润交替灌溉湿润锋的运移距离

对不同压力水头下微润交替灌溉的管 M1 和 M2 形成的湿润锋在 R、U 和 D 方向的运移距离和入渗时间的关系进行拟合，其拟合方程可以用幂函数 $y = ax^b$ 表示，其中 $R^2 > 0.97$（表 3-12）。

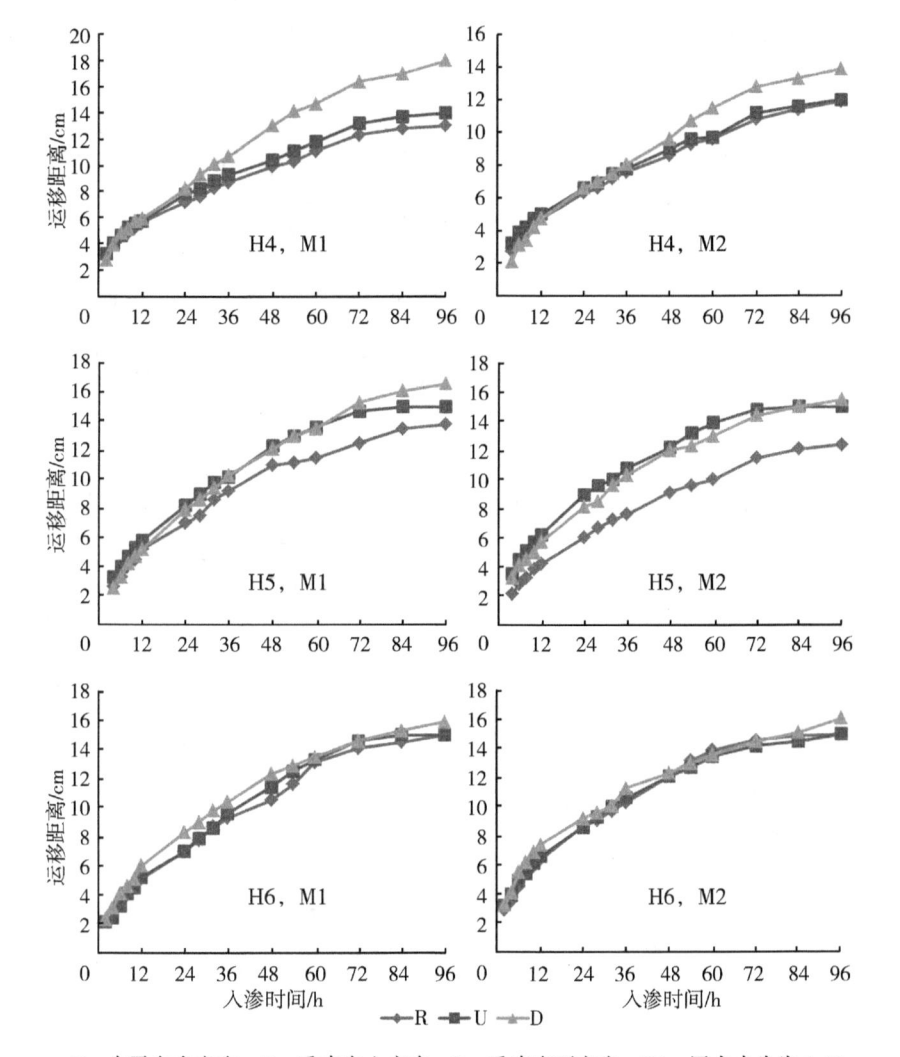

R，水平向右方向；U，垂直向上方向；D，垂直向下方向；H4，压力水头为 1.50 m；H5，压力水头为 1.75 m；H6，压力水头为 2.00 cm；M1，微润管 1；M2，微润管 2。

图 3-22　不同压力水头下微润交替灌溉湿润锋的运移距离

表 3-12　不同压力水头下微润交替灌溉湿润锋运移距离和入渗时间的拟合关系

试验处理	微润管	R			U			D		
		a	b	R^2	a	b	R^2	a	b	R^2
H1	M1	1.375 8	0.436 5	0.984 3	2.101 9	0.345 4	0.993 8	0.386 9	0.984 7	0.984 7
	M2	0.754 3	0.537 7	0.994 7	1.807 4	0.371 1	0.997 6	0.483 9	0.672 4	0.993 7

试验处理	微润管	R			U			D		
		a	b	R^2	a	b	R^2	a	b	R^2
H2	M1	1.195 4	0.444 8	0.977 9	1.150 4	0.459 0	0.994 8	1.545 9	0.426 2	0.986 8
	M2	0.616 5	0.584 5	0.992 4	1.077 3	0.484 6	0.996 4	0.924 6	0.556 5	0.997 6
H3	M1	1.708 2	0.432 7	0.996 9	2.241 7	0.375 6	0.996 1	0.862 0	0.623 6	0.991 7
	M2	0.469 6	0.712 0	0.988 8	1.353 0	0.477 4	0.997 6	0.526 3	0.739 5	0.991 8
H4	M1	2.170 7	0.394 2	0.992 6	2.246 1	0.402 3	0.992 4	1.834 6	0.502 8	0.992 2
	M2	1.455 8	0.465 6	0.996 7	1.746 6	0.426 2	0.995 6	1.017 6	0.588 2	0.994 5
H5	M1	1.286 2	0.540 5	0.996 1	1.609 7	0.516 4	0.998 2	1.123 0	0.612 3	0.998 7
	M2	0.985 8	0.572 6	0.998 9	1.861 6	0.485 0	0.997 2	1.555 4	0.520 4	0.998 4
H6	M1	1.346 2	0.539 4	0.994 5	1.580 5	0.521 2	0.997 8	1.206 7	0.577 6	0.991 9
	M2	0.469 6	0.712 0	0.988 8	1.353 0	0.477 4	0.997 6	0.526 3	0.739 5	0.991 8

注：H1，压力水头为 0.75 m；H2，压力水头为 1.00 m；H3，压力水头为 1.25 m；H4，压力水头为 1.50 m；H5，压力水头为 1.75 m；H6，压力水头为 2.00 m；M1，微润管 1；M2，微润管 2；a，入渗系数；b，入渗指数。

第七节　微润交替和连续灌溉模式对土壤水分入渗的影响

微润交替和连续灌溉模式对土壤水分入渗的影响试验设计参数见表 3-5。

一、微润交替和连续灌溉模式对累积入渗量和出流量的影响

微润交替灌溉和连续灌溉模式下各处理的管 M1 和 M2 的累积入渗量见图 3-23。处理 T1、T2 分别为压力水头 1.0 m 条件下的微润交替灌溉和连续灌溉，交替时间为 4 d，试验周期为 8 d；可以看出，处理 T1 的管 M1、M2 的累积入渗量较为接近，即在管 M1 入渗 4 d 后对管 M2 的入渗影响不大；处理 T2 的管 M1、M2 在连续入渗 8 d 后其累积入渗量均高于处理 T1。处理 T3、T4 分别为压力水头 1.5 m 条件下的微润交替灌溉和连续灌溉，交替时间为 4 d，试验周期为 8 d；可以看出，处理 T3、T4 累积入渗量的变化规律与处理 T1、T2 相似，但因压力水头的增加前者的累积入渗量均分别高于后者。

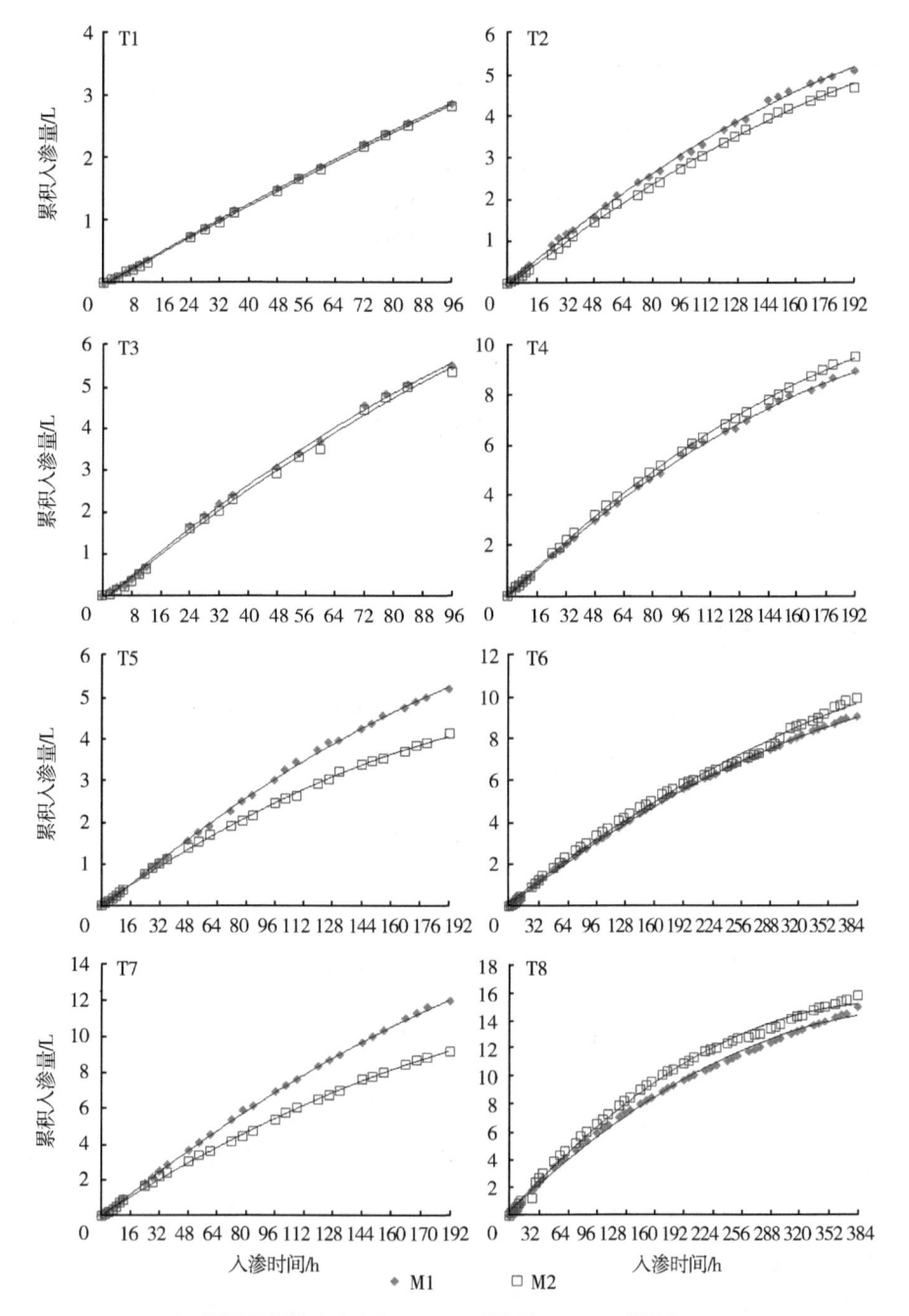

T1~T8 为不同的灌溉模式试验处理；M1，微润管 1；M2，微润管 2。

图 3-23 不同微润灌溉模式下的累积入渗量

处理 T5、T6 分别为压力水头 1.0 m 条件下的微润交替灌溉和连续灌溉，交替时间为 8 d，试验周期为 16 d；可以看出，处理 T5 的管 M1 的累积入渗量在入渗 48~192 h 明显高于管 M2 的累积入渗量，说明先入渗的管 M1 对后入渗的管 M2 的入渗造成一定影响；处理 T6 的管 M1、M2 在连续入渗 16 d 后其累积入渗量均高于处理 T5。处理 T7、T8 分别为压力水头 1.5 m 条件下的微润交替灌溉和连续灌溉，交替时间为 8 d，试验周期为 16 d；可以看出，与处理 T5 的变化规律相似，处理 T7 的管 M1 的累积入渗量在入渗 48~192 h 明显高于管 M2 的累积入渗量，说明先入渗的管 M1 对后入渗的管 M2 的入渗造成一定影响；处理 T8 的管 M1、M2 在连续入渗 16 d 后其累积入渗量均高于处理 T7。

微润交替灌溉处理 T1 和 T3 的管 M1、M2 的累积入渗量差别不大，这是因为在交替时间为 4 d 时，管 M1 和 M2 形成的湿润体没有相交，两管的水分入渗类似于单管入渗，两者之间互不影响。处理 T5、T7 的管 M1 在入渗 48~192 h 的累积入渗量明显高于管 M2，这是因为在交替时间为 8 d 时，管 M1 形成的湿润体已扩散到管 M1 和 M2 的中间区域，管 M2 水分入渗时受管 M1 湿润体的影响，膜内外水势差减小，水分入渗量减少。

对微润交替灌溉和连续灌溉模式下各处理的管 M1 和 M2 的累积入渗量与入渗时间的关系进行拟合，其相关关系可以用二次函数方程 $y = ax^2 + bx + c$ 表达，其中 $R^2 > 0.99$（表 3-13）。

表 3-13　不同微润灌溉模式下累积入渗量与入渗时间的拟合关系

试验处理	微润管	拟合公式	R^2
T1	M1	$y = -3 \times 10^{-5} x^2 + 0.033\ 3x - 0.027\ 5$	0.999 8
	M2	$y = -2 \times 10^{-5} x^2 + 0.032\ 3x - 0.036\ 4$	0.999 6
T2	M1	$y = -5 \times 10^{-5} x^2 + 0.037\ 3x - 0.011\ 4$	0.999 0
	M2	$y = -5 \times 10^{-5} x^2 + 0.034\ 0x - 0.060\ 4$	0.999 3
T3	M1	$y = -2 \times 10^{-4} x^2 + 0.075\ 3x - 0.133\ 5$	0.998 2
	M2	$y = -1 \times 10^{-4} x^2 + 0.071\ 9x - 0.156\ 8$	0.997 5
T4	M1	$y = -1 \times 10^{-4} x^2 + 0.068\ 2x - 0.024\ 0$	0.999 5
	M2	$y = -1 \times 10^{-4} x^2 + 0.070\ 3x + 0.030\ 6$	0.999 7
T5	M1	$y = -5 \times 10^{-5} x^2 + 0.036\ 7x - 0.075\ 6$	0.999 4
	M2	$y = -4 \times 10^{-5} x^2 + 0.029\ 5x + 0.025\ 6$	0.999 0
T6	M1	$y = -3 \times 10^{-5} x^2 + 0.033\ 7x + 0.058\ 8$	0.999 6
	M2	$y = -2 \times 10^{-5} x^2 + 0.033\ 6x + 0.177\ 3$	0.996 3

（续表）

试验处理	微润管	拟合公式	R^2
T7	M1	$y=-1\times10^{-4}x^2+0.081\,5x-0.088\,1$	0.999 8
	M2	$y=-9\times10^{-5}x^2+0.064\,6x+0.031\,9$	0.999 3
T8	M1	$y=-7\times10^{-5}x^2+0.061\,4x+0.361\,5$	0.997 3
	M2	$y=-9\times10^{-5}x^2+0.071\,4x+0.313\,4$	0.997 0

注：T1~T8 为不同的灌溉模式试验处理；M1，微润管 1；M2，微润管 2；a，入渗系数；b，入渗指数。

微润交替灌溉和连续灌溉模式下各处理的管 M1 和 M2 的出流量见图 3-24。可以看出，管 M1、M2 的出流在入渗初期呈增加趋势，之后逐渐减小并变得比较平稳。微润交替灌溉处理 T1、T3 的管 M1 和 M2 的出流量差别不大，如在入渗 96 h 时，处理 T1 的管 M1、M2 的出流量分别为 29.8 mL/（m·h）、29.4 mL/（m·h），处理 T3 的管 M1、M2 的出流量分别为 57.0 mL/（m·h）、55.4 mL/（m·h）；处理 T3 的出流量高于处理 T1 是因为处理 T3 的压力水头较高。处理 T5、T7 的管 M1 的出流量在入渗 32~192 h 均高于管 M2，这是因为交替时间较长时管 M1 形成的湿润体对管 M2 的水分入渗造成影响。

连续灌溉处理 T2、T4 的管 M1 和 M2 的出流量差别不大，如在入渗 192 h 时，处理 T2 的管 M1、M2 的出流量分别为 26.5 mL/（m·h）、24.4 mL/（m·h），处理 T4 的管 M1、M2 的出流量分别为 46.4 mL/（m·h）、49.4 mL/（m·h）；处理 T4 的出流量高于处理 T2 是因为处理 T4 的压力水头较高。连续灌溉处理 T6、T8 的管 M1 和 M2 的出流量差别不大，如在入渗 384 h 时，处理 T6 的管 M1 和 M2 的出流量分别为 23.5 mL/（m·h）、25.8 mL/（m·h），处理 T8 的管 M1 和 M2 的出流量分别为 39.0 mL/（m·h）、41.1 mL/（m·h），处理 T8 的出流量高于处理 T6 也是因为处理 T8 的压力水头较高。

二、微润交替和连续灌溉模式对湿润锋形状的影响

微润交替灌溉和连续灌溉模式下各处理的湿润锋形状见图 3-25。可以看出，各处理湿润锋的截面面积随入渗时间的增加逐渐变大，但变大的幅度在逐渐减小，湿润锋在各方向的运移速度逐渐减缓。微润交替灌溉处理 T1、T3 的管 M1、M2 形成的湿润体没有相交，其中处理 T1 因压力水

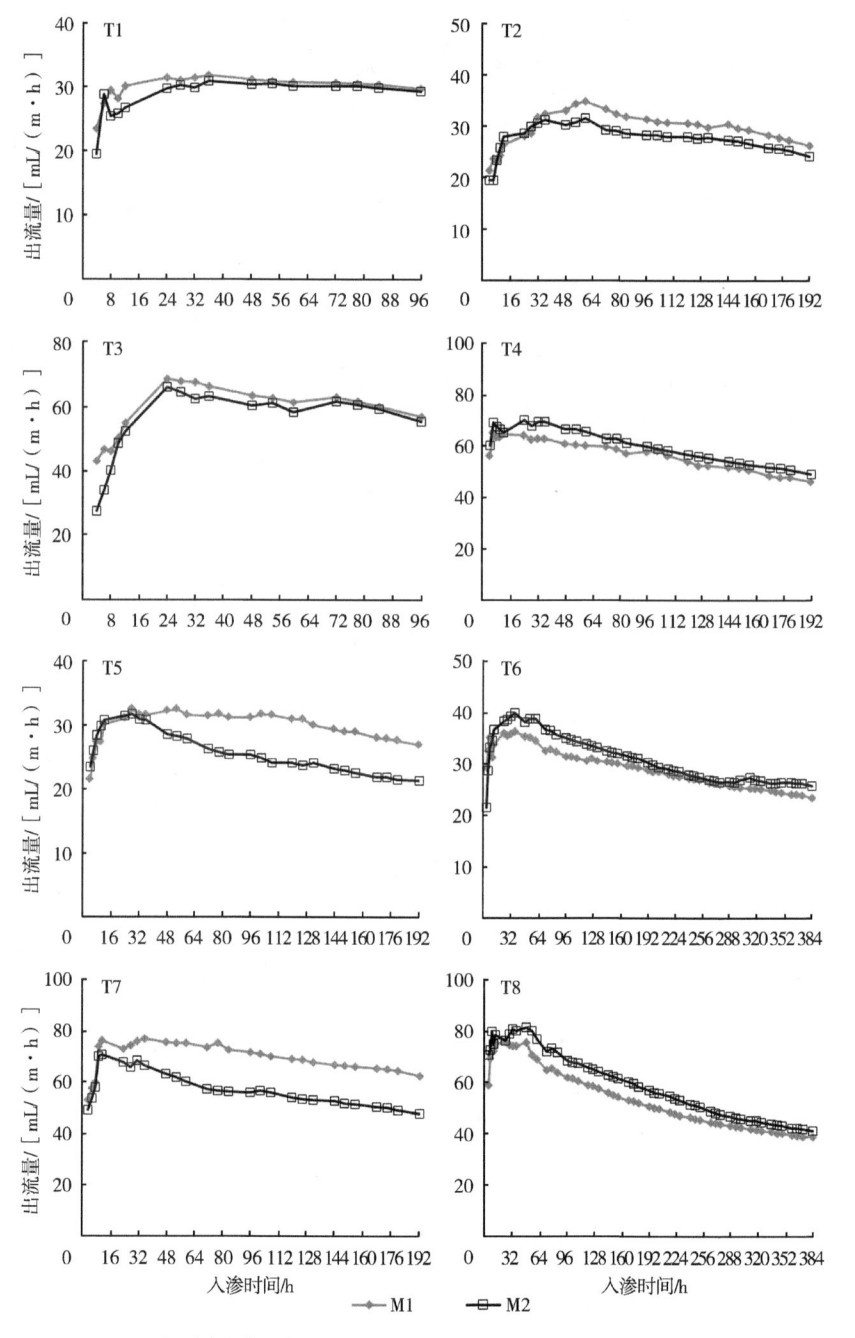

T1~T8 为不同的灌溉模式试验处理；M1，微润管 1；M2，微润管 2。

图 3-24 不同微润灌溉模式下的出流量

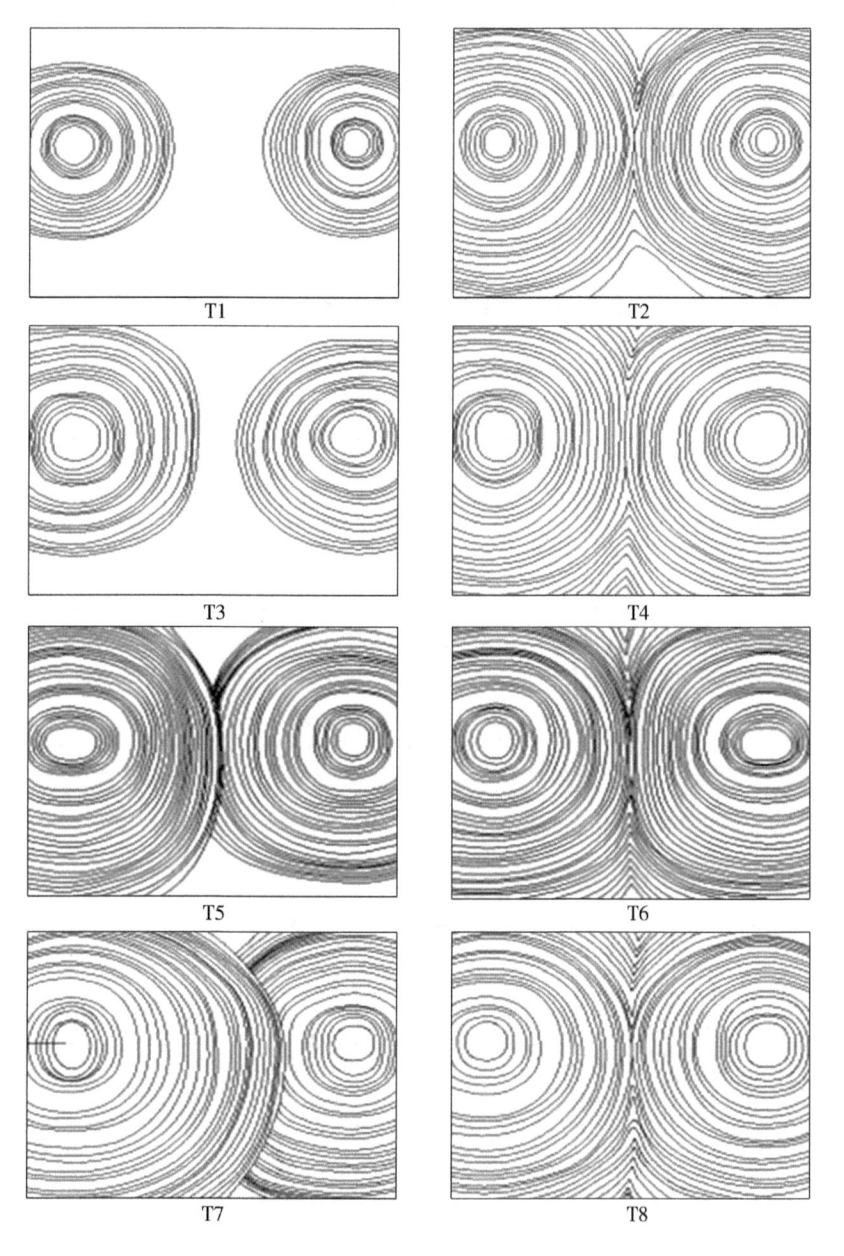

T1~T8 为不同的灌溉模式试验处理。

图 3-25 不同微润灌溉模式下湿润锋的形状

头较低，水分入渗量较小，两管形成的湿润体之间间距较大；而处理 T3 因压力水头较高，水分入渗量相比处理 T1 要高，两管形成的湿润体之间的间距要小于处理 T1，在相同入渗时间内，处理 T3 的两管形成的湿润锋的截面积要大于处理 T1。微润连续灌溉处理 T2、T4 的管 M1、M2 形成的湿润体差别不大，在入渗初期，两管形成的湿润锋为各自独立的近圆形，随入渗时间的增加，两管的湿润锋逐渐接触融合；同样地因处理 T4 的压力水头高于处理 T2，水分入渗量较大，处理 T4 的两管形成的湿润锋的截面积要大于处理 T2，在试验周期内，处理 T4 的水分运移已达到土箱各个部位，而处理 T2 在土箱中间近底面和表面处土壤尚保持干燥状态。

微润交替灌溉处理 T5、T7 的管 M1、M2 形成的湿润锋截面相交，管 M1 形成的湿润锋的截面积比管 M2 形成的要大，这是因为在交替时间为 8 d 时，管 M1 的水分入渗量较大，在管 M2 开始入渗以前水分运移已达到土箱中间位置，对管 M2 的水分入渗造成一定影响。处理 T5 和 T7 相比，因处理 T7 的压力水头高于处理 T5，处理 T7 的管 M1、M2 的水分入渗量较大，其湿润锋的截面积均大于处理 T5，并且两湿润锋之间的重叠面积大于处理 T5。连续灌溉处理 T6、T8 的湿润锋截面形状与处理 T4 相似，管 M1、M2 形成的湿润锋截面互相重合，试验结束时，土箱中土壤全部湿润。

微润交替灌溉与连续灌溉模式相比，因微润连续灌溉模式的管 M1、M2 同时开启，在试验周期相同时，两管的开启时间为微润交替灌溉的 2 倍，水分入渗量远远大于微润交替灌溉，所形成的湿润锋的截面积也均大于微润交替灌溉，除微润连续灌溉处理 T2 的水分运移未及土箱中间近底面和表面处少部分土壤外，其余微润连续灌溉处理的水分运移均达到土箱的各个区域。微润交替灌溉处理在交替时间为 4 d 时，水分入渗量相对较少，水分运移距离较短，土箱中间介于管 M1、M2 之间的区域保持干燥状态（处理 T1、T3）；而在交替时间为 8 d 时，水分入渗量相对较多，水分运移距离较长，管 M1、M2 形成的湿润锋逐渐重叠融合（处理 T5、T7），并且压力水头较大时，湿润锋的融合面积较大（处理 T7）。

第八节　本章小结

本章主要针对微润交替灌溉条件下不同微润管铺设间距、微润管埋深、交替灌溉时间、压力水头、交替和连续灌溉模式对土壤水分运移的影响，进行了室内土箱模拟试验，对微润灌溉土壤水分的累积入渗量、微润管的出流量、微润灌溉湿润体的形状和在 R、U、D 方向的运移特点、土壤含水率的变化等情况进行了测定分析，揭示了不同影响因素下微润交替灌溉土壤水分的入渗和运移特点，可以为微润灌溉系统的多样化设计提供参考。

一、不同管间距下微润交替灌溉土壤水分的运移特征

压力水头是影响微润交替灌溉水分入渗的重要因素，在 1.5 m 压力水头下微润管 M1、M2 的累积入渗量均明显高于在压力水头 1.0 m 下。当微润管铺设间距为 10 cm 时，管 M1 的累积入渗量明显高于管 M2；当微润管铺设间距为 20 cm 时，管 M1 在压力水头 1.5 m 下的累积入渗量明显高于管 M2，而在压力水头 1.0 m 下管 M1 和 M2 的累积入渗量相近；当微润管铺设间距为 30 cm 时，管 M1、M2 的累积入渗量相近。二次交替供水后管 M1 的累积入渗量在灌水后期高于管 M2，即 M2 的累积入渗量减少。

单次微润交替灌溉周期下管 M1、M2 的累积入渗量与入渗时间的关系可以用线性方程 $y=ax+b$ 表达，二次交替灌溉周期下管 M1、M2 的累积入渗量与入渗时间的关系可以用二次函数方程 $y=ax^2+bx+c$ 表达（$R^2>0.99$）。

与累积入渗量的变化规律相似，压力水头是影响微润管水分出流的重要因素，在 1.5 m 压力水头下管 M1 和 M2 的出流量均显著高于在压力水头 1.0 m 下（$P<0.05$）。当管间距为 10 cm 或 20 cm 时，在 1.5 m 压水水头下管 M1 和 M2 之间的流量差大于在 1.0 m 压力水头下管 M1 和 M2 之间的流量差。二次交替灌溉在入渗 96~192 h 的出流量明显低于在入渗 24~96 h 的出流量。

单根微润管湿润体的截面形状类似于同心圆，在 1.5 m 压头水头下湿润体的截面面积大于在 1.0 m 压头水头下的湿润体截面面积。当微润管铺设间距为 10 cm 时，管 M1 和 M2 的湿润体在单周期入渗结束时会重叠；当微润管铺设间距为 20 cm 时，管 M1 和 M2 的湿润体略有重叠；当管间距为 30 cm 时，两者之间没有相互影响。

微润交替灌溉双周期试验，其湿润体运移情况与单周期试验相近，在

二次交替灌溉后湿润体的形状没有太大的变化，说明在第一次交替灌溉中，土壤湿润体的形状已经大致固定，二次交替微润灌溉对湿润体形状的影响较小。

压力水头是影响湿润锋运移距离远近的一个重要因素。管 M1、M2 的湿润锋在 1.5 m 压力水头下的运移距离大体上大于在 1.0 m 压力水头下。湿润锋在 R 和 D 方向的最终运移距离大体上大于在 U 方向的运移距离。湿润锋的运移距离和入渗时间的关系可以用幂函数 $y=ax^b$ 来表示（$R^2 >$ 0.92）。

微润交替灌溉各处理的土壤含水率随着与微润管距离的增加而减小。单周期微润交替灌溉试验结束时，管间距为 10 cm、20 cm 的处理在管 M2 附近的土壤含水量明显高于在管 M1 附近的；并且在 1.5 m 压力水头下的土壤含水率要高于在 1.0 m 压力水头下的。管间距为 30 cm 的处理，管 M1 和 M2 附近的土壤水分分布状况相似。双周期微润交替灌溉试验结束时，管 M1 附近的土壤含水量增加，使管 M1 和 M2 附近的土壤水分分布更加均匀。

二、不同管埋深下微润交替灌溉土壤水分的运移特征

微润交替灌溉的累积入渗量受微润管埋深和压力水头的影响。在压力水头相同时，埋深小的处理的累积入渗量高于埋深大的处理。在埋深相同时，压力水头大的处理的累积入渗量高于压力水头小的处理。就两根微润管的累积入渗量而言，在 1.0 m 压力水头下不同埋深处理的管 M1、M2 的累积入渗量差别不大，但在 1.5 m 压力水头下埋深 10 cm、20 cm 处理的管 M1 的累积入渗量明显高于管 M2。

不同微润管埋深下微润交替灌溉的累积入渗量与入渗时间的关系可以用二次函数方程 $y=ax^2+bx+c$ 表达（$R^2 > 0.99$）。

与累积入渗量的变化规律相一致，在相同压力水头下，微润交替灌溉的管 M1 和 M2 的出流量随微润管埋深的增加而减少。在相同埋深下，管 M1 和 M2 的出流量随压力水头的增加而增加。

在相同压力水头下，微润交替灌溉的湿润锋随着微润管埋深的增加，湿润面积逐渐减小，两管形成的湿润锋间距越远。在相同微润管埋深下，随着压力水头的增加，湿润锋的湿润面积逐渐增加，两管形成的湿润锋间

距越近。在 1.0 m 压力水头下，3 个埋深处理的管 M1 和 M2 形成的湿润锋均没有相交。在 1.5 m 压力水头下，埋深为 10 cm、15 cm 的处理的管 M1 和 M2 形成的湿润锋相交，而埋深为 20 cm 的处理的管 M1 和 M2 形成的湿润锋没有相交。

微润交替灌溉管 M1、M2 的湿润锋运移均表现为前期增长较快，后期增长缓慢。就埋深而言，各方向的运移距离总体随着埋深的增加而减少。就压力水头而言，各方向的运移距离总体随着压力水头的增加而增加。

不同微润管埋深下微润交替灌溉各处理的管 M1 和 M2 的湿润锋的运移距离和入渗时间的关系可以用幂函数 $y=ax^b$ 表达（$R^2>0.95$）。

在压力水头相同条件下，微润交替灌溉的土壤含水率随着微润管埋深的增加而减少。在埋深相同情况下，土壤含水率随着压力水头的增加而增加。就土箱不同位置来说，土壤含水率随着与微润管距离的增加而减少，在距离两根微润管距离相等的中心位置土壤含水率最低。随着微润管埋深的增加，两个压力水头下土箱不同位置处的土壤含水率的差别减小。

三、不同交替时间下微润交替灌溉土壤水分的运移特征

不同微润交替灌溉时间下，微润管 M1 的累积入渗量大于管 M2。随交替时间的延长，管 M1、M2 的累积入渗量的差别逐渐减小。不同交替时间下微润交替灌溉的累积入渗量与入渗时间的关系可以用线性方程 $y=ax+b$ 表达（$R^2>0.99$）或二次函数方程 $y=ax^2+bx+c$ 表达（$R^2>0.99$）。

不同交替时间下微润交替灌溉处理的管 M1 的出流量大于管 M2，两管之间出流量的差别随交替时间的增加而缩小。

不同交替时间下微润交替灌溉湿润锋的形状为以微润管为中心的同心圆。交替时间较短时，管 M1 和 M2 的湿润锋在试验周期内没有相交，湿润锋截面形状类似两个相互独立互不影响的圆形；交替时间较长时，管 M1 和 M2 的湿润锋在试验周期内相交。

不同交替时间下微润交替灌溉土壤的含水率围绕微润管 M1 和 M2 呈环状降低状态，在近微润管 M1 附近最高，微润管 M2 附近的土壤含水率较高；微润管 M1 和 M2 中间处的土壤，含水率最低。随交替灌溉时间的

延长，微润管 M1 和 M2 形成的湿润锋相交，土箱中间区域的土壤水分含量增加。

四、不同压力水头下微润交替灌溉土壤水分的运移特征

不同压力水头下微润交替灌溉的累积入渗量随压力水头的增加而增加。本试验微润交替灌溉时间为 4 d，入渗结束时管 M1 和 M2 形成的湿润体没有相交（处理 H1~H5）或微微相交（处理 H6），两管的累积入渗量差别不大。

不同压力水头下微润交替灌溉的管 M1 和 M2 的累积入渗量与入渗时间的关系可以用线性方程 $y=ax+b$ 表达（$R^2>0.98$）。

不同压力水头下微润交替灌溉的管 M1 和 M2 的出流量与累积入渗量的变化规律一致，随压力水头的增加而增加。

不同压力水头下微润交替灌溉的湿润锋的运移距离随着入渗时间的增加而增加。在低压力水头下，水分运移受重力作用的影响较小；在较高压力水头下，重力作用对水分运移有较大影响；在压力水头继续增大时，重力作用对水分运移的影响变小。

不同压力水头下微润交替灌溉的湿润锋运移距离和入渗时间的关系可以用幂函数 $y=ax^b$ 表示，其中（$R^2>0.97$）。

五、不同微润灌溉模式下土壤水分的运移特征

微润连续灌溉模式下微润管 M1 和 M2 的累积入渗量高于微润交替灌溉。在交替时间 4 d 时，微润交替灌溉处理的管 M1、M2 的累积入渗量差别不大。在交替时间 8 d 时，微润交替灌溉处理的管 M1 的累积入渗量明显高于管 M2。

微润交替灌溉和连续灌溉模式下各处理的累积入渗量与入渗时间的关系可以用二次函数方程 $y=ax^2+bx+c$ 表达（$R^2>0.99$）。

在交替时间 4 d 时，微润交替灌溉处理的管 M1 和 M2 的出流量差别不大。在交替时间 8 d 时，微润交替灌溉处理的管 M1 的出流量高于管 M2。连续灌溉处理管 M1 和 M2 的出流量差别不大。

在交替时间 4 d 时，微润交替灌溉处理的管 M1、M2 形成的湿润体没有相交。在交替时间 8 d 时，微润交替灌溉处理的管 M1、M2 形成的湿润

锋截面相交，管 M1 形成的湿润锋的截面积比管 M2 形成的要大。微润连续灌溉处理的管 M1、M2 形成的湿润体差别不大。在连续灌溉 16 d 时，管 M1、M2 形成的湿润锋截面互相重合，土箱中土壤全部湿润。微润连续灌溉的水分入渗量远远大于微润交替灌溉，所形成的湿润锋的截面积也均大于微润交替灌溉。

第四章　微润灌溉施肥下土壤水氮运移特征研究

第一节　试验概述

目前关于微润灌溉的土箱模拟试验，主要针对土壤水分运移，对微润灌溉结合施肥下土壤的肥料运移研究较少。

目前有少量将微润灌溉与施肥相结合的研究，李义林等（2018，2019）对不同生物质掺混比例下竖插式微润灌溉水肥一体化湿润体内水肥的分布规律进行了研究，发现掺混生物质能显著增大湿润体内水肥的分布范围，湿润体内水肥含量随着与微润管水平距离的增加而逐渐减小，水肥含量最大值出现在微润管周围；增加肥液质量浓度和生物质掺混量可提高初始入渗速率、稳定入渗速率、累积入渗量和湿润体质量含水率均值。但对水平铺设微润管结合施肥模式下土壤的水肥运移规律及作物的生长调控机制尚缺乏深入研究。

基于此，本章研究在前期对微润灌溉下土壤水分运移研究的基础上，对微润灌溉结合施肥下土壤的水氮运移情况进行了研究，测定分析了微润灌溉水肥一体化条件下土壤水分的累积入渗量、微润管的出流量、微润灌溉湿润体的形状和运移、土壤含水率的变化、土壤硝态氮和铵态氮的变化等情况，可以为微润灌溉水肥一体化技术的应用提供理论依据。

第二节　试验材料与试验方法

一、试验装置

试验于2018年10—12月在山西省太原市太原理工大学水利科学与工程学院土壤实验室进行。试验装置同第二章微润灌溉土箱模拟试验装置（图2-1）。为方便取土样测定湿润体剖面的水分及氮素含量，在土箱两侧板（40 cm×40 cm）上打孔，以微润管埋设位置为中心，分别在垂直、水平方向每间隔 5 cm 处打孔。取样点示意图见图 4-1。

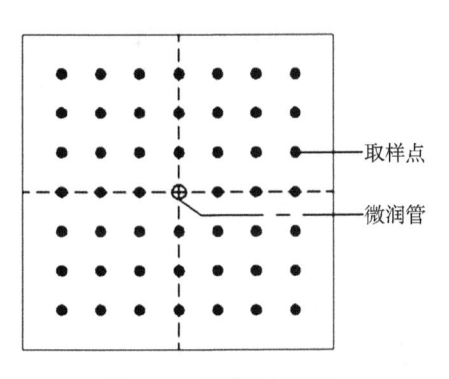

图 4-1　取样点示意图

二、试验设计和方法

供试用土壤样品取自山西省太原市尖草坪区芮城村。将土壤样品自然风干、碾碎，过 2 mm 孔径的筛子后混合均匀备用。土壤样品各粒径所占比例为黏粒（＜0.002 mm）24.36%、砂粒（0.002～＜0.020 mm）34.68%、粉粒（0.020～＜2.000 mm）40.62%。根据国际制土壤质地分级标准，供试土壤样品为黏壤土。试验设计土壤容重为 1.25 g/cm³，初始含水率为 2.35%，初始硝态氮含量为 11.41 mg/kg，铵态氮含量为 15.11 mg/kg。试验设 3 次重复。

试验 1 为微润灌溉施肥下压力水头对土壤水氮运移的影响，设置 6 个压力水头 0.75 m、1.0 m、1.25 m、1.5 m、1.75 m、2.0 m（分别记为 H1、H2、H3、H4、H5、H6），施氮水平为 1 000 mg/L。

试验 2 为微润灌溉施氮水平对土壤水氮运移的影响，在 2.0 m 压力水头下设置 4 个施氮水平 0 mg/L、500 mg/L、1 000 mg/L、1 500 mg/L（分别记为 N0、N1、N2、N3）。

试验 3 为微润灌溉下压力水头和施氮水平对土壤水氮运移的影响，设置 2 个压力水头 1.0 m、1.5 m（分别记为 H1、H2），在每个压力水头下设置 3 个施氮水平 0 mg/L、500 mg/L、1 000 mg/L（分别记为 N0、N1、N2）。

各试验的微润管埋深均为 20 cm，氮肥为分析纯尿素。试验设计见表 4-1。

表 4-1　微润灌溉施肥对土壤水氮运移的影响试验设计

试验	试验处理	压力水头/m	施氮水平/（mg/L）	微润管埋深/cm
试验 1	H1	0.75	1 000	20
	H2	1.0	1 000	20
	H3	1.25	1 000	20
	H4	1.5	1 000	20
	H5	1.75	1 000	20
	H6	2.0	1 000	20
试验 2	N0	2.0	0	20
	N1	2.0	500	20
	N2	2.0	1 000	20
	N3	2.0	1 500	20
试验 3	H1N0	1.0	0	20
	H1N1	1.0	500	20
	H1N2	1.0	1 000	20
	H2N0	1.5	0	20
	H2N1	1.5	500	20
	H2N2	1.5	1 000	20

　　试验开始供水前，记录马氏瓶的水位，然后打开阀门供水，按设定时间间隔记录马氏瓶的水位变化，记录累积入渗量（以微润管单位长度 1 m 计），计算出流量。在入渗过程中，在土箱两侧板画出湿润锋的位置，并于试验结束后，测量湿润锋运移距离。定时从侧板处取湿润体剖面土样，用烘干法测定土壤含水率（重量含水率），并用紫外分光光度计法测定土样中铵态氮、硝态氮的含量（涂常青等，2006）。

三、数据处理

　　采用 Excel 2010、AutoCAD 2014、Surfer 11 进行数据整理、制作图表，采用 SPSS 19.0 软件进行数据统计分析，方差分析使用最小显著差异（LSD）法进行。

第三节 微润灌溉施肥下压力水头
对土壤水氮运移的影响

一、微润灌溉施肥下压力水头对累积入渗量和出流量的影响

微润灌溉施肥下不同压力水头处理的累积入渗量表现为 H6＞H5＞
H4＞H3＞H2＞H1（图 4-2），压力水头对累积入渗量影响显著（$P<$
0.05，下同）。在入渗 108 h 内，累积入渗量随入渗时间的增加而增加，
对不同压力水头的累积入渗量与入渗时间的关系进行拟合，拟合公式符合
$y=ax^2+bx+c$ 的形式，各处理的拟合系数 R^2 均接近 1（R^2 见表 4-2），表
明拟合可信度均较高。试验结束时，处理 H1、H2、H3、H4、H5、H6 的
累积入渗量分别为 6.75 L、7.46 L、10.24 L、11.41 L、12.60 L、17.20 L，
处理 H6 的累积入渗量显著大于其他处理。说明在相同微润灌溉时间下，
压力水头越高，累积入渗量越大，且入渗量的增长速率也相对较高。

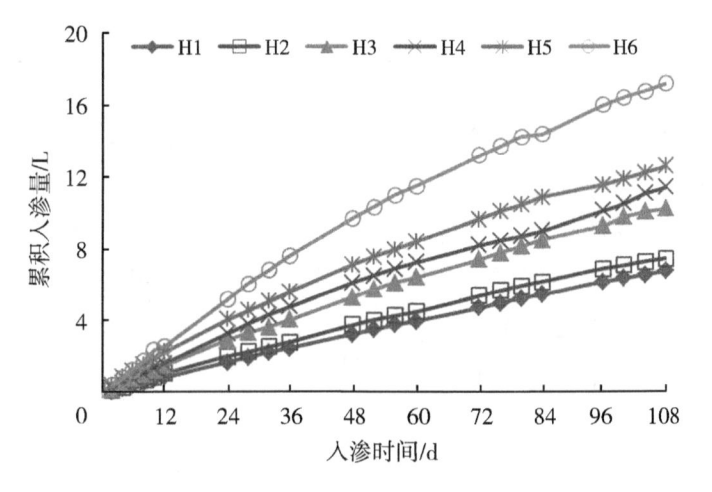

H1 ~ H6，不同压力水头。H1，0.75 m；H2，1.0 m；H3，
1.25 m；H4，1.5 m；H5，1.75 m；H6，2.0 m。

图 4-2 不同压力水头下微润灌溉施肥的累积入渗量

表4-2　不同压力水头下微润灌溉施肥累积入渗量与入渗时间的拟合关系

试验处理	肥液浓度 (mg/L)	拟合公式	R^2
H1	1 000	$y=-9\times10^{-5}x^2+0.072\ 9x-0.043\ 8$	0.999 9
H2	1 000	$y=-1\times10^{-4}x^2+0.084\ 6x+0.008\ 9$	0.999 7
H3	1 000	$y=-3\times10^{-4}x^2+0.121\ 6x+0.044\ 9$	0.999 7
H4	1 000	$y=-3\times10^{-4}x^2+0.140\ 0x+0.027\ 5$	0.998 0
H5	1 000	$y=-5\times10^{-4}x^2+0.167\ 6x+0.213\ 5$	0.999 7
H6	1 000	$y=-7\times10^{-4}x^2+0.236\ 3x-0.065\ 5$	0.999 7

注：H1~H6为不同压力水头。H1，0.75 m；H2，1.0 m；H3，1.25 m；H4，1.50 m；H5，1.75 m；H6，2.0 m；a，入渗系数；b，入渗指数。

微润灌溉施肥下不同压力水头处理的出流量与累积入渗量表现一致，为 H6＞H5＞H4＞H3＞H2＞H1（图4-3），压力水头对出流量影响显著（$P＜0.05$）。在入渗 0~12 h，各处理的出流量随入渗时间增加呈增加趋势，之后出流量逐渐减少至平稳状态，其中较低的压力水头 H1、H2 处理较早达到平稳出流状态，其次为处理 H3、H4，而较高压力水头处理 H5、H6 达到平稳出流状态的时间较晚。

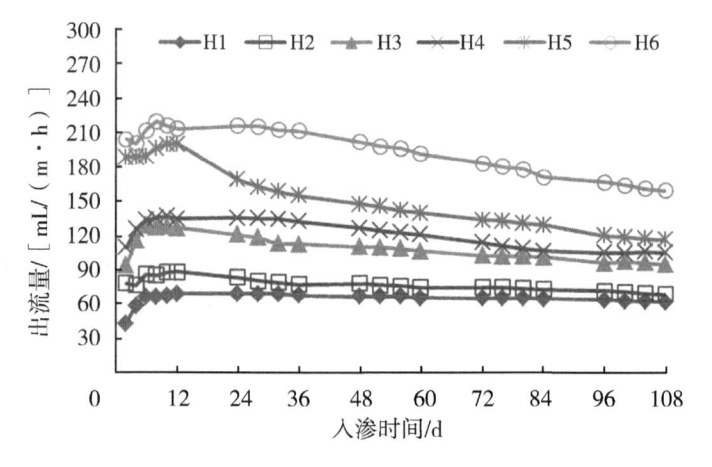

H1~H6，不同压力水头。H1，0.75 m；H2，1.0 m；H3，1.25 m；H4，1.50 m；H5，1.75 m；H6，2.0 m。

图4-3　不同压力水头下微润灌溉施肥的出流量

二、微润灌溉施肥下压力水头对湿润锋形状的影响

不同压力水头下微润灌溉施肥处理的湿润锋形状见图4-4（图示为湿润锋形状的1/2）。各处理的湿润锋形状近似为以微润管布设位置为中心的

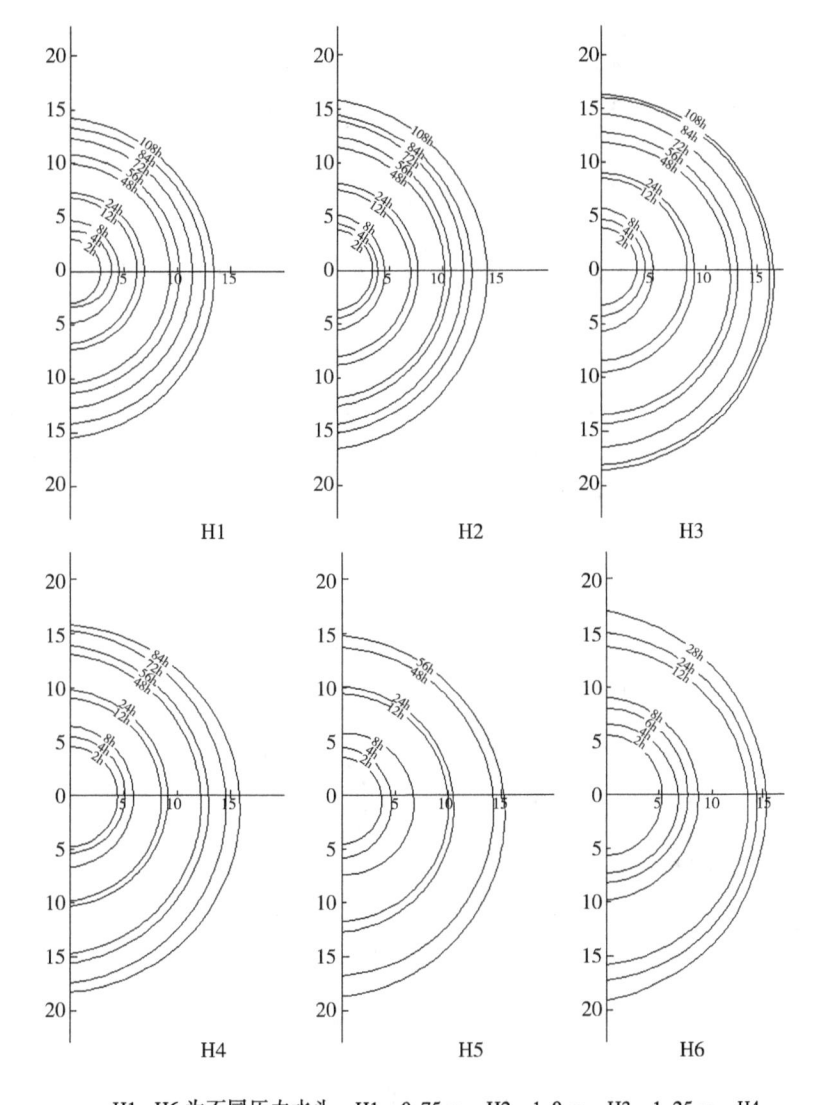

H1～H6为不同压力水头。H1, 0.75 m; H2, 1.0 m; H3, 1.25 m; H4, 1.50 m; H5, 1.75 m; H6, 2.0 m。

图4-4 不同压力水头下微润灌溉施肥的湿润锋形状

椭圆，随着灌水时间的延续，椭圆半径逐渐增加，且纵向半径大于横向半径；随着压力水头的增加，湿润锋运移速率和半径都呈增加趋势，在相同入渗时间内，湿润锋的截面面积大小表现为H6＞H5＞H4＞H3＞H2＞H1。

各处理的水分入渗能力表现为H6＞H5＞H4＞H3＞H2＞H1，在相同入渗时间内，各处理的湿润锋运移距离随压力水头的增加而增加；以横向运移距离为例，在入渗24 h时，H1~H6处理的横向运移距离分别为6.9 cm、7.7 cm、8.9 cm、9.1 cm、10.5 cm、14.4 cm。受试验土箱大小限制，处理H6、H5、H4湿润锋向下运移距离分别于入渗28 h、56 h、84 h时接近土箱底板，说明随着压力水头的提高，水分入渗能力增强，湿润锋运移越快。

在垂直方向上湿润锋向下运移的距离大于向上运移的距离，在入渗24 h时，处理H1~H6的湿润锋向下运移的距离分别比向上运移的距离增加0.10 cm、0.75 cm、0.50 cm、0.55 cm、2.60 cm、2.30 cm，说明微润管肥液入渗下水分在土壤中的运移及分布易受重力作用的影响，且压力水头增加时，湿润锋向下运移距离有增多趋势。

三、微润灌溉施肥下压力水头对土壤含水率的影响

不同压力水头下微润灌溉施肥处理的土壤含水率见图4-5（入渗108 h）。可以看出，处理H1~H3的土壤含水率等值线图类似于以微润管布设位置为中心的同心圆，土壤含水率在微润管布设位置处最高，之后随着与微润管距离的增加土壤含水率向四周呈辐射状逐渐下降。在压力水头较低（H1、H2）时，水分入渗量较少，水分运移缓慢，围绕微润管的各圈层土壤水分含量变化幅度较大，图示等值线的密度较密集。

与处理H1~H3不同，处理H4~H6的土壤含水率等值线图的中心位置向微润管下方位置5~10 cm处转移，土壤含水率也在该位置处最高，之后随着与微润管距离的增加土壤含水率向四周呈辐射状逐渐下降，但下降梯度较处理H1~H2的下降梯度要小，即含水率的变化幅度较小，图示等值线的密度较疏松。

在土箱相同位置处，各处理的土壤含水率的变化规律为H6＞H5＞H4＞H3＞H2＞H1，压力水头是影响水分入渗和土壤含水量变化的主要因素。在压力水头较低时，各处理在微润管入渗界面处的土壤含水率最高，之后随着与入渗界面距离的增加，土壤含水率向四周呈辐射状减少。在压

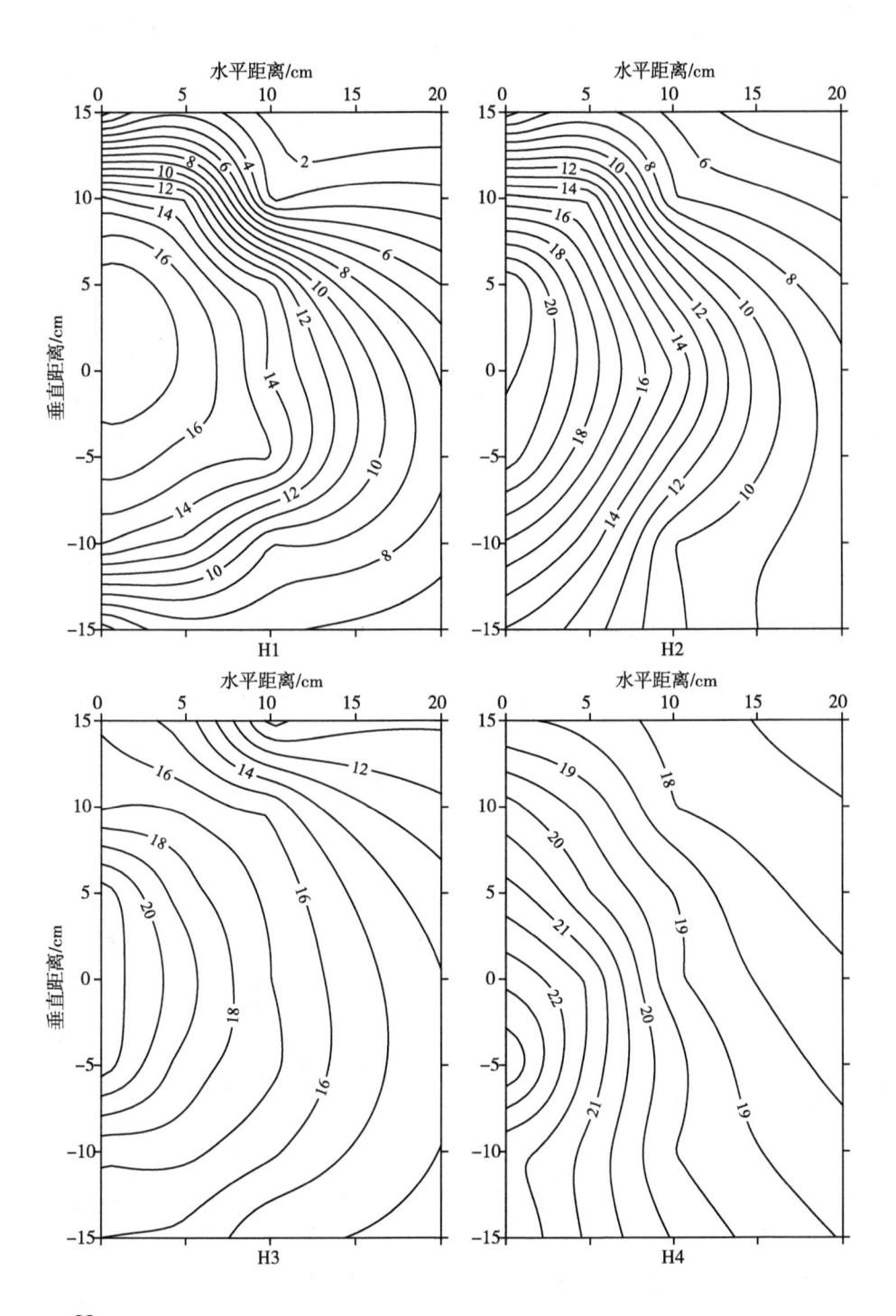

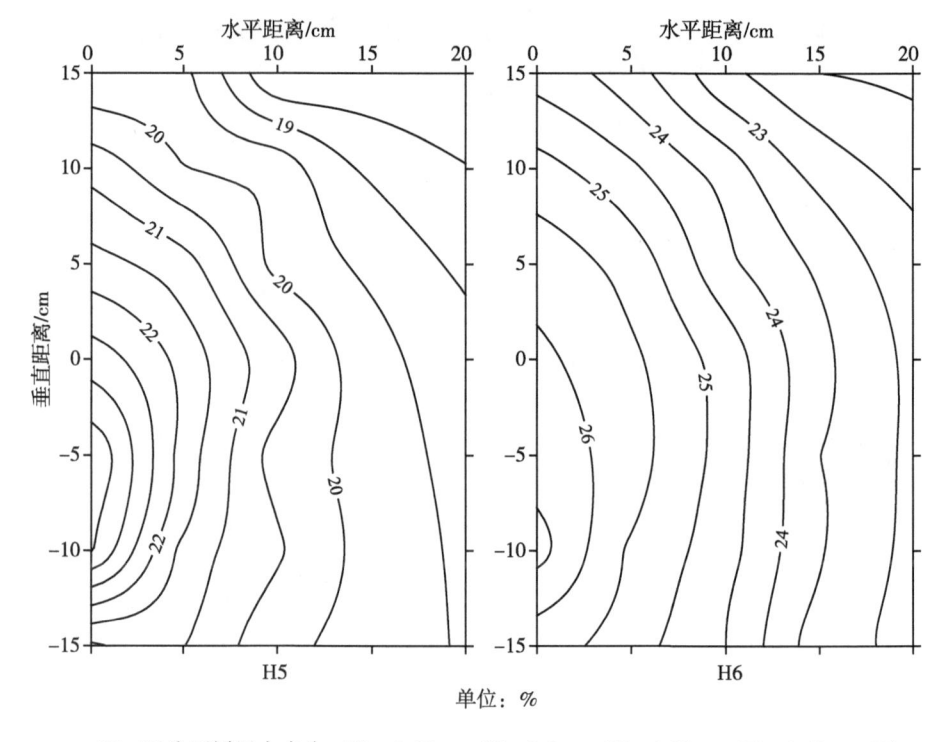

H1～H6 为不同压力水头。H1，0.75 m；H2，1.0 m；H3，1.25 m；H4，1.50 m；H5，
1.75 m；H6，2.0 m。

图 4-5　不同压力水头下微润灌溉施肥的土壤含水率

力水头较高时，水分入渗量较大，更易受重力作用影响，土壤含水率最高
值出现在微润管入渗界面下方处。

四、微润灌溉施肥下压力水头对土壤铵态氮运移的影响

不同压力水头下微润灌溉施肥处理的土壤铵态氮含量见图 4-6（入渗
108 h）。可以看出，各处理的土壤铵态氮含量的变化规律与土壤水分含量
的变化规律相似，都是在近微润管处含量较高，之后随着与微润管距离的
增加，向四周呈现辐射状减小趋势，这是因为施用的尿素水解后形成的铵
态氮带正电荷，容易被带负电荷的土壤颗粒吸附，因此在微润管和土壤的
入渗界面处富集。如 H1 处理在微润管埋设位置上下 5 cm 处的土壤铵态
氮含量为 203.8～204.0 mg/kg，在微润管埋设位置上下 15 cm 处的土壤铵
态氮含量为 72.6～80.3 mg/kg；H6 处理在微润管埋设位置上下 5 cm 处的

土壤铵态氮含量为 185.5~198.5 mg/kg，在微润管埋设位置上下 15 cm 处的土壤铵态氮含量为 49.4~50.2 mg/kg。

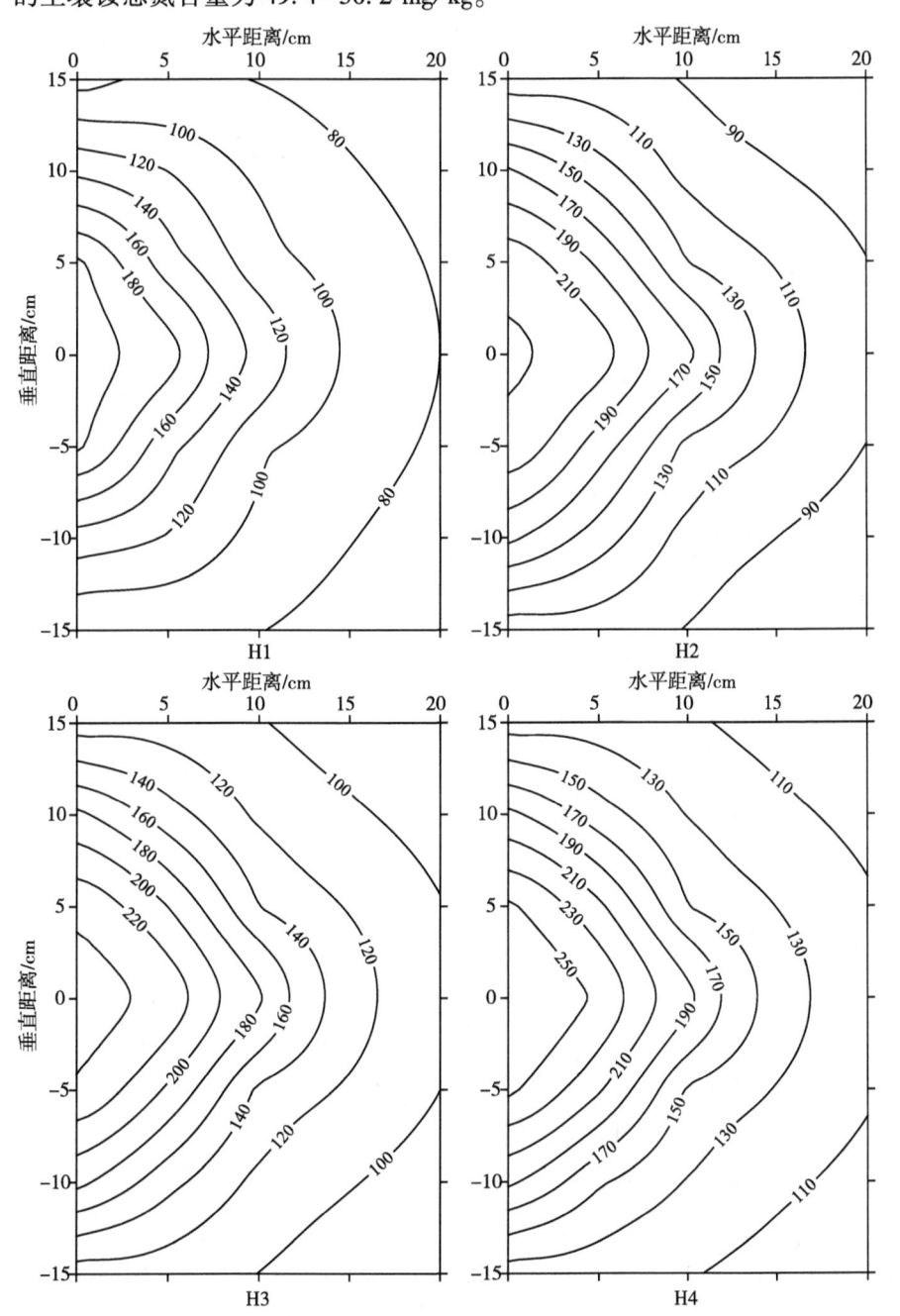

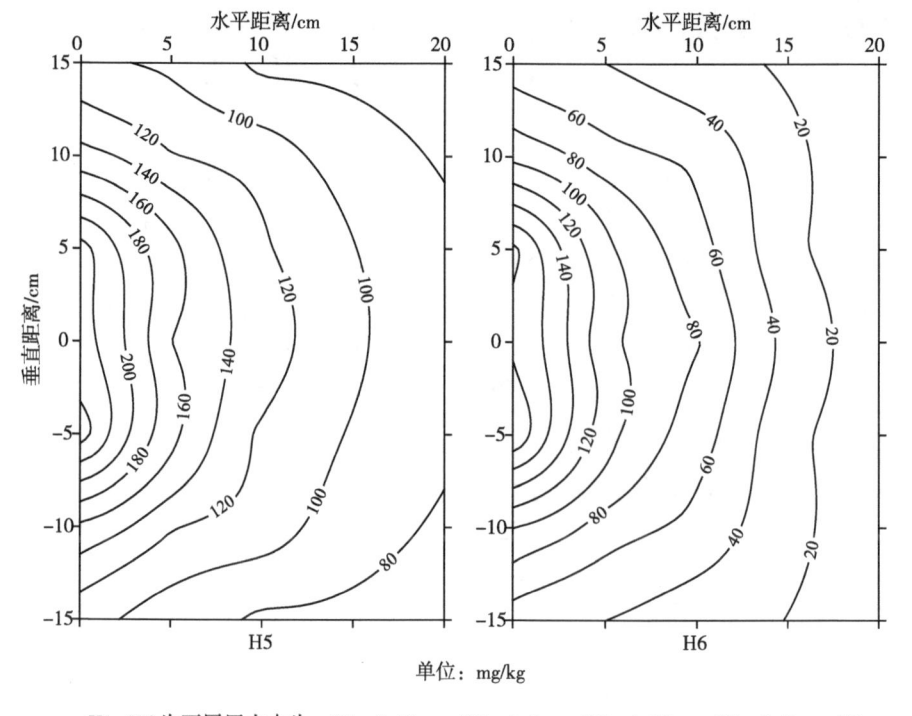

单位：mg/kg

H1~H6 为不同压力水头。H1，0.75 m；H2，1.0 m；H3，1.25 m；H4，1.5 m；H5，1.75 m；H6，2.0 m。

图4-6　不同压力水头下微润灌溉施肥的土壤铵态氮含量

在压力水头为 0.75~1.5 m 时，处理 H1~H4 微润管中心处的土壤铵态氮含量随着压力水头的增加呈增加趋势，表现为 H4>H3>H2>H1，这是因为压力水头增加，入渗水量也增加，在施氮浓度相同情况下，入渗进入的尿素量相对较高，从而水解产生较多的铵态氮。当压力水头继续增加时（1.75 m、2.0m），处理 H5、H6 微润管中心处的土壤铵态氮含量较处理 H1~H4 减少，表现为 H4>H5>H6，这可能与压力水头继续增加水分入渗量过大，土壤含水率高导致土壤通气状况不良，使尿素的水解受到影响有关。

不同压力水头下各处理距离微润管水平距离 0 cm、5 cm 处土壤铵态氮含量随时间的变化规律见图4-7。可以看出，各处理距离微润管水平距离 0 cm、5 cm 处的土壤铵态氮含量的变化规律基本一致，即随入渗时间的增加，各处理的土壤铵态氮含量呈增加趋势，并且在入渗12~72 h时增

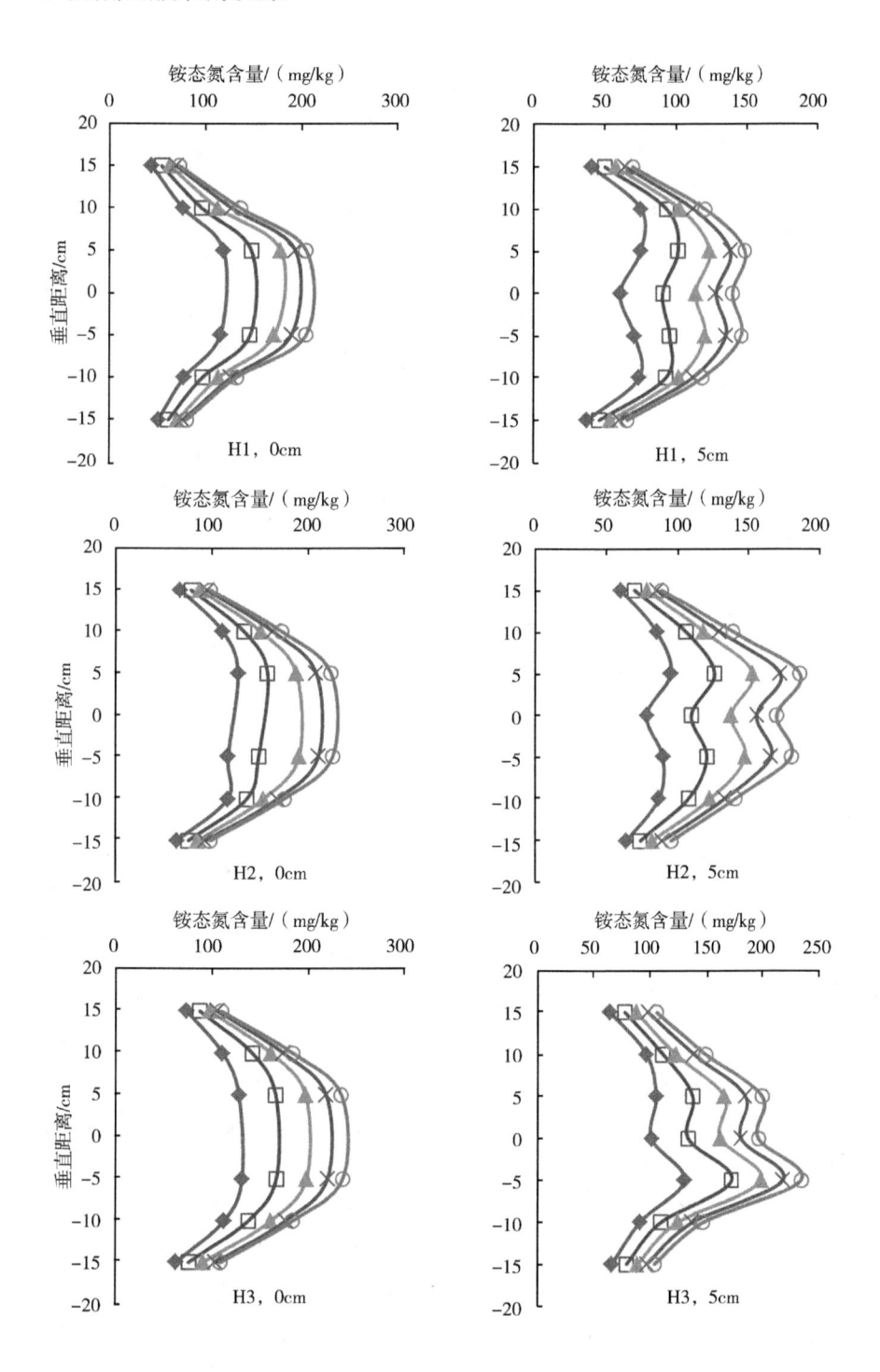

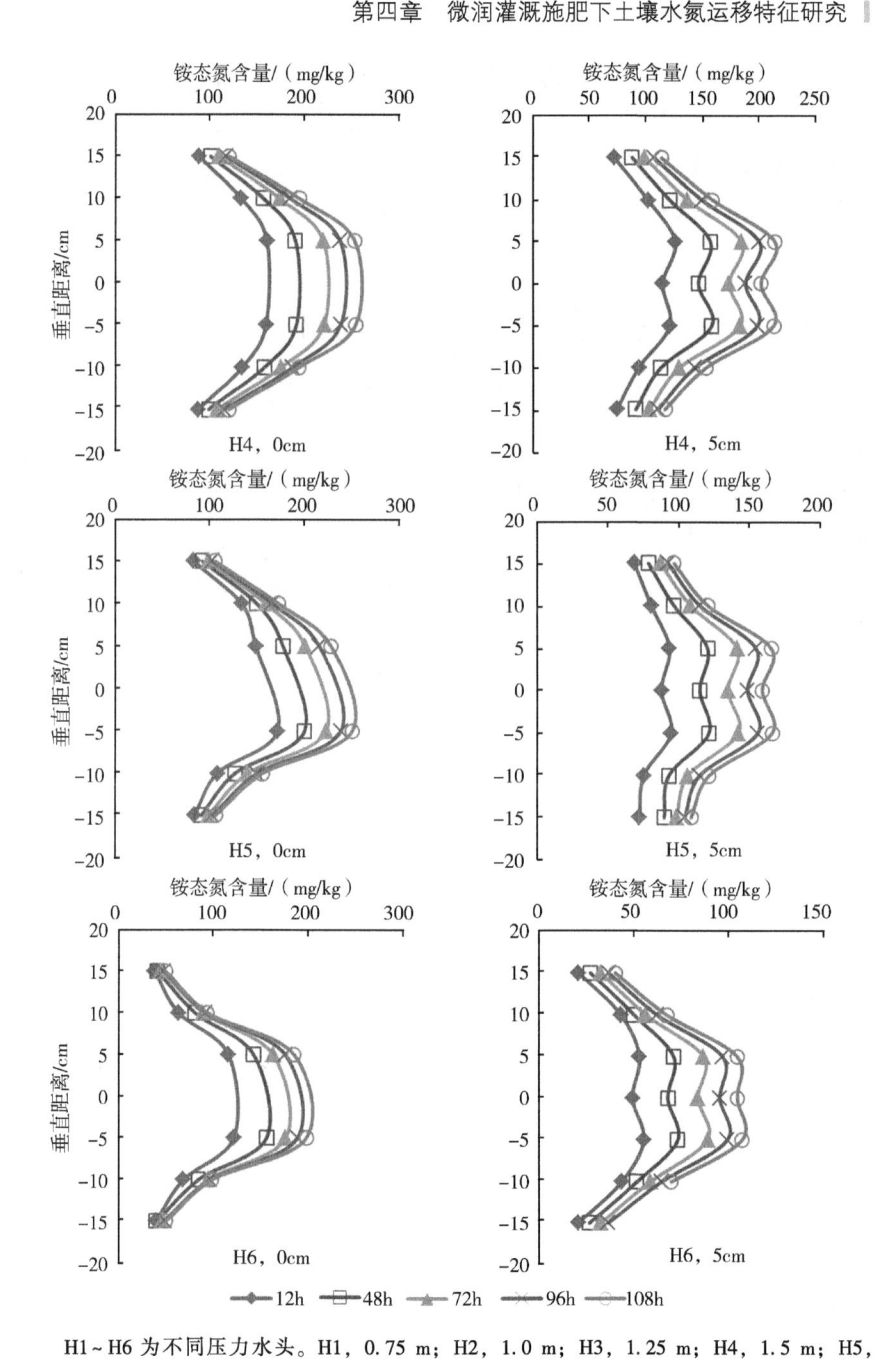

H1～H6 为不同压力水头。H1，0.75 m；H2，1.0 m；H3，1.25 m；H4，1.5 m；H5，1.75 m；H6，2.0 m。

图 4-7 不同压力水头下距离微润管水平距离 0 cm、5 cm 处土壤铵态氮随时间的变化

加较多，在入渗 72~108 h 时增加较少。在垂直方向上，各处理的土壤铵态氮含量表现为"低-高-低"的趋势，即在微润管向上、向下 5~15 cm 处都表现为随着与微润管距离的增加，土壤铵态氮含量减少的趋势，即在近微润管处的土壤铵态氮含量较高，各处理土壤铵态氮含量的高值都集中在微润管向上、向下 5 cm 处。

五、微润灌溉施肥下压力水头对土壤硝态氮运移的影响

不同压力水头下微润灌溉施肥处理的土壤硝态氮含量见图 4-8（入渗 108 h）。可以看出，各处理的土壤硝态氮含量的变化规律基本相似，都是在近微润管处含量较高，之后随着与微润管距离的增加，向四周呈辐射状减小趋势。如 H1 处理在微润管埋设位置上下 5 cm 处的土壤硝态氮含量为 65.8~67.0 mg/kg，在微润管埋设位置上下 15 cm 处的土壤硝态氮含量为 21.3~23.3 mg/kg；H6 处理在微润管埋设位置上下 5 cm 处的土壤硝态氮含量为 98.6~99.3 mg/kg，在微润管埋设位置上下 15 cm 处的土壤硝态氮含量为 63.7~65.8 mg/kg。

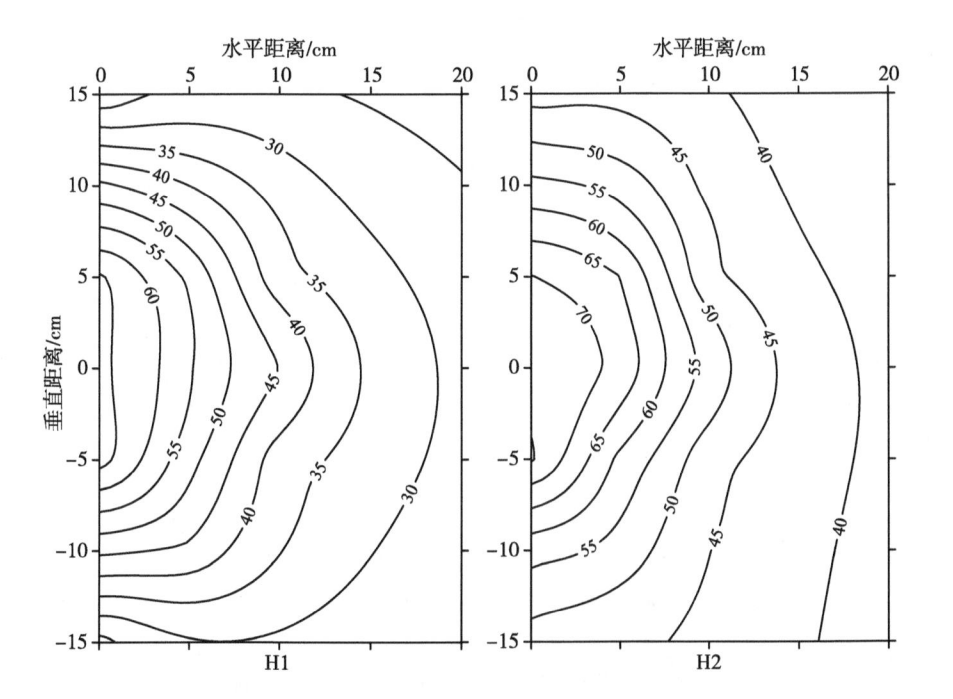

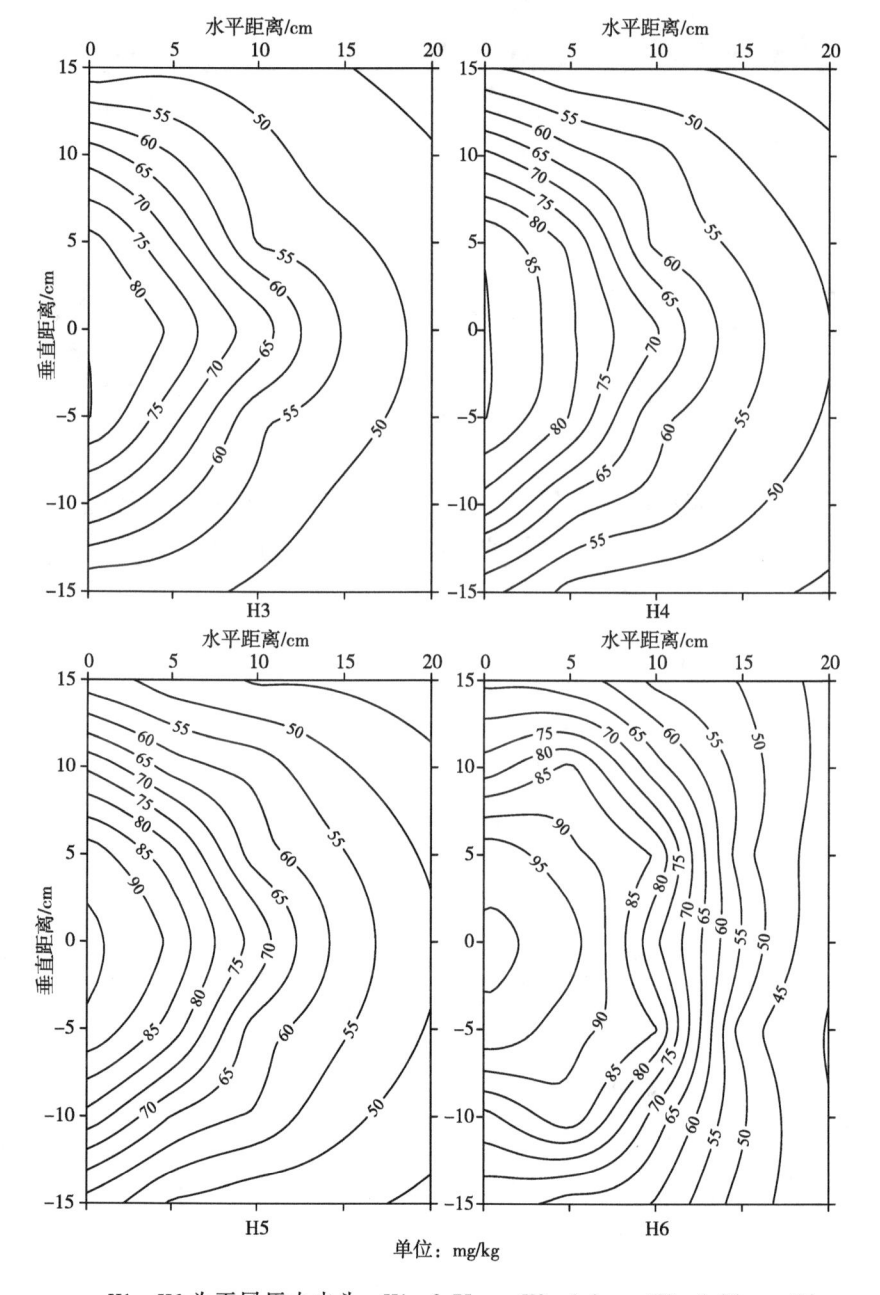

H1～H6 为不同压力水头。H1，0.75 m；H2，1.0 m；H3，1.25 m；H4，1.50 m；H5，1.75 m；H6，2.0 m。

图 4-8　不同压力水头下微润灌溉施肥的土壤硝态氮含量

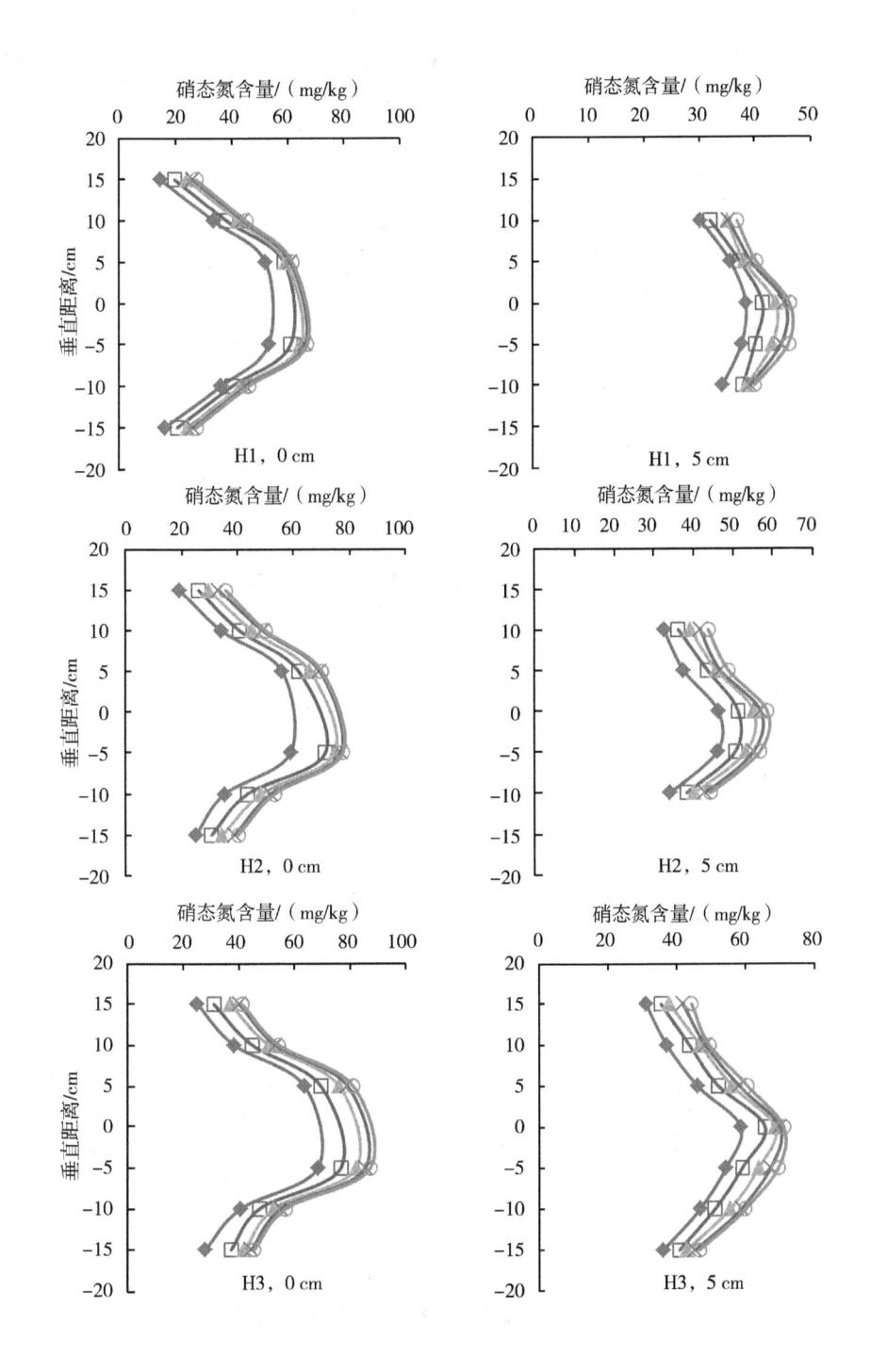

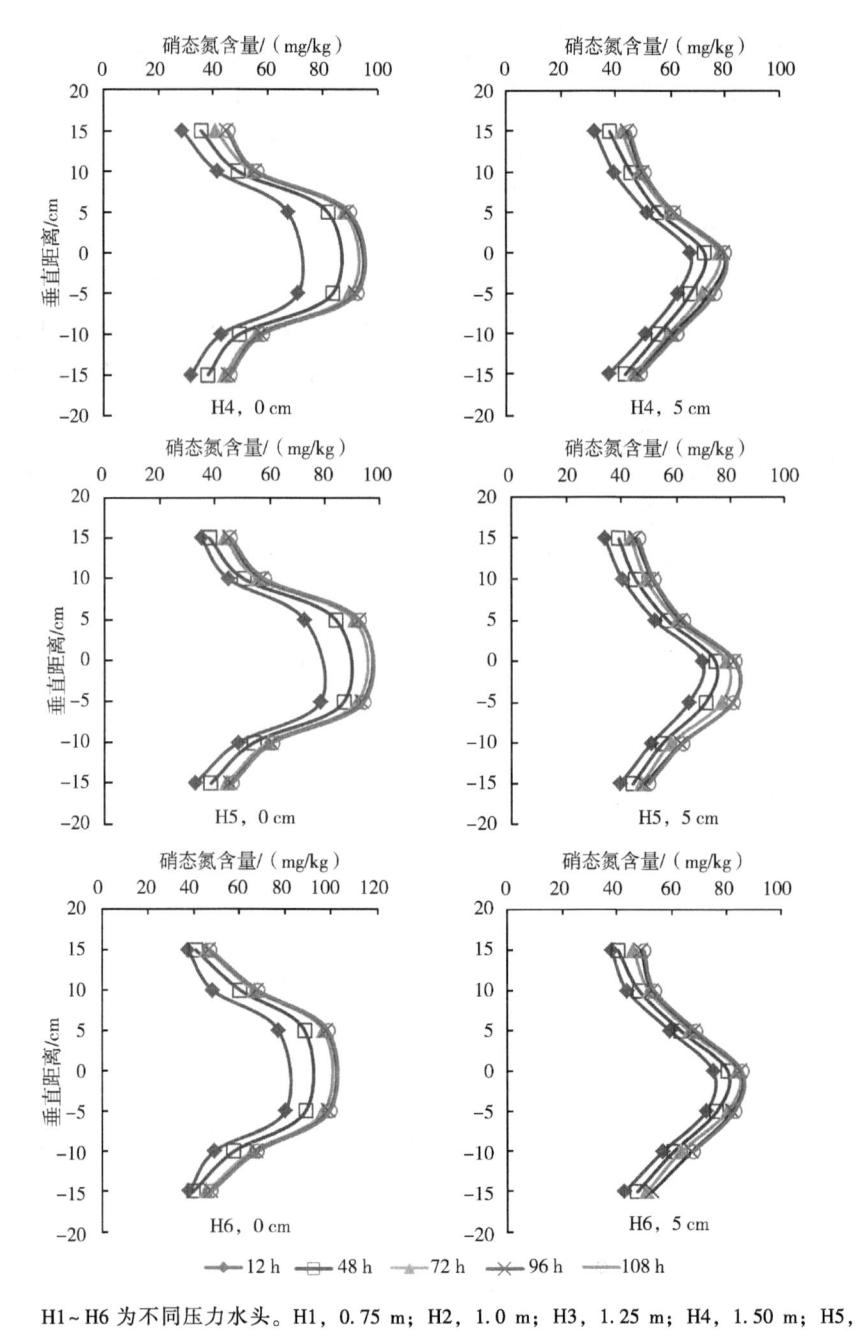

H1～H6 为不同压力水头。H1，0.75 m；H2，1.0 m；H3，1.25 m；H4，1.50 m；H5，1.75 m；H6，2.0 m。

图 4-9 不同压力水头下距离微润管水平距离 0 cm、5 cm 处土壤硝态氮随时间的变化

与土壤铵态氮的变化有所不同，近微润管处的土壤硝态氮含量随着压力水头的增加而增加，表现为 H6＞H5＞H4＞H3＞H2＞H1，压力水头是影响硝态氮运移的重要因素，并且在压力水头较高时，土壤硝态氮含量的变化幅度更大，图示土壤硝态氮含量的等值线随着压力水头的增加由稀疏逐渐变得密集。

不同压力水头下各处理距离微润管水平距离 0 cm、5 cm 处土壤硝态氮含量随时间的变化规律见图 4-9。可以看出，各处理距离微润管水平距离 0 cm、5 cm 处的土壤硝态氮含量的变化规律基本一致，即随入渗时间的增加，各处理的土壤硝态氮含量呈增加趋势，并且在入渗 12～48 h 时增加较多，在入渗 48～108 h 时增加较少。在垂直方向上，各处理的土壤硝态氮含量与铵态氮的含量变化相一致，也表现为"低-高-低"趋势，即在微润管向上、向下 5～15 cm 处都表现为随着与微润管距离的增加，土壤硝态氮含量减少的趋势，即在近微润管处的土壤硝态氮含量较高，各处理土壤硝态氮含量的高值都集中在微润管向上、向下 5 cm 处。

第四节　微润灌溉施氮水平对土壤水氮运移的影响

一、微润灌溉施氮水平对累积入渗量和出流量的影响

不同施氮水平下微润灌溉处理的累积入渗量见图 4-10。可以看出，不同施氮处理的累积入渗量表现为 N3＞N2＞N1＞N0，累积入渗量随施氮水平的增加而增加；同一施氮水平下各处理的累积入渗量随入渗时间的增加呈增加趋势。在入渗 24 h 时，处理 N0、N1、N2、N3 的累积入渗量分别为 1.8 L、2.2 L、2.7 L、3.0 L，施氮处理较不施氮处理 N0 分别增加 17.4%、46.4%、63.7%；在入渗 144 h 时，处理 N0、N1、N2、N3 的累积入渗量分别为 9.0 L、11.1 L、12.1 L、13.3 L，施氮处理较不施氮处理 N0 分别增加 23.4%、34.1%、47.4%。

对不同施氮水平下微润灌溉各处理的累积入渗量与入渗时间的关系进行拟合，其相关关系可以用二次函数方程 $y = ax^2 + bx + c$ 表达，其中 $R^2 >$ 0.99（表 4-3）。

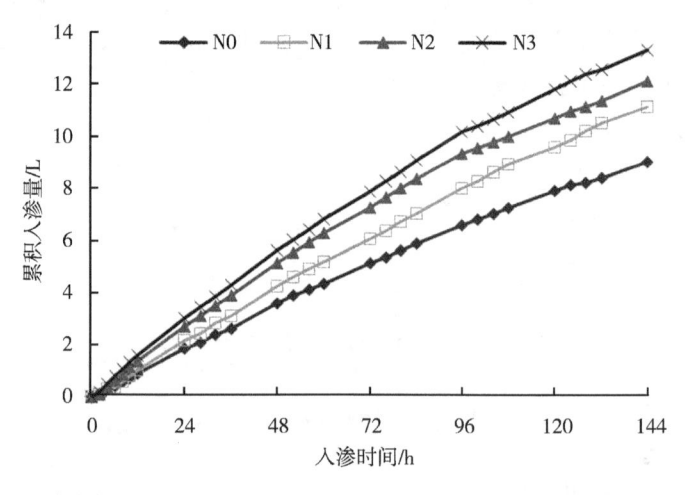

N0，肥液浓度为 0 mg/L；N1，肥液浓度为 500 mg/L；N2，肥液浓度为 1 000 mg/L；N3，肥液浓度为 1 500 mg/L。

图 4-10　不同施氮水平下微润灌溉的累积入渗量

表 4-3　不同施氮水平下微润灌溉累积入渗量与入渗时间的拟合关系

试验处理	肥液浓度/（mg/L）	拟合公式	R^2
N0	0	$y=-0.0001x^2+0.0816x-0.0693$	0.9999
N1	500	$y=-0.0001x^2+0.0950x-0.1016$	0.9997
N2	1 000	$y=-0.0003x^2+0.1220x-0.0831$	0.9998
N3	1 500	$y=-0.0003x^2+0.1286x+0.0200$	0.9999

注：N0，肥液浓度为 0 mg/L；N1，肥液浓度为 500 mg/L；N2，肥液浓度为 1 000 mg/L；N3，肥液浓度为 1 500 mg/L；a，入渗系数；b，入渗指数。

不同施氮水平下微润灌溉各处理的出流量见图 4-11。可以看出，各处理的出流量与累积入渗量的变化规律基本一致，也表现为 N3＞N2＞N1＞N0。处理 N0、N1 的出流量在入渗 0~24 h 基本呈增加趋势，其中在入渗 0~12 h 的出流量增加较多，在入渗 12~24 h 的出流量增加较少；在入渗 24~144 h 的出流量变化较小保持基本平稳状态。处理 N2、N3 的出流量在入渗 0~12 h 基本呈增加趋势，之后逐渐减少，出流量的变化幅度大于处理 N0、N1。在入渗 24 h、144 h 时，处理 N0 的出流量分别为 76.9 mL/（m·h）、62.7 mL/（m·h），相对减少 18.5%；处理 N1 的出流量分别为 90.3 mL/(m·h)、77.3 mL/(m·h)，相对减少 14.4%；处理 N2 的出流量分别为 112.6 mL/(m·h)、84.0 mL/(m·h)，相对减少 25.4%；处理 N3 的出流量分别为 125.9 mL/(m·h)、92.3 mL/(m·h)，相对减少 26.7%。

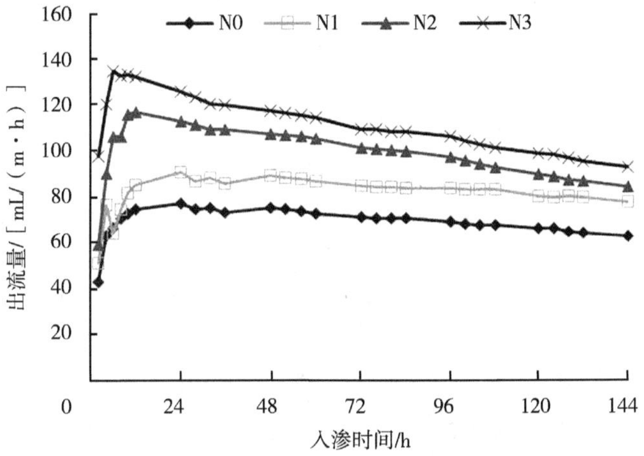

N0，肥液浓度为 0 mg/L；N1，肥液浓度为 500 mg/L；N2，肥液浓度为 1 000 mg/L；N3，肥液浓度为 1 500 mg/L。

图 4-11　不同施氮水平下微润灌溉的出流量

二、微润灌溉施氮水平对湿润锋运移的影响

不同施氮水平下微润灌溉各处理的湿润锋在 R、U、D 方向的运移距离见图 4-12。可以看出，各处理的湿润锋在各方向的运移距离都随入渗时间的增加呈增加趋势，不同处理之间，随施氮水平的增加，湿润锋在各方向的运移距离也呈增加趋势，表现为 N3＞N2＞N1＞N0。在入渗 96 h 时，处理 N3 的湿润锋在 R、U、D 方向的运移距离分别比处理 N0 增加 15.3%、14.9%、12.8%，处理 N2 的湿润锋的运移距离分别比处理 N0 增加 11.3%、10.1%、8.3%，处理 N1 的湿润锋的运移距离分别比处理 N0 增加 5.3%、4.1%、2.6%。

就不同施氮水平下各处理的湿润锋在 R、U、D 方向的运移距离和入渗时间的关系进行拟合，其相关关系可以用幂函数 $y = ax^b$ 表达，其中

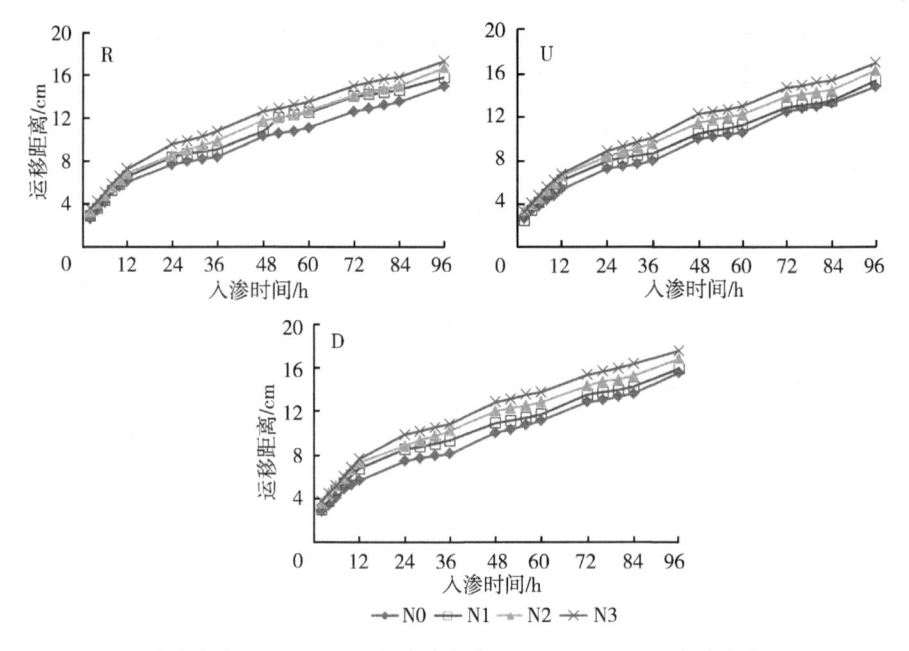

N0，肥液浓度为 0 mg/L；N1，肥液浓度为 500 mg/L；N2，肥液浓度为 1 000 mg/L；N3，肥液浓度为 1 500 mg/L；R，水平向右方向；U，垂直向上方向；D，垂直向下方向。

图 4-12 不同施氮水平下微润灌溉湿润锋的运移距离

$R^2 > 0.98$（表 4-4）。

表 4-4 不同施氮水平下微润灌溉湿润锋运移距离和入渗时间的拟合关系

施氮水平	R			U			D		
	a	b	R^2	a	b	R^2	a	b	R^2
N0	2.003 3	0.425 6	0.990 4	1.789 8	0.443 6	0.989 7	1.938 7	0.432 5	0.987 7
N1	2.063 1	0.440 1	0.993 3	1.891 7	0.445 0	0.994 7	2.269 1	0.412 8	0.993 0
N2	2.372 9	0.413 2	0.995 7	2.311 0	0.412 4	0.993 0	2.635 3	0.393 2	0.994 8
N3	2.533 7	0.412 8	0.996 7	2.310 5	0.426 6	0.996 4	2.668 2	0.406 3	0.995 1

注：N0，肥液浓度为 0 mg/L；N1，肥液浓度为 500 mg/L；N2，肥液浓度为 1 000 mg/L；N3，肥液浓度为 1 500 mg/L；R，水平向右方向；U，垂直向上方向；D，垂直向下方向；a，入渗系数；b，入渗指数。

在入渗初期 0~12 h，各处理的湿润锋在 R、U、D 方向的运移距离的差距不大。随着入渗时间的增加（12~96 h），湿润锋在垂直向下 D 方向的运移距离明显大于水平 R 和向上 U 方向。在入渗 96 h 时，各处理的湿润锋在 R、U、D 方向的运移距离见图 4-13。图示的处理 N0、N1、N2、

N3 的湿润锋在 D 方向的运移距离分别比 U 方向增加 5.4%、3.9%、3.7%、3.5%，分别比 R 方向增加 4.0%、1.3%、1.2%、1.7%，施氮使湿润锋在各方向的运移距离的差距减小，即水分入渗更为均匀一些。

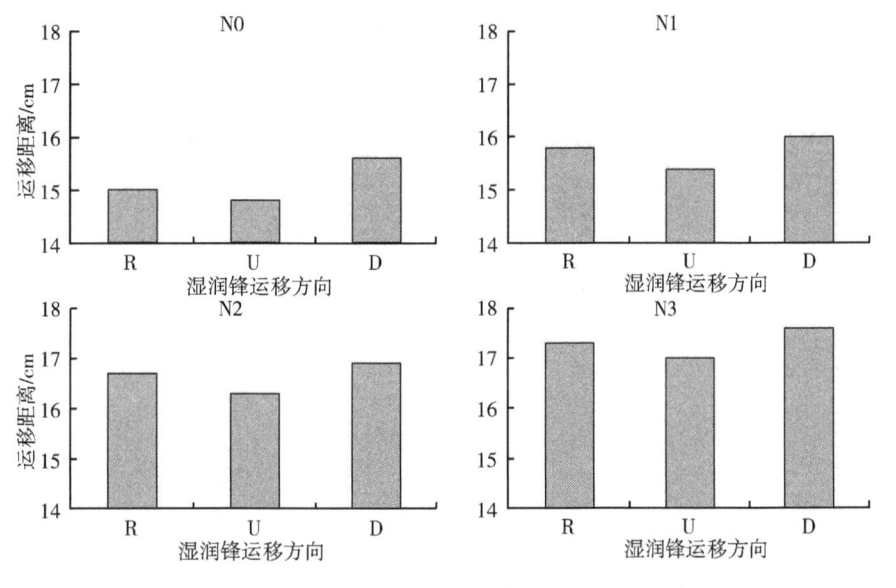

N0，肥液浓度为 0 mg/L；N1，肥液浓度为 500 mg/L；N2，肥液浓度为 1 000 mg/L；N3，肥液浓度为 1 500 mg/L；R，水平向右方向；U，垂直向上方向；D，垂直向下方向。

图 4-13　不同施氮水平下微润灌溉入渗 96 h 时湿润锋的运移距离

在入渗初期，微润灌溉各处理的累积入渗量较少，入渗界面处土壤含水率和氮素含量较低，土壤水分主要在基质势作用下运动，因试验用土为均质土，土壤内部的紧密程度相近，土壤基质势相差不大，因此入渗初期各处理之间在各方向上湿润锋的运移距离相差不大。随着入渗时间的增加，入渗进入土壤中的尿素水解，土壤溶质势降低，透水能力增强，入渗速率加快，另外随着土壤含水率的增加，土壤孔隙中持有的水分越来越多，土壤水分自身重力势的作用逐渐加大，各处理之间在各方向上湿润峰运移距离的差距逐渐变得明显。

三、微润灌溉施氮水平对土壤含水率的影响

不同施氮水平下微润灌溉各处理的土壤含水率见图 4-14（入渗 96 h）。可以看出，施氮对湿润体内水分分布的影响较为明显，不同处理

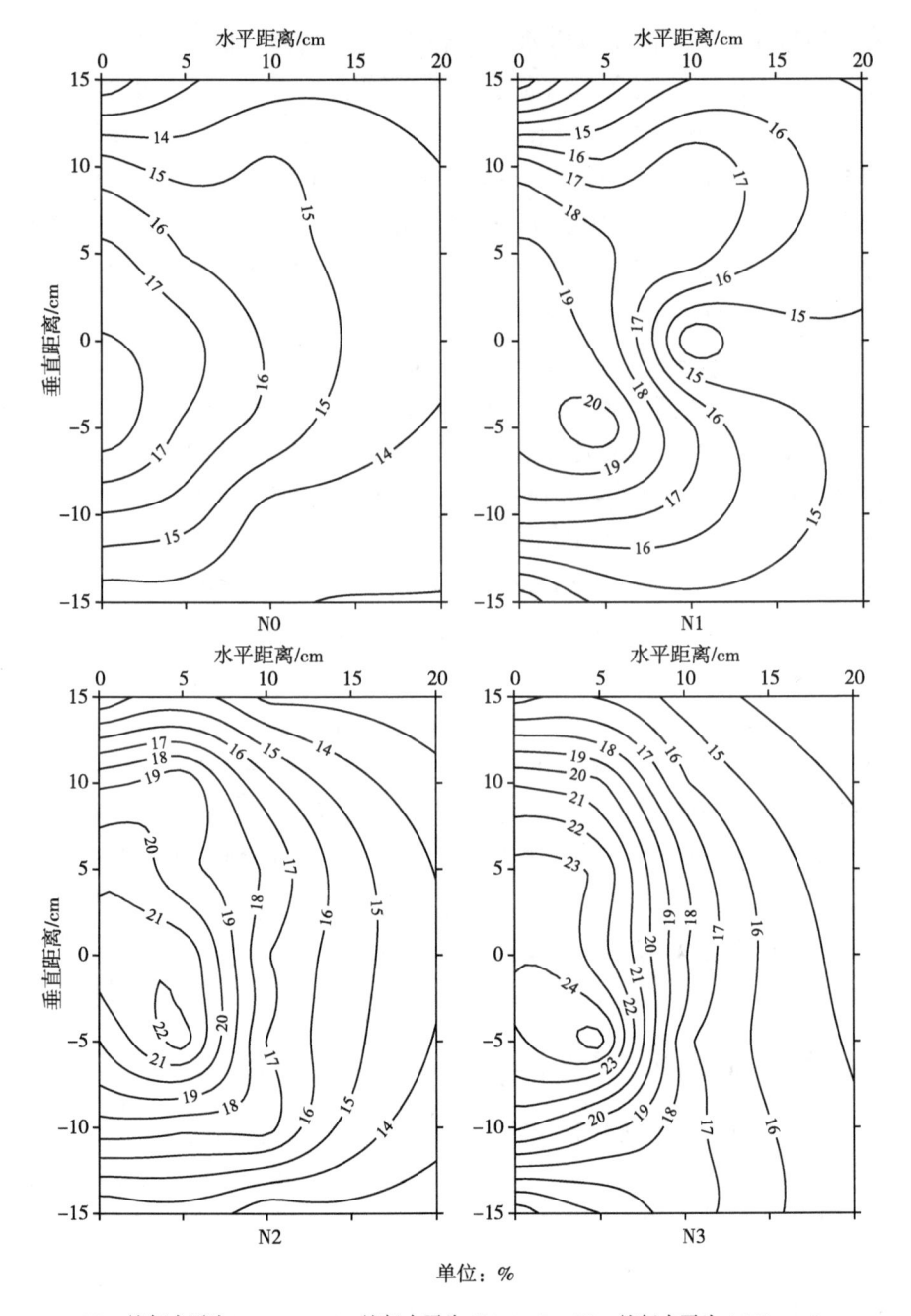

单位：%

N0，施氮水平为 0 mg/L；N1，施氮水平为 500 mg/L；N2，施氮水平为 1 000 mg/L。

图 4-14　不同施氮水平下微润灌溉的土壤含水率

在土箱相同位置处的土壤含水率随着施氮水平的增加而增加，表现为 N3＞N2＞N1＞N0。施氮可以促进微润灌溉水分的入渗，使土壤含水率增加。如图示的处理 N3、N2、N1、N0 距微润管埋设位置上下 5 cm 处的土壤含水率分别为 23.3% ~ 23.8%、20.0% ~ 20.9%、19.0% ~ 19.3%、17.3% ~ 18.8%。微润灌溉施肥条件下，水分入渗进入土壤后会受到基质势、重力势和溶质势的共同作用，土水界面处的水势差比清水灌溉条件下的要大，从而促进了水分的入渗。

在同一施氮水平下，土壤含水率随着与微润管距离的增加而减小。如图示处理 N3 在距离微润管水平距离 5 cm 和垂直距离 0 cm、上下 5 cm、上下 10 cm、上下 15 cm 处的土壤含水率分别为 22.3%、22.8% ~ 25.5%、19.2% ~ 20.2%、15.9% ~ 16.0%；在距离微润管水平距离 10 cm 和垂直距离 0 cm、上下 5 cm、上下 10 cm、上下 15 cm 处的土壤含水率分别为 18.1%、17.2% ~ 17.9%、16.1% ~ 17.4%、14.5% ~ 17.5%。微润灌溉施肥条件下土壤含水率围绕微润管呈辐射状降低的特征与清水入渗相似。

施氮使土壤含水率的变化幅度增加，由图 4-14 可以看出随着施氮水平的增加，各处理土壤水分含量的等值线在设置相同等值线间隔情况下由疏变密，这与微润灌溉施肥下土壤溶质（硝态氮与铵态氮）运移有关，因土壤溶质势随肥液的入渗在不断变化，总水势随肥液溶度的变化也在产生变化，使土壤含水率变化幅度增加。各处理土壤含水率的高值均出现在微润管埋设位置下方区域处，且随着施氮水平的增大，最大含水率位置下移的趋势增大，这与施氮水平较高时水分入渗较多、土壤含水率较高、受重力作用影响较大有关。

四、微润灌溉施氮水平对土壤铵态氮运移的影响

不同施氮水平下微润灌溉各处理的土壤铵态氮含量见图 4-15（入渗 96 h）。可以看出，随施氮水平增加，各处理的土壤铵态氮含量呈增加趋势，表现为 N3＞N2＞N1＞N0。如图所示，处理 N3、N2、N1、N0 距微润管埋设位置上下 5 cm 处的土壤铵态氮含量分别为 35.3 ~ 37.2 mg/kg、54.2 ~ 61.5 mg/kg、75.0 ~ 77.1 mg/kg、101.2 ~ 103.9 mg/kg。

施氮对土壤铵态氮的运移有重要影响不同的，施氮处理土壤铵态氮含量的等值线图分布规律大致相同，在设置相同等值线间隔情况下近微润管

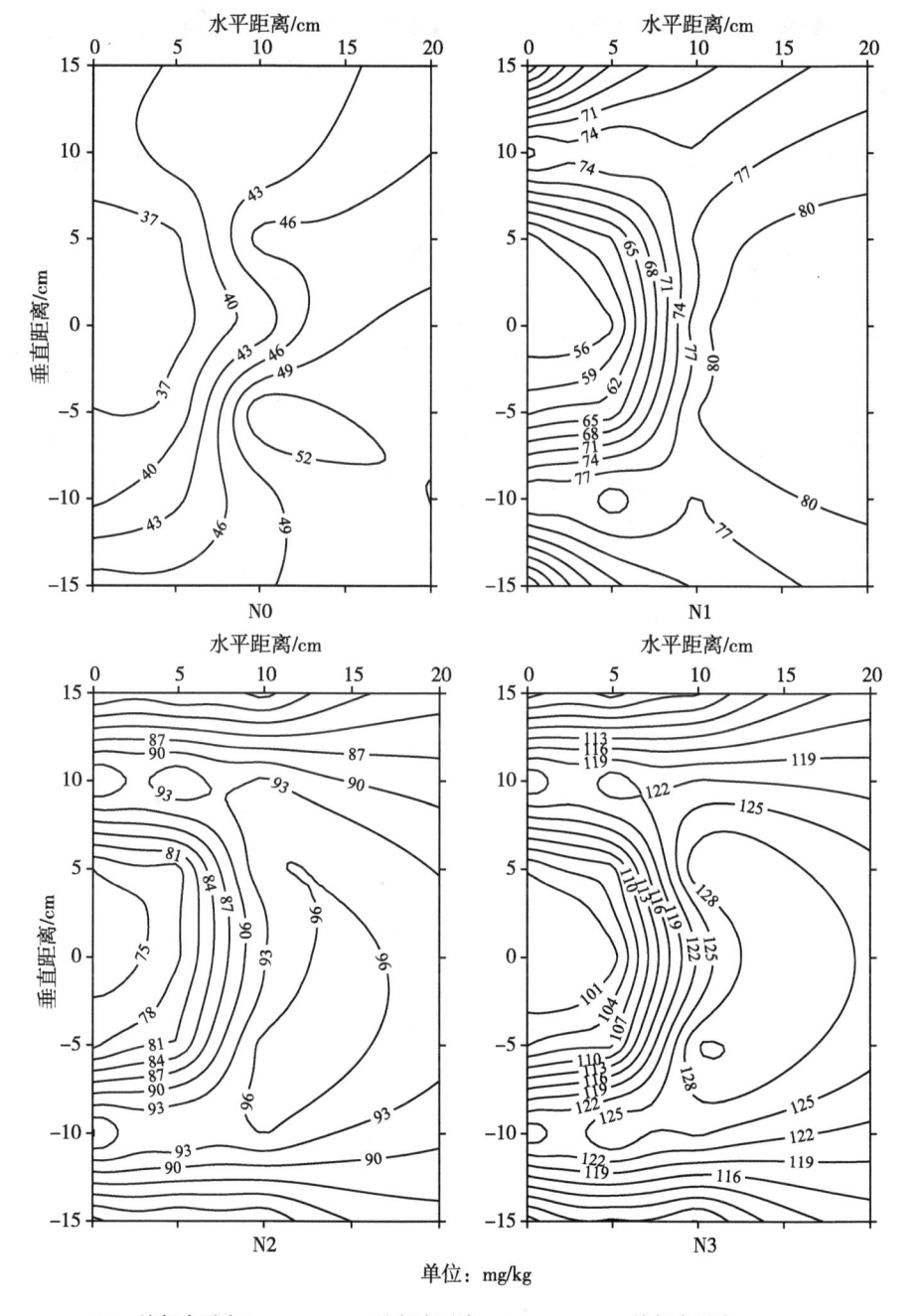

N0，施氮水平为 0 mg/L；N1，施氮水平为 500 mg/L；N2，施氮水平为 1 000 mg/L。

图 4-15　不同施氮水平下微润灌溉的土壤铵态氮含量

处土壤铵态氮的等值线较密，远微润管处的等值线较疏，即土壤铵态氮含量在近微润管处的变化幅度较大。而清水入渗处理 N0 的土壤铵态氮含量的变化幅度总体较小。

就施氮处理而言，其土壤铵态氮含量表现为在近微润管处较低，围绕微润管向四周呈辐射状增加至一定距离后降低的状态。如图示处理 N3 在距离微润管水平距离 5 cm 和垂直距离 0 cm、上下 5 cm、上下 10 cm、上下 15 cm 处的土壤铵态氮含量分别为 99.4 mg/kg、105.8～106.3 mg/kg、124.0～128.5 mg/kg、99.6～106.4 mg/kg；在距离微润管水平距离 10 cm 和垂直距离 0 cm、上下 5 cm、上下 10 cm、上下 15 cm 处的土壤铵态氮分别为 122.4 mg/kg、130.9～131.4 mg/kg、122.4～125.6 mg/kg、103.4～103.5 mg/kg。

不同施氮水平下微润灌溉各处理距微润管中心不同位置处的土壤铵态氮含量随时间的变化关系见图 4-16（入渗时间为 4 d）。在微润灌溉入渗 1 d 时，各处理土壤铵态氮的含量基本相同，这是因为入渗水分中的尿素尚未水解，产生的铵态氮含量较少，因此施肥处理的铵态氮含量与清水入渗基本相同。在入渗 2 d 时，施氮处理的土壤铵态氮含量在近微润管处达到高值，并在距离微润管 0～10 cm 范围内随着与微润管距离的增加呈减少趋势。在入渗 3 d 时，施氮处理的土壤铵态氮含量在近微润管处低于入渗 2 d 时，在距离微润管 0～15 cm 范围内随着与微润管距离的增加呈减少趋势，但在 10～15 cm 范围高于入渗 2 d 时。在入渗 4 d 结束后至 7 d，施氮处理的土壤铵态氮含量在近微润管处较低，在距离微润管 0～15 cm 范围内随着与微润管距离的增加呈增加趋势，但入渗时间越长，土壤铵态氮的含量也越低。

总体而言，随微润灌溉入渗时间的增加，各施肥处理的土壤铵态氮含量出现峰值的位置在不断变化，在入渗 2～3 d 时，峰值出现在距离微润管 5 cm 处，入渗 4 d 结束后至 5 d，峰值出现在距离微润管 10 cm 处，入渗结束后至 6～7 d，峰值出现在距离微润管 15 cm 处。即土壤铵态氮含量的峰值随着入渗时间的增加不断向远离微润管的方向转移。清水入渗处理底土中的土壤铵态氮含量的变化幅度总体小于施氮处理。

五、微润灌溉施氮水平对土壤硝态氮运移的影响

不同施氮水平下微润灌溉各处理的土壤硝态氮含量见图 4-17（入渗

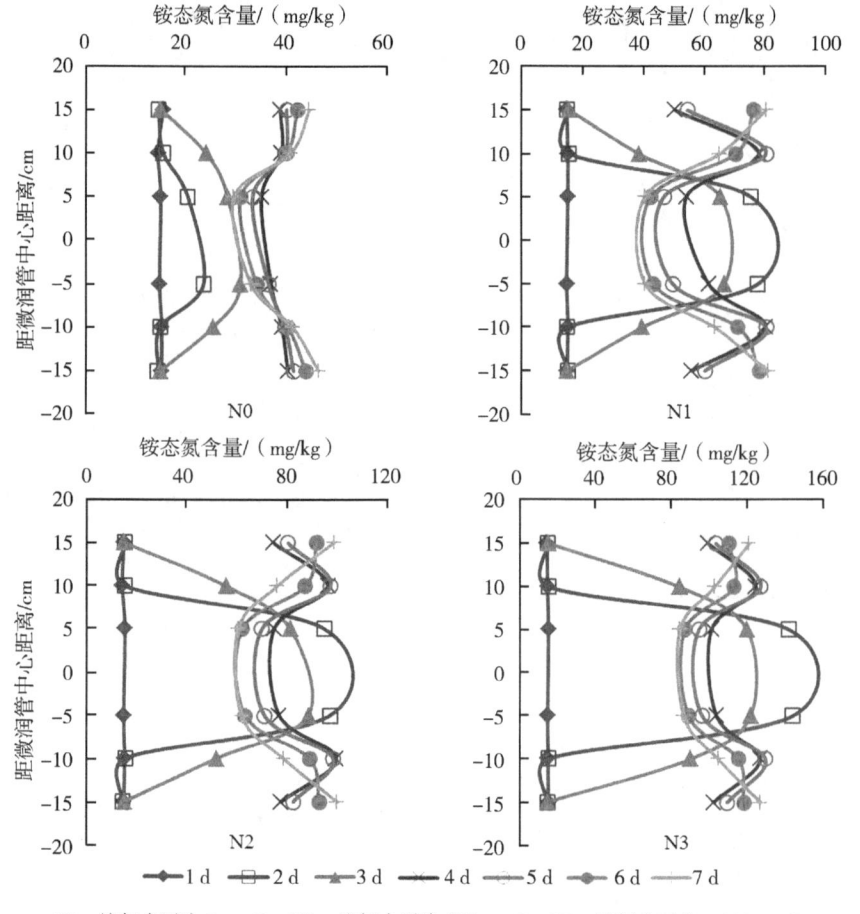

N0, 施氮水平为 0 mg/L; N1, 施氮水平为 500 mg/L; N2, 施氮水平为 1 000 mg/L。

图 4-16　不同施氮水平下土壤铵态氮随时间的变化

96 h)。可以看出，与土壤铵态氮的变化规律相似，随施氮水平增加，各处理的土壤硝态氮含量呈增加趋势，表现为 N3＞N2＞N1＞N0。如图所示的处理 N3、N2、N1、N0 距微润管埋设位置上下 5 cm 处的土壤硝态氮含量分别为 14.2~17.7 mg/kg、26.6~29.9 mg/kg、44.6~46.4 mg/kg、72.0~74.1 mg/kg。

施氮对土壤硝态氮的运移有重要影响，与土壤铵态氮的变化规律相似，不同的施氮处理土壤硝态氮含量的等值线图分布规律大致相同，在设置相同等值线间隔情况下近微润管处土壤硝态氮的等值线较密，远微润管处的等值线较疏，即土壤硝态氮含量在近微润管处的变化幅度较大。而清

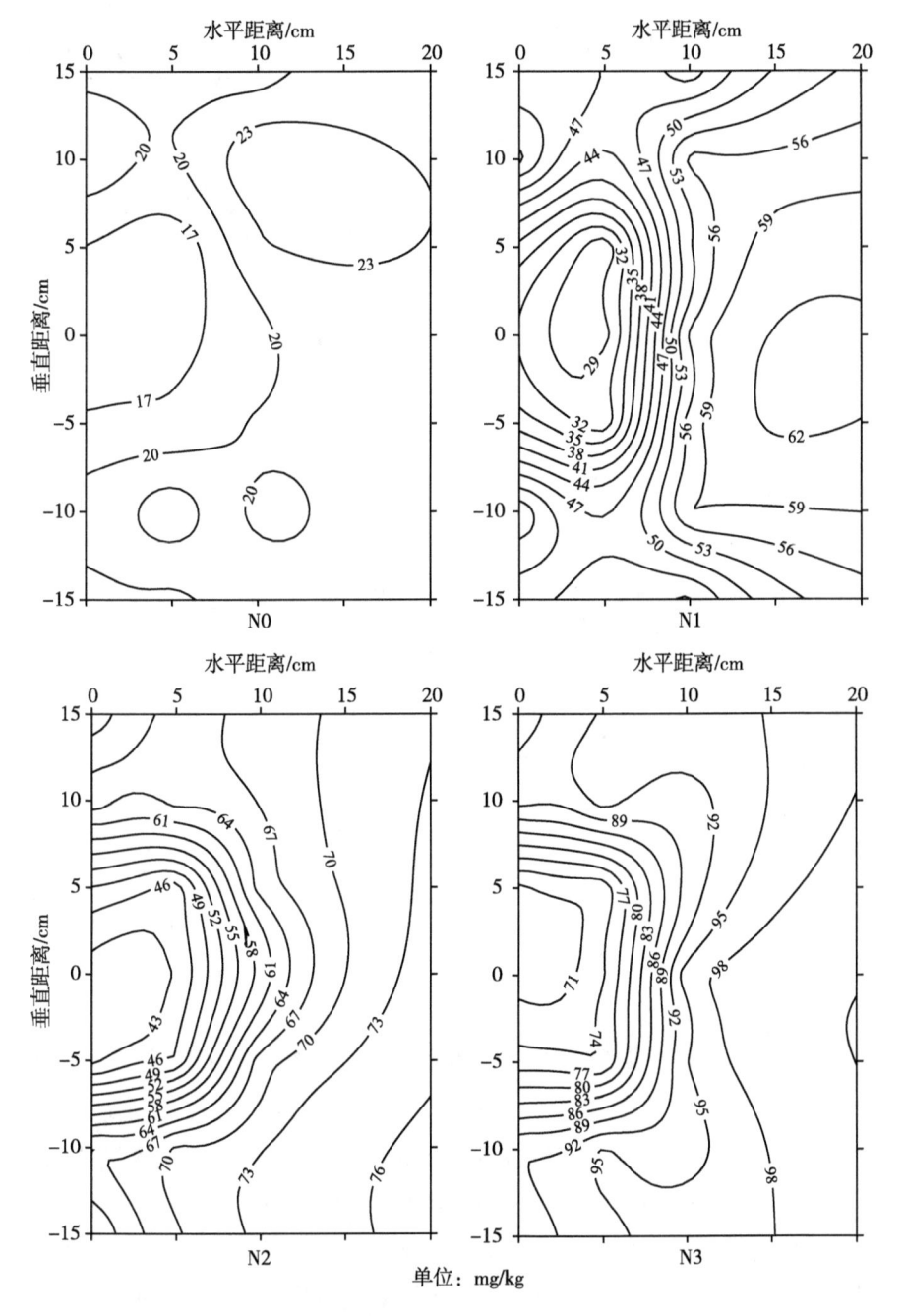

N0，施氮水平为 0 mg/L；N1，施氮水平为 500 mg/L；N2，施氮水平为 1 000 mg/L。

图 4-17　不同施氮水平下微润灌溉的土壤硝态氮含量

水入渗处理 N0 的土壤硝态氮含量的变化幅度总体较小。

就施氮处理而言，其土壤硝态氮含量表现为在近微润管处较低，围绕微润管向四周呈辐射状增加的状态，这与土壤铵态氮含量向四周呈辐射状先增加后降低的状态有所不同。如图所示的处理 N1 在距离微润管水平距离 5 cm 和垂直距离 0 cm、上下 5 cm、上下 10 cm、上下 15 cm 处的土壤硝态氮含量分别为 27.7 mg/kg、26.6～29.9 mg/kg、42.9～46.7 mg/kg、47.0～44.2 mg/kg。这是因为尿素水解后产生硝态氮的 NO_3^- 带负电荷，与同样带有负电荷的土壤胶体之间产生排斥作用，不易被土壤胶体所吸附，具有较强的移动性（刘显等，2017），因此土壤中的硝态氮随水分运移较

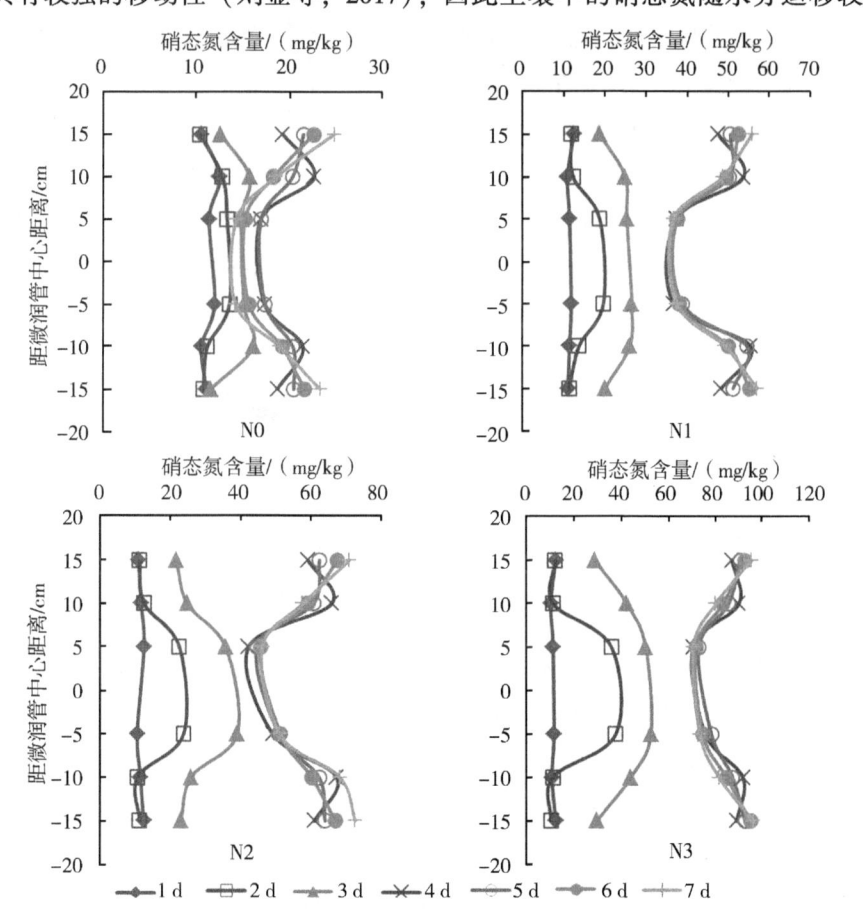

N0，施氮水平为 0 mg/L；N1，施氮水平为 500 mg/L；N2，施氮水平为 1 000 mg/L。

图 4-18　不同施氮水平下土壤硝态氮随时间的变化

远的距离。而铵态氮的 NH_4^+ 带正电荷，容易被带有负电荷的土壤胶体吸附，因此土壤中的铵态氮随水分移动的距离较近。

不同施氮水平下微润灌溉各处理土壤硝态氮含量随时间的变化关系见图 4-18（入渗时间为 4 d）。在微润灌溉入渗 1 d 时，各处理土壤硝态氮的含量基本相同，这是因为入渗水分中的尿素尚未水解，产生的硝态氮含量较少，因此施肥处理的硝态氮含量与清水入渗基本相同。在入渗 2 d 和 3 d 时，施氮处理的土壤硝态氮含量均在近微润管处较高，在距离微润管 0~15 cm 范围内随着与微润管距离的增加呈减少趋势，相同土箱位置处的土壤硝态氮含量为入渗 3 d 时高于入渗 2 d 时。在入渗 4 d 结束后至 7 d 时，各施氮处理之间土壤硝态氮的含量差别不大，变化规律基本一致，均在近微润管处土壤硝态氮的含量较低，在距离微润管 0~15 cm 范围内随着与微润管距离的增加呈增加趋势。

总体而言，随微润灌溉入渗时间的增加，各施肥处理的土壤硝态氮含量出现峰值的位置在不断变化，在入渗 2~3 d 时，峰值出现在近微润管处，入渗 4 d 结束后至 7 d 时，峰值出现在距离微润管 15 cm 处。清水入渗处理底土中的土壤硝态氮含量的变化幅度总体小于施氮处理。

第五节　微润灌溉压力水头和施氮水平
对土壤水氮运移的影响

一、微润灌溉压力水头和施氮水平对累积入渗量和出流量的影响

不同压力水头和施氮水平下微润灌溉的累积入渗量见图 4-19。可以看出，各处理的累积入渗量在入渗开始 12 d 内差别较小，之后随入渗时间的增加其间的差别逐渐增大。累积入渗量总体表现为 H2N0>H1N0>H2N1>H2N2>H1N1>H1N2。不施氮处理的累积入渗量高于施氮处理，相同施氮水平下压力水头较高的处理的累积入渗量高于压力水头较低的处理。在入渗 132 h 时，处理 H2N0、H1N0、H2N1、H2N2、H1N1、H1N2 的累积入渗量分别为 10.5 L、9.1 L、8.3 L、7.2 L、6.7 L、5.9L，其中累积入渗量最高的处理 H2N0 比最低的处理 H1N2 增加 78%。

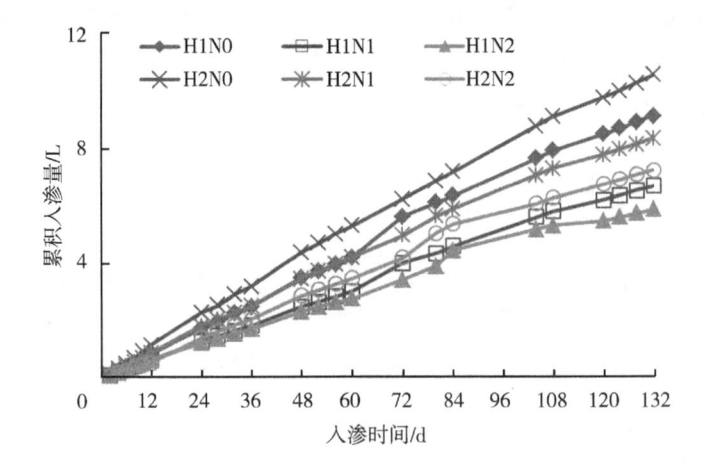

H1，压力水头为 1.0 m；H2，压力水头为 1.5 m；N0，肥液浓度为 0 mg/L；N1，肥液浓度为 500 mg/L；N2，肥液浓度为 1 000 mg/L。

图 4-19 不同压力水头和施氮水平下微润灌溉的累积入渗量

对不同压力水头和施氮水平下微润灌溉各处理的累积入渗量与入渗时间的关系进行拟合，其相关关系可以用二次函数方程 $y=ax^2+bx+c$ 表达，其中 $R^2>0.99$（表4-5）。

表 4-5 不同压力水头和施氮水平下微润灌溉累积入渗量与入渗时间的拟合关系

处理	压力水头	肥液浓度/（mg/L）	拟合公式	R^2
H1N0	1.0	0	$y=-7\times10^{-5}x^2+0.081\ 4x-0.166\ 0$	0.997 8
H1N1	1.0	500	$y=-3\times10^{-5}x^2+0.056\ 3x-0.069\ 8$	0.997 2
H1N2	1.0	1 000	$y=-6\times10^{-5}x^2+0.053\ 8x-0.056\ 9$	0.995 0
H2N0	1.5	0	$y=-1\times10^{-4}x^2+0.097\ 7x-0.072\ 8$	0.999 8
H2N1	1.5	500	$y=-1\times10^{-4}x^2+0.079\ 9x-0.103\ 6$	0.999 4
H2N2	1.5	1 000	$y=-1\times10^{-4}x^2+0.069\ 7x-0.216\ 5$	0.997 2

注：H1，压力水头为 1.0 m；H2，压力水头为 1.5 m；N0，肥液浓度为 0 mg/L；N1，肥液浓度为 500 mg/L；N2，肥液浓度为 1 000 mg/L；a，入渗系数；b，入渗指数。

不同压力水头和施氮水平下微润灌溉的出流量见图 4-20。可以看出，各处理的出流量与累积入渗量的变化规律基本一致，也表现为 H2N0＞H1N0＞H2N1＞H2N2＞H1N1＞H1N2。各处理的出流量在入渗 0~12 h 或 0~24 h 基本呈增加趋势，在入渗 24~132 h 的出流量变化幅度较小。在入渗 132 h 时，处理 H2N0、H1N0、H2N1、H2N2、H1N1、H1N2

的出流量分别为 79.9 mL/(m·h)、69.1 mL/(m·h)、63.2 mL/(m·h)、54.9 mL/(m·h)、50.6 mL/(m·h)、44.5 mL/(m·h)，其中处理 H2N0 的出流量是处理 H1N2 的 1.8 倍。

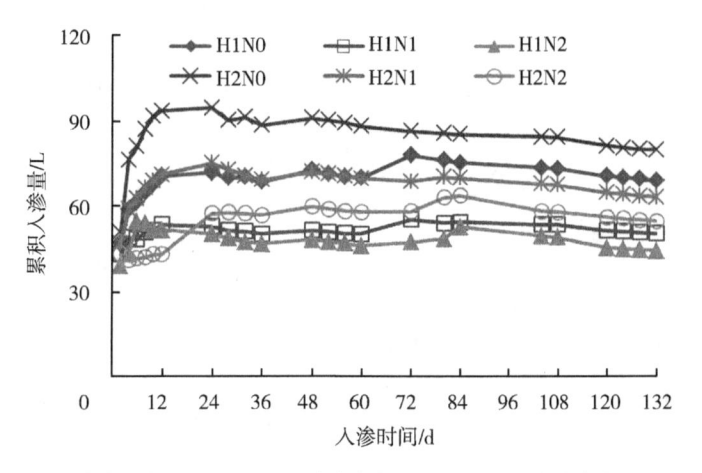

H1，压力水头为 1.0 m；H2，压力水头为 1.5 m；N0，肥液浓度为 0 mg/L；N1，肥液浓度为 500 mg/L；N2，肥液浓度为 1 000 mg/L。

图 4-20　不同压力水头和施氮水平下微润灌溉的出流量

在本试验条件下，压力水头较高（1.5 m）的清水入渗较压力水头较低（1.0 m）且施氮浓度较高（1 000 mg/L）的肥液入渗更为容易。

二、微润灌溉压力水头和施氮水平对湿润锋运移的影响

不同压力水头和施氮水平下微润灌溉的湿润锋在 R、U、D 方向的运移距离见图 4-21。可以看出，各处理的湿润锋在各方向的运移距离都随入渗时间的增加呈增加趋势，不同处理之间，处理 H2N0 的湿润锋运移距离高于其他处理，处理 H1N2 的湿润锋运移距离低于其他处理。在入渗 132 h 时，处理 H2N0 的湿润锋在 R、U、D 方向的运移距离分别比处理 H1N2 增加 25.3%、25.0%、32.1%。

就不同压力水头和施氮水平下微润灌溉的湿润锋在 R、U、D 方向的运移距离和入渗时间的关系进行拟合，其相关关系可以用幂函数 $y = ax^b$ 表达，其中 $R^2 > 0.99$（表 4-6）。

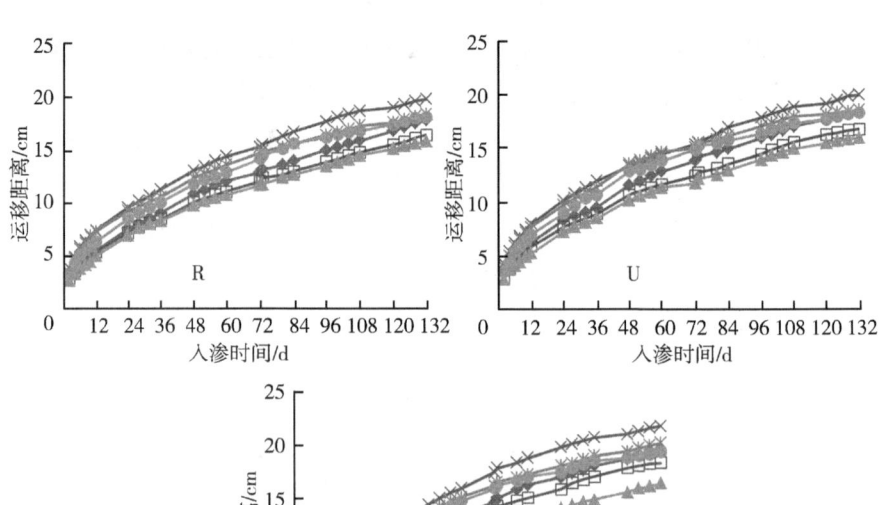

H1，压力水头为 1.0 m；H2，压力水头为 1.5 m；N0，肥液浓度为 0 mg/L；N1，肥液浓度为 500 mg/L；N2，肥液浓度为 1 000 mg/L；R，水平向右方向；U，垂直向上方向；D，垂直向下方向。

图 4-21　不同压力水头和施氮水平下微润灌溉湿润锋的运移距离

表 4-6　不同压力水头和施氮水平下微润灌溉湿润锋运移距离和入渗时间的拟合关系

试验处理	R			U			D		
	a	b	R^2	a	b	R^2	a	b	R^2
H1N0	1.983 7	0.440 1	0.990 5	2.275 7	0.423 2	0.992 2	1.980 7	0.467 4	0.996 0
H1N1	1.965 6	0.426 1	0.994 7	2.099 6	0.421 6	0.996 1	2.003 4	0.453 1	0.996 6
H1N2	1.756 2	0.445 2	0.994 3	1.907 8	0.432 8	0.993 9	1.894 2	0.436 5	0.996 0
H2N0	2.818 2	0.398 3	0.997 5	3.157 6	0.376 1	0.998 1	3.107 1	0.400 5	0.996 4
H2N1	2.747 9	0.389 8	0.998 2	3.004 8	0.379 5	0.997 8	3.013 8	0.390 6	0.996 4
H2N2	2.355 7	0.417 9	0.996 7	2.565 3	0.407 4	0.998 0	2.580 5	0.421 4	0.997 5

注：H1，压力水头为 1.0 m；H2，压力水头为 1.5 m；N0，肥液浓度为 0 mg/L；N1，肥液浓度为 500 mg/L；N2，肥液浓度为 1 000 mg/L；R，水平向右方向；U，垂直向上方向；D，垂直向下方向。

在入渗初期 0~12 h，湿润锋在各方向的运移距离的差距不大，随着入渗时间的增加（12~132 h），垂直向下 D 方向的运移距离明显大于水平 R 和向上 U 方向。在入渗 132 h 时，各处理在 R、U、D 方向的运移距离见图 4-22。可以看出，湿润锋在 R、U 方向的运移距离差别不大，但在 D 方向的运移距离明显高于 R、U 方向。处理 H1N0、H1N1、H1N2、H2N0、H2N1、H2N2 在 D 方向的运移距离分别比 R 方向增加 9.6%、12.2%、4.4%、10.1%、9.8%、7.2%，分别比 U 方向增加 6.6%、9.5%、3.1%、9.0%、8.6%、6.0%。

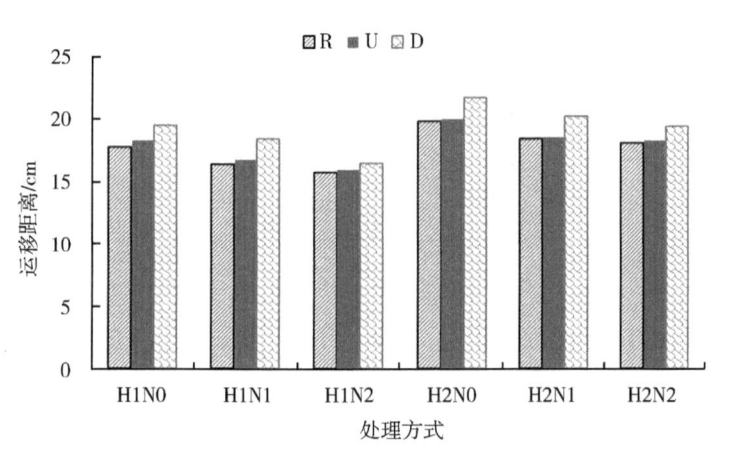

H1，压力水头为 1.0 m；H2，压力水头为 1.5 m；N0，肥液浓度为 0 mg/L；N1，肥液浓度为 500 mg/L；N2，肥液浓度为 1 000 mg/L；R，水平向右方向；U，垂直向上方向；D，垂直向下方向。

图 4-22　不同压力水头和施氮水平下微润灌溉湿润锋的运移距离

三、微润灌溉压力水头和施氮水平对土壤含水率的影响

不同压力水头和施氮水平下微润灌溉各处理距离微润管水平距离 0 cm、5 cm、10 cm 处的土壤含水率垂直分布情况见图 4-23。

由图 4-23 可知，水平距离微润管 0 cm 处，土壤含水率表现为垂直距离微润管上下 5 cm 处的土壤含水率高于距离微润管上下 10 cm 处；水平距离微润管 5 cm 处，土壤含水率表现为垂直距离微润管 0 cm 处的土壤含水率高于距离微润管上下 5 cm 处、上下 10 cm 处，而距离微润管上下 5 cm 处的土壤含水率高于距离微润管上下 10 cm 处；水平距离微润管

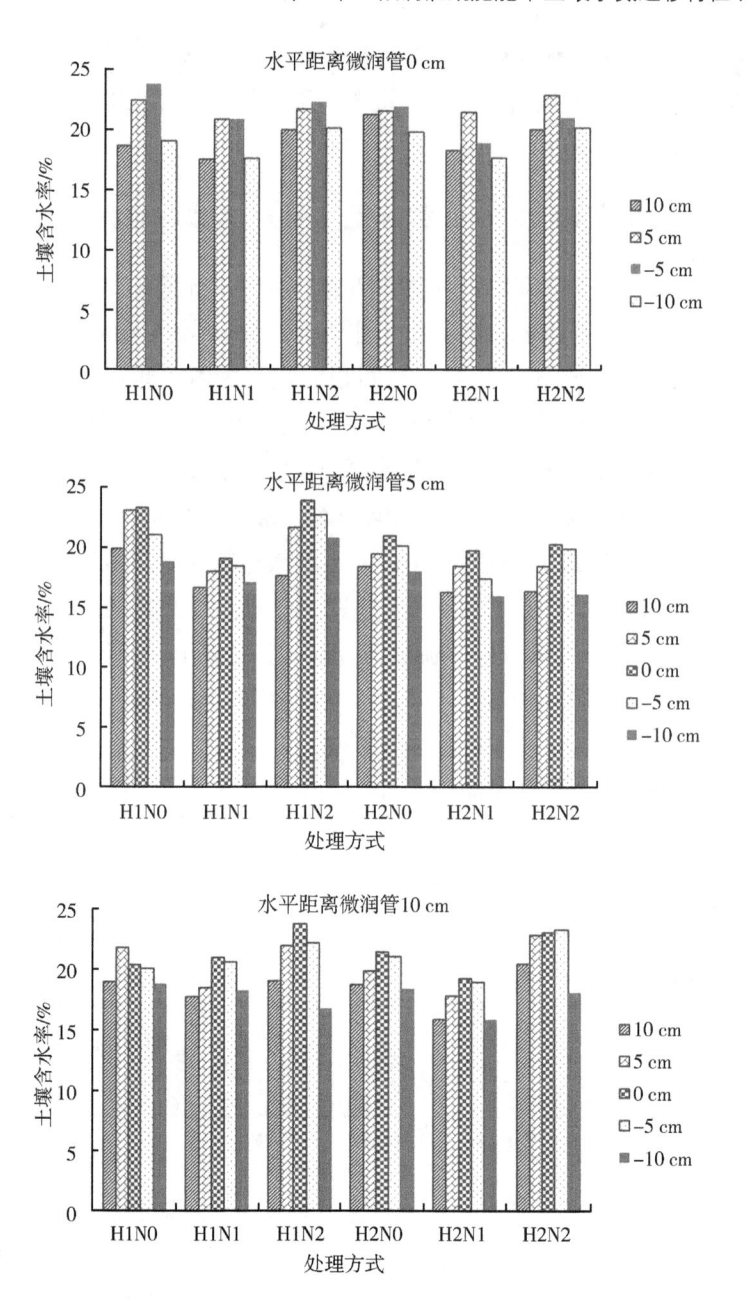

H1，压力水头为 1.0 m；H2，压力水头为 1.5 m；N0，肥液浓度为 0 mg/L；N1，肥液浓度为 500 mg/L；N2，肥液浓度为 1 000 mg/L。

图 4-23 不同压力水头和施氮水平下微润灌溉的土壤含水率

10 cm 处，土壤含水率表现为垂直距离微润管 0 cm 处、上下 5 cm 处的土壤含水率高于距离微润管上下 10 cm 处；而不同压力水头和施氮水平下各处理的土壤含水率差别不大。

四、微润灌溉压力水头和施氮水平对土壤铵态氮运移的影响

不同压力水头和施氮水平下微润灌溉入渗 132 h 时的土壤铵态氮含量（距微润管水平距离 0 cm、垂直上下距离 5～15 cm 处，下同）见图 4-24，土壤铵态氮的垂直分布见图 4-25。可以看出，施氮处理各土层的土壤铵态氮含量高于不施氮处理。以距微润管垂直向上 5 cm 处为例，土壤铵态氮含量在 H1（1.0 m）压力水头下不施氮时为 32.3 mg/kg，施氮 500 mg/L、1 000 mg/L 时分别为 104.2 mg/kg、132.6 mg/kg，施氮处理分别是不施氮处理的 3.2 倍、4.1 倍；土壤铵态氮含量在 H2（1.5 m）压力水头下不施氮时为 70.5 mg/kg，施氮 500 mg/L、1 000 mg/L 时分别为 146.6 mg/kg、344.0 mg/kg，施氮处理分别是不施氮处理的 2.1 倍、4.9 倍。

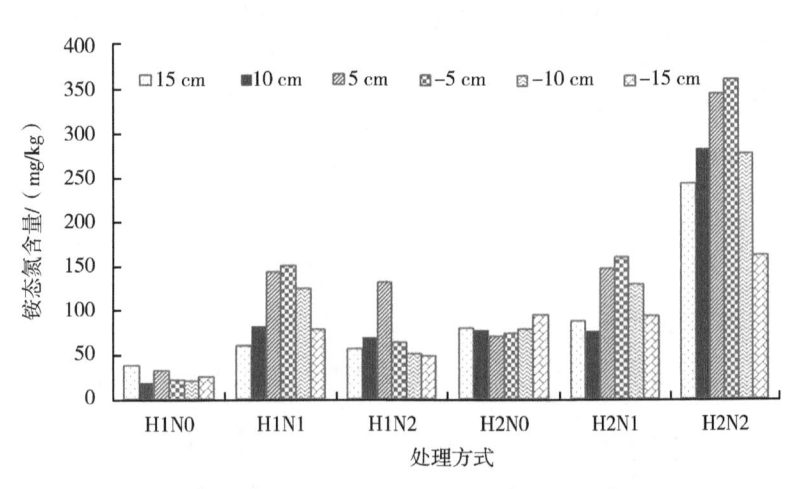

H1，压力水头为 1.0 m；H2，压力水头为 1.5 m；N0，肥液浓度为 0 mg/L；N1，肥液浓度为 500 mg/L；N2，肥液浓度为 1 000 mg/L。

图 4-24 不同压力水头和施氮水平下微润灌溉的土壤铵态氮含量

不施氮处理各土层之间的土壤铵态氮含量的差别较小，施氮处理各土层之间的土壤铵态氮含量的差别较大。在 H1（1.0 m）压力水头下，处

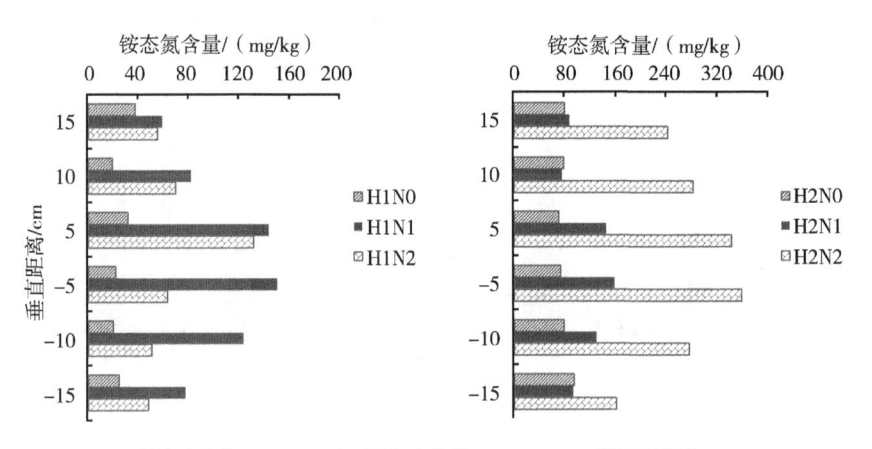

H1, 压力水头为 1.0 m; H2, 压力水头为 1.5 m; N0, 肥液浓度为 0 mg/L; N1, 肥液浓度为 500 mg/L; N2, 肥液浓度为 1 000 mg/L。

图 4-25　不同压力水头和施氮水平下微润灌溉土壤铵态氮的垂直分布

理 H1N0、H1N1、H1N2 的各土层土壤铵态氮含量范围分别为 19.6~32.3 mg/kg、59.7~150.6 mg/kg、49.0~132.6 mg/kg。在 H2 (1.5 m) 压力水头下，处理 H2N0、H2N1、H2N2 的各土层土壤铵态氮含量范围分别为 70.5~95.1 mg/kg、70.8~160.0 mg/kg、162.5~360.0 mg/kg。

从土壤铵态氮的垂直分布来看，施氮处理在两个压力水头下都表现为距微润管垂直上下 5 cm 处的土壤铵态氮含量最高，随着与微润管距离的增加土壤铵态氮含量呈减少趋势。在 H1 (1.0 m) 压力水头下，施氮处理各土层的土壤铵态氮含量表现为 N1>N2，即施氮 500 mg/L 时各层次的土壤铵态氮含量高于施氮 1 000 mg/L 时。在 H2 (1.5 m) 压力水头下，施氮处理各土层的土壤铵态氮含量表现为 N2>N1，即施氮 1 000 mg/L 时各层次的土壤铵态氮含量高于施氮 500 mg/L 时。尿素水解转化为铵态氮需要一定的水分条件，在压力水头较小、施氮浓度过大时不利于尿素的水解转化。

不同压力水头和施氮水平下微润灌溉距离微润管不同位置处的土壤铵态氮分布随入渗时间的变化情况见图 4-26。在入渗 1~5 d，不施氮处理的土壤铵态氮含量呈现先增加后减少的趋势，在两个压力水头下都表现为在入渗 3 d 时达到峰值。施氮处理的土壤铵态氮含量在 H1 (1.0 m) 压力水头下表现为增加趋势，在入渗 5 d 时的土壤铵态氮含量高于其他时间。

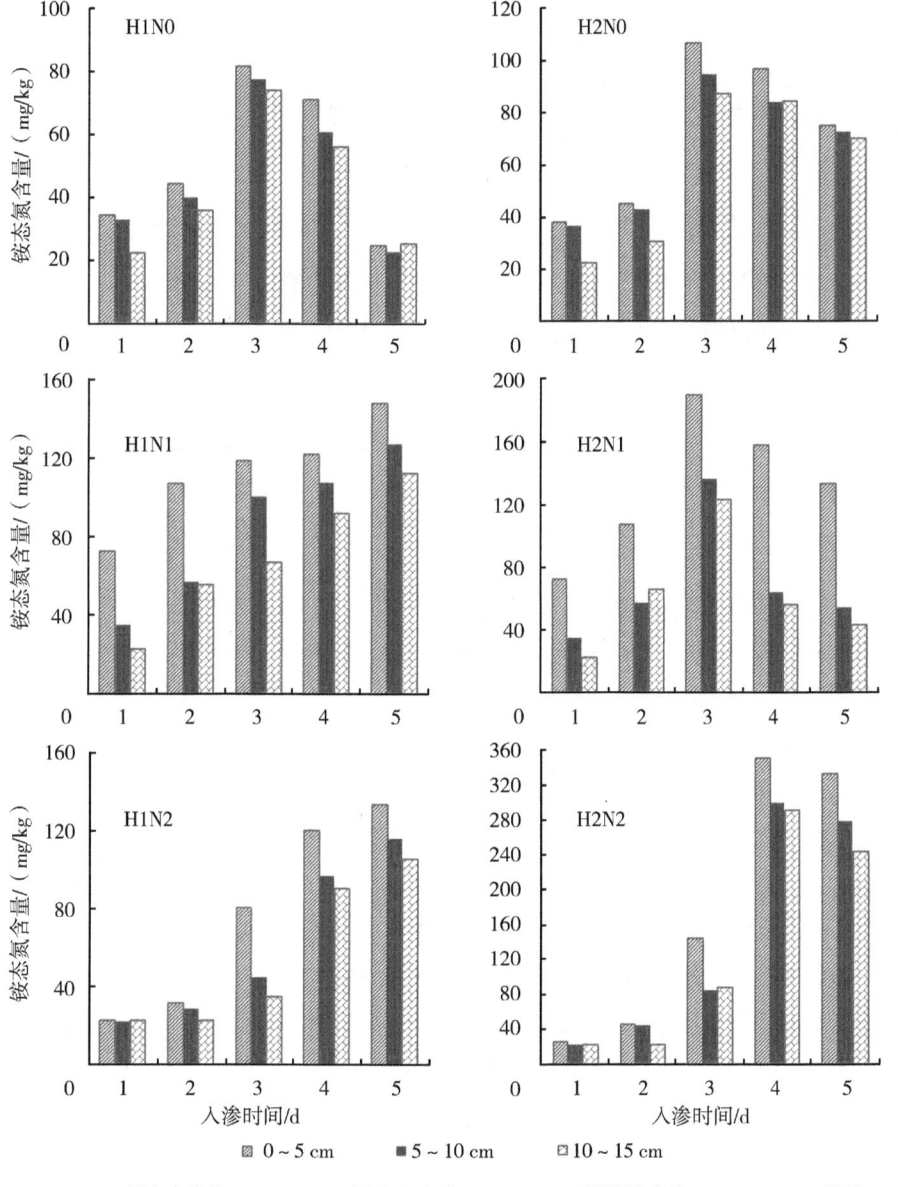

H1，压力水头为 1.0 m；H2，压力水头为 1.5 m；N0，肥液浓度为 0 mg/L；N1，肥液浓度为 500 mg/L；N2，肥液浓度为 1 000 mg/L。

图 4-26　不同压力水头和施氮水平下微润灌溉土壤铵态氮随入渗时间的变化

在 H2（1.5 m）压力水头下施氮处理的土壤铵态氮含量呈现先增加后减少的趋势，其中施氮 500 mg/L 时（处理 H2N1）的土壤铵态氮含量在入渗 3 d 时达到峰值，施氮 1 000 mg/L 时（处理 H2N2）的土壤铵态氮含量在入渗 4 d 时达到峰值。

从距离微润管不同位置处的土壤铵态氮分布来看，距离微润管 0~5 cm 处的土壤铵态氮含量在入渗 1~5 d 内均高于距离微润管 5~10 cm、10~15 cm 处，施氮处理在距离微润管不同位置处的土壤铵态氮含量的差别大体上大于不施氮处理。

五、微润灌溉压力水头和施氮水平对土壤硝态氮运移的影响

不同压力水头和施氮水平下微润灌溉入渗 132 h 时的土壤硝态氮含量（沿微润管上下 5~15 cm 处，下同）见图 4-27，土壤硝态氮的垂直分布见图 4-28。可以看出，施氮处理的土壤硝态氮含量高于不施氮处理，但在 H1（1.0 m）压力水头下施氮与不施氮处理之间土壤硝态氮含量的差别较小，在 H2（1.5 m）压力水头下施氮与不施氮处理之间土壤硝态氮含量的差别较大。以沿微润管向上 5 cm 处为例，土壤硝态氮含量在 H1（1.0 m）压力水头下不施氮时为 28.1 mg/kg，施氮 500 mg/L、1 000 mg/L 时分别为 60.0 mg/kg、47.4 mg/kg，施氮处理分别是不施氮处理的 2.1 倍、1.7 倍；在 H2（1.5 m）压力水头下不施氮时为 62.8 mg/kg，施氮 500 mg/L、1 000 mg/L 时分别为 170.0 mg/kg、154.2 mg/kg，施氮处理分别是不施氮处理的 2.7 倍、2.5 倍。

从土壤硝态氮的垂直分布来看，施氮处理在两个压力水头下都表现为距离微润管上下 5 cm 处的土壤硝态氮含量最高，随着与微润管距离的增加土壤硝态氮含量呈减少趋势，但在 H2（1.5 m）压力水头下土壤硝态氮的减小幅度大于在 H1（1.0 m）压力水头下，即施氮处理各土层之间土壤硝态氮含量的差别在 H1（1.0 m）压力水头下较小，在 H2（1.5 m）压力水头下较大。在距离微润管上下 15 cm 范围内，处理 H1N1、H1N2 的土壤硝态氮含量范围分别为 48.0~60.0 mg/kg、45.2~54.1 mg/kg，而处理 H2N1、H1N2 的土壤硝态氮含量范围分别为 60.5~170.0 mg/kg、61.1~154.2 mg/kg。

在距离微润管上下 10 cm 范围内，施氮处理的土壤硝态氮含量表现为 N1＞N2，即施氮 500 mg/L 时的土壤硝态氮含量高于施氮 1 000 mg/L 时。

不同压力水头和施氮水平下微润灌溉距离微润管不同位置处的土壤硝

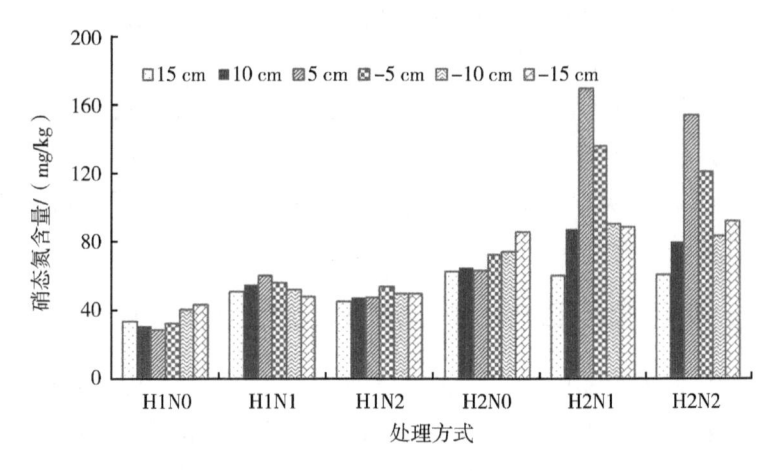

H1，压力水头为 1.0 m；H2，压力水头为 1.5 m；N0，肥液浓度为 0 mg/L；N1，肥液浓度为 500 mg/L；N2，肥液浓度为 1 000 mg/L。

图 4-27　不同压力水头和施氮水平下微润灌溉的土壤硝态氮含量

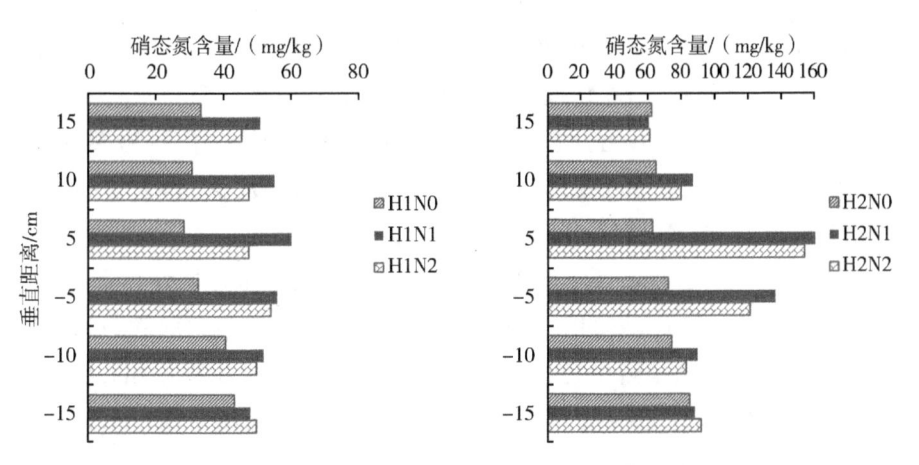

H1，压力水头为 1.0 m；H2，压力水头为 1.5 m；N0，肥液浓度为 0 mg/L；N1，肥液浓度为 500 mg/L；N2，肥液浓度为 1 000 mg/L。

图 4-28　不同压力水头和施氮水平下微润灌溉土壤硝态氮的垂直分布

态氮分布随入渗时间的变化情况见图 4-29。在入渗 1~5 d，各处理的土壤硝态氮含量总体上呈增加趋势，在入渗 5 d 时的土壤硝态氮含量高于其他时间，在 H2（1.5 m）压力水头下土壤硝态氮的增加幅度大于在 H1（1.0 m）压力水头下。

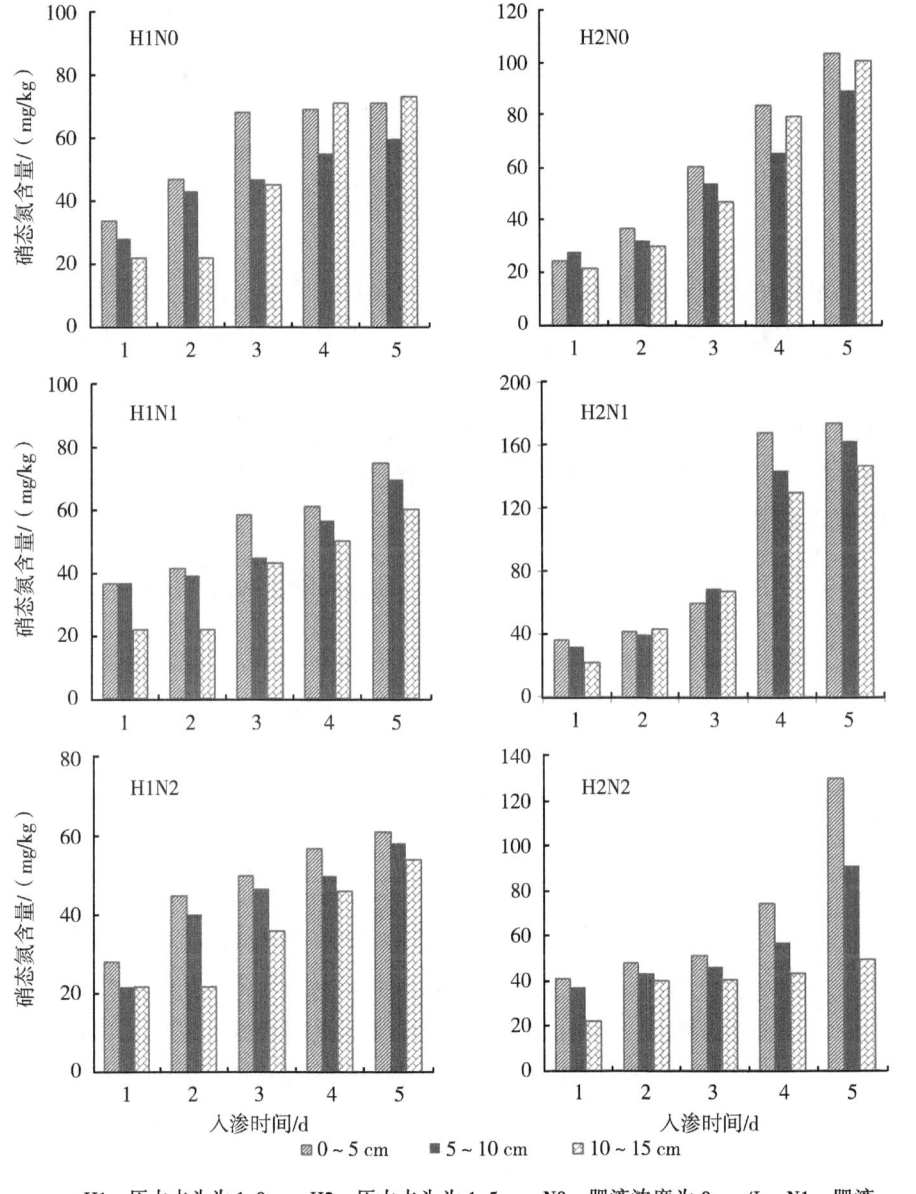

H1，压力水头为 1.0 m；H2，压力水头为 1.5 m；N0，肥液浓度为 0 mg/L；N1，肥液浓度为 500 mg/L；N2，肥液浓度为 1 000 mg/L。

图 4-29　不同压力水头和施氮水平下微润灌溉土壤硝态氮随入渗时间的变化

从距离微润管不同位置处的土壤硝态氮分布来看，施氮量为 1 000 mg/L 的处理在两个压力水头下都表现为距离微润管 0~5 cm 处的土壤硝态氮含量高于距离微润管 5~10 cm、10~15 cm 处。施氮量为 500 mg/L 的处理在 H1 (1.0 m) 压力水头下表现为距离微润管 0~5 cm 处的土壤硝态氮含量高于距离微润管 5~10 cm、10~15 cm 处。

第六节　本章小结

本章主要针对微润灌溉施肥条件下不同压力水头、施氮水平对土壤水氮运移的影响，进行了室内土箱模拟试验，对微润灌溉水肥一体化条件下土壤水分的累积入渗量、微润管的出流量、微润灌溉湿润体的形状和运移、土壤含水率的变化、土壤铵态氮和硝态氮的运移等情况进行了测定分析，揭示了不同影响因素下微润灌溉施肥土壤水氮的入渗和运移特点，可以为微润灌溉水肥一体化设计提供借鉴。

一、不同压力水头下微润灌溉土壤的水氮运移特征

压力水头对微润灌溉施肥下土壤水分的累积入渗量、出流量影响显著 ($P<0.05$)。在相同微润灌溉时间下，压力水头越高，累积入渗量、出流量越大。不同压力水头下的累积入渗量与入渗时间的关系可以用二次函数方程 $y=ax^2+bx+c$ 表达 ($R^2>0.99$)。在较低的压力水头下微润管较早达到平稳出流状态，在较高压力水头下达到平稳出流状态的时间较晚。

不同压力水头下微润灌溉施肥处理的湿润锋形状近似为以微润管布设位置为中心的椭圆。随着灌水时间的延续，椭圆半径逐渐增加，且纵向半径大于横向半径。随着压力水头的增加，湿润锋运移速率和半径都呈增加趋势。在相同入渗时间内，压力水头大的湿润锋的截面也大。湿润锋运移距离随压力水头的增加而增加。在垂直方向上湿润锋向下运移的距离大于向上运移的距离，且压力水头增加时，湿润锋向下运移距离有增多趋势。

压力水头是微润灌溉施肥处理水分入渗和土壤含水量变化的主要因素。在压力水头较低时，各处理在微润管入渗界面处的土壤含水率最高，之后随着与入渗界面距离的增加，土壤含水率向四周呈辐射状减少。在压力水头较高时，水分入渗量较大，更易受重力作用影响，土壤含水率最高值出现在微润管入渗界面下方处。

微润灌溉施肥处理的土壤铵态氮含量的变化规律与土壤水分含量的变

化规律相似，都是在近微润管处含量较高，之后随着与微润管距离的增加，向四周呈现辐射状减小趋势。在压力水头为 0.75~1.5 m 时，围绕微润管中心处的土壤铵态氮含量随着压力水头的增加而增加；当压力水头继续增加时（1.75 m、2.0 m），微润管中心处的土壤铵态氮含量减少。

距离微润管水平距离 0 cm、5 cm 处的土壤铵态氮含量随入渗时间的增加呈增加趋势，并且在入渗 12~72 h 时增加较多，在入渗 72~108 h 时增加较少。在垂直方向上，土壤铵态氮含量的高值集中在微润管向上、向下 5 cm 处。

微润灌溉施肥处理的土壤硝态氮也是在近微润管处含量较高，之后随着与微润管距离的增加，向四周呈辐射状减小趋势。压力水头是影响硝态氮运移的重要因素，与土壤铵态氮的变化有所不同，近微润管处的土壤硝态氮含量随着压力水头的增加而增加。

距离微润管水平距离 0 cm、5 cm 处土壤硝态氮含量随入渗时间的增加呈增加趋势，并且在入渗 12~48 h 时增加较多，在入渗 48~108 h 时增加较少。在垂直方向上，各处理土壤硝态氮含量的高值都集中在微润管向上、向下 5 cm 处。

二、不同施氮水平下微润灌溉土壤的水氮运移特征

微润灌溉处理的累积入渗量随施氮水平的增加而增加。同一施氮水平下各处理的累积入渗量随入渗时间的增加呈增加趋势。不同施氮水平下微润灌溉各处理的累积入渗量与入渗时间的关系可以用二次函数方程 $y=ax^2+bx+c$ 表达（$R^2>0.99$）。微润灌溉施氮处理的出流量与累积入渗量的变化规律基本一致。

不同施氮水平下微润灌溉各处理的湿润锋的运移距离随入渗时间的增加呈增加趋势。不同处理之间，随施氮水平的增加，湿润锋在各方向的运移距离也呈增加趋势。湿润锋的运移距离和入渗时间的关系可以用幂函数 $y=ax^b$ 表达（$R^2>0.98$）。在入渗初期 0~12 h，湿润体在各方向的运移距离的差距不大，随着入渗时间的增加（12~96 h），垂直向下 D 方向的运移距离明显大于水平 R 和向上 U 方向。

施氮可以促进微润灌溉水分的入渗，使土壤含水率增加，也使土壤含水率的变化幅度增加。在同一施氮水平下，土壤含水率随着与微润管距离

的增加而减小。土壤含水率围绕微润管呈辐射状降低的特征与清水入渗相似。各处理土壤含水率的高值均出现在微润管埋设位置下方区域处，且随着施氮水平的增大，最大含水率位置下移的趋势增大。

不同施氮水平下微润灌溉各处理的土壤铵态氮含量随施氮水平增加呈增加趋势。施氮对土壤铵态氮的运移有重要影响，施氮处理土壤铵态氮含量在近微润管处较低，围绕微润管向四周呈辐射状增加至一定距离后降低。随微润灌溉入渗时间的增加，各施肥处理的土壤铵态氮含量出现峰值的位置在不断变化，土壤铵态氮含量的峰值随着入渗时间的增加不断向远离微润管的方向转移。清水入渗处理底土中的土壤铵态氮含量的变化幅度总体较小。

不同施氮水平下微润灌溉各处理的土壤硝态氮与土壤铵态氮的变化规律相似，随施氮水平增加，各处理的土壤硝态氮含量呈增加趋势。施氮对土壤硝态氮的运移有重要影响，土壤硝态氮含量表现为在近微润管处较低，围绕微润管向四周呈辐射状增加的状态，这与土壤铵态氮含量向四周呈辐射状先增加后降低的状态有所不同。土壤硝态氮含量在近微润管处的变化幅度较大。随微润灌溉入渗时间的增加，各施肥处理的土壤硝态氮含量出现峰值的位置在不断变化，土壤硝态氮含量的峰值随着入渗时间的增加不断向远离微润管的方向转移。清水入渗处理底土中的土壤硝态氮含量的变化幅度总体小于施氮处理。

三、不同压力水头和施氮水平下微润灌溉土壤的水氮运移特征

不同压力水头和施氮水平下，不施氮处理的累积入渗量高于施氮处理，相同施氮水平下压力水头较高的处理的累积入渗量高于压力水头较低的处理。累积入渗量与入渗时间的关系可以用二次函数方程 $y = ax^2 + bx + c$ 表达，其中 $R^2 > 0.99$。出流量与累积入渗量的变化规律基本一致。出流量在入渗 $0 \sim 12$ h 或 $0 \sim 24$ h 基本呈增加趋势，在入渗 $24 \sim 132$ h 变化幅度较小。在本试验条件下，压力水头较高（1.5 m）的清水入渗较压力水头较低（1.0 m）且施氮浓度较高（1 000 mg/L）的肥液入渗更为容易。

不同压力水头和施氮水平下微润灌溉的湿润锋在各方向的运移距离都随入渗时间的增加呈增加趋势，不同处理之间，处理 H2N0 的湿润锋运移

距离高于其他处理，处理 H1N2 的湿润锋运移距离低于其他处理。湿润锋的运移距离和入渗时间的关系可以用幂函数 $y=ax^b$ 表达，其中 $R^2>0.99$。在入渗初期 0~12 h，湿润锋在各方向的运移距离的差距不大，随着入渗时间的增加（12~132 h），垂直向下 D 方向的运移距离明显大于水平 R 和向上 U 方向。

微润灌溉不同压力水头和施氮水平下土壤含水率的差别不大，但不同土层之间，随距离微润管距离的增加土壤含水率减小。

不同压力水头和施氮水平下，施氮处理各土层的土壤铵态氮含量高于不施氮处理。不施氮处理各土层之间的土壤铵态氮含量的差别较小，施氮处理各土层之间的土壤铵态氮含量的差别较大。施氮处理在距离微润管上下 5 cm 处的土壤铵态氮含量最高，随着与微润管距离的增加土壤铵态氮含量呈减少趋势。在入渗 1~5 d，不施氮处理的土壤铵态氮含量在入渗 3 d 时达到峰值。在 H1（1.0 m）压力水头下，施氮处理的土壤铵态氮含量在入渗 5 d 时达到峰值。在 H2（1.5 m）压力水头下，施氮 500 mg/L 时的土壤铵态氮含量在入渗 3 d 时达到峰值，施氮 1 000 mg/L 时在入渗 4 d 时达到峰值。距离微润管 0~5 cm 处的土壤铵态氮含量在入渗 1~5 d 内均高于距离微润管 5~10 cm、10~15 cm 处，施氮处理在距离微润管不同位置处的土壤铵态氮含量的差别大体上大于不施氮处理。

不同压力水头和施氮水平下，施氮处理的土壤硝态氮含量高于不施氮处理，但在 H1（1.0 m）压力水头下施氮与不施氮处理之间土壤硝态氮含量的差别较小，在 H2（1.5 m）压力水头下施氮与不施氮处理之间土壤硝态氮含量的差别较大。施氮处理距离微润管上下 5 cm 处的土壤硝态氮含量最高，随着与微润管距离的增加土壤硝态氮含量呈减少趋势。施氮处理各土层之间土壤硝态氮含量的差别在 H1（1.0 m）压力水头下较小，在 H2（1.5 m）压力水头下较大。在距离微润管上下 10 cm 范围内，施氮 500 mg/L 时的土壤硝态氮含量高于施氮 1 000 mg/L 时。在入渗 1~5 d，土壤硝态氮含量总体上呈增加趋势，在入渗 5 d 时的土壤硝态氮含量达到峰值，在 H2（1.5 m）压力水头下土壤硝态氮的增加幅度大于在 H1（1.0 m）压力水头下。施氮量为 1 000 mg/L 时距离微润管 0~5 cm 处的土壤硝态氮含量高于距离微润管 5~10 cm、10~15 cm 处。

第五章　基于微润灌溉的蔬菜栽培试验研究

第一节　试验概述

微润灌溉技术将半透膜原理应用于灌溉，使微润管的渗水过程与作物的吸水过程同步，实现作物的连续性灌溉。褚丽妹等（2012）研究发现，微润灌溉技术应用于果树种植方面，明显促进其植株生长以及果品质量的提高。凡久彬（2015）研究发现微润灌溉技术能够促进烤烟产量的形成以及提高灌溉水分生产率。张立坤等（2013）研究发现微润灌溉娃娃菜的叶片数、根长度、株高及产量优于滴灌。张子卓等（2015）研究发现微润管埋深为15 cm、压力水头为140 cm的处理可以提高番茄水分利用效率，具有良好的节水效果。

为进一步验证微润灌溉技术的实际应用效果，本研究进行了大棚小葱、紫油麦菜和小白菜微润灌溉种植试验，探讨了不同压力水头、微润管埋深及铺设方式对大棚蔬菜生长的影响，可以为微润灌溉技术的实际应用提供借鉴。

第二节　试验材料与试验方法

一、试验区概况和试验装置

试验于2015年4—10月在山西省太原市太原理工大学迎西校区简易塑料大棚内进行。太原市地理坐标为东经111° 30′ ~ 113° 09′，北纬37°27′~38°25′，平均海拔800 m。该地属于典型的暖温带大陆性季风气候，冬季干冷漫长，夏季湿热多雨，春季升温急剧，秋季降温迅速，春秋两季短暂多风，干湿季节分明。光照充足，降水集中。年日照时数为2 360~2 796 h，无霜期初日始于4月下旬，终日在10月上旬，80%保证率无霜期长达 135~157 d。年平均降水量为 420~457 mm，集中于 7—9 月 3 个月。年平均气温为 7.8~10.3℃，年平均地面温度为 9.3~12.8℃。试验期间，该地日均最高气温为 30℃，日均最低气温为 17℃。

大棚蔬菜（小葱、小白菜和紫油麦菜）种植试验装置主要由供水水箱、支架、阀门、输水管、微润管、种植箱组成（图 5-1）。水箱内装有浮球阀，以保持水箱水位恒定，微润管与水箱出水口之间的高差为恒定值。水箱置于不同高度的支架上，以形成不同的压力水头。供水水源为城市自来水，预先经过过滤，以防微润管堵塞。输水管为内径 16 mm 的黑色聚乙烯（PE）管。塑料种植箱尺寸为 75 cm×25 cm×20 cm（长×宽×高）。种植用土壤为市售营养土，富含多种营养元素，为蔬菜生长提供良好的生长环境。试验前测得土壤含水率为 12.2%，土壤容重为 0.39 g/cm³。

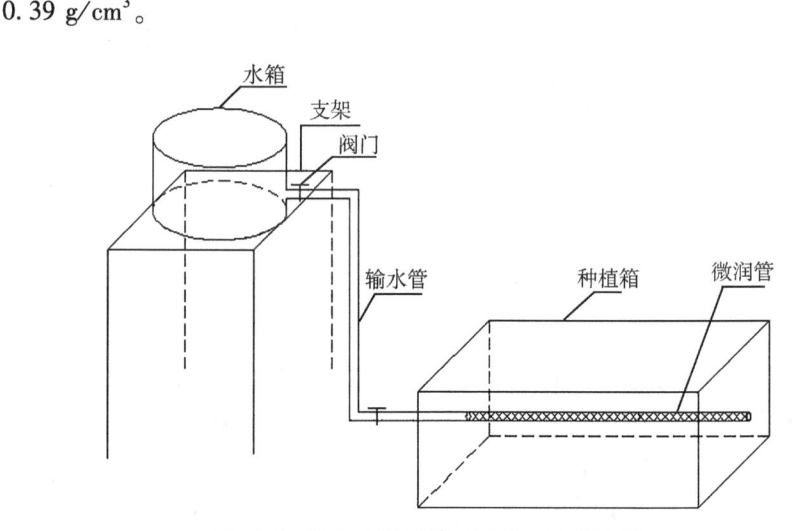

图 5-1 微润灌溉单管种植试验装置示意图

微润管铺设方式有两种，一种是种植箱中铺设一根微润管，即单管状，一种是"U"形铺设，呈双管状（图 5-2）。微润管埋深按不同处理设计分别为 4 cm、8 cm。

微润灌溉模式有两种，一种是打开水箱阀门后连续灌溉；一种是间歇灌溉，即每间隔 10 d 打开阀门灌溉 10 h 后关闭。

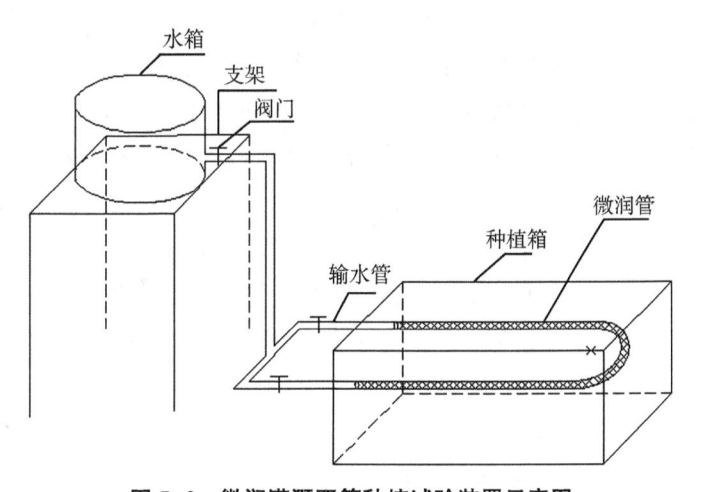

图 5-2　微润灌溉双管种植试验装置示意图

二、试验设计和方法

大棚小葱试验分别设置 2 个压力水头 1.5 m、2.0 m（分别记为 H1、H2）和 2 个微润管埋深 4 cm、8 cm（分别记为 D1、D2），以普通地面灌溉为对照（CK）。CK 每日 8:00 定时灌溉，灌水量为微润灌溉 H1 和 H2 压力水头下单管首日的平均流出量。微润管铺设方式为单管。灌溉模式为连续灌溉。

大棚小白菜试验 1 分别设置单管、双管 2 种微润管铺设方式（分别记为 A、B）和 2 个微润管埋深 4 cm、8 cm（分别记为 D1、D2），压力水头为 2.0 m，以普通地面灌溉为对照（CK）。CK 每日 8:00 定时灌溉，灌水量为微润灌溉单管和双管铺设首日的平均流出量。灌溉模式为连续灌溉。

大棚紫油麦菜和小白菜试验 2 设计与小葱试验设计相同，但灌溉模式为间歇灌溉。

试验设计见表 5-1。

试验处理均设 3 次重复。蔬菜种植方式为种子条播，出苗后定苗，使每种植箱苗数相同。在蔬菜生长过程中，记录微润灌溉处理的灌水量，用取土烘干法测定种植箱 0～10 cm 深度处土壤含水率（重量含水率），测量蔬菜株高的变化，收获时测定产量（以蔬菜鲜重计）。

表 5-1　大棚小葱、紫油麦菜和小白菜种植试验设计

试验	试验处理	压力水头/m	微润管埋深/cm	微润管铺设方式	微润灌溉模式
大棚小葱	H1D1	1.5	4	单管	连续
	H1D2	1.5	8	单管	连续
	H2D1	2.0	4	单管	连续
	H2D2	2.0	8	单管	连续
	CK	普通地面灌溉			
大棚小白菜1	AD1	2.0	4	单管	连续
	AD2	2.0	8	单管	连续
	BD1	2.0	4	双管	连续
	BD2	2.0	8	双管	连续
	CK	普通地面灌溉			
大棚紫油麦菜大棚小白菜2	H1D1	1.5	4	单管	间歇
	H1D2	1.5	8	单管	间歇
	H2D1	2.0	4	单管	间歇
	H2D2	2.0	8	单管	间歇
	CK	普通地面灌溉			

三、数据处理

采用 Excel 2010、AutoCAD 2014、Surfer 11 进行数据整理、制作图表，采用 SPSS 19.0 软件进行数据统计分析，方差分析使用最小显著差异（LSD）法进行。

第三节　微润连续灌溉对大棚小葱和小白菜生长的影响

一、压力水头和微润管埋深对微润连续灌溉大棚小葱生长的影响

（一）不同压力水头和微润管埋深下大棚小葱的灌水量和土壤含水率

不同压力水头和微润管埋深下微润连续灌溉大棚小葱的灌水量和土壤含水率见图 5-3。可以看出，在播种后 4~28 d，处理 H2D1、H2D2 的灌水量高于处理 H1D1、H1D2，而处理 H2D1 与 H2D2 之间、处理 H1D1 与 H1D2 之间的灌水量差别不大，说明压力水头较高时微润管的出流量较

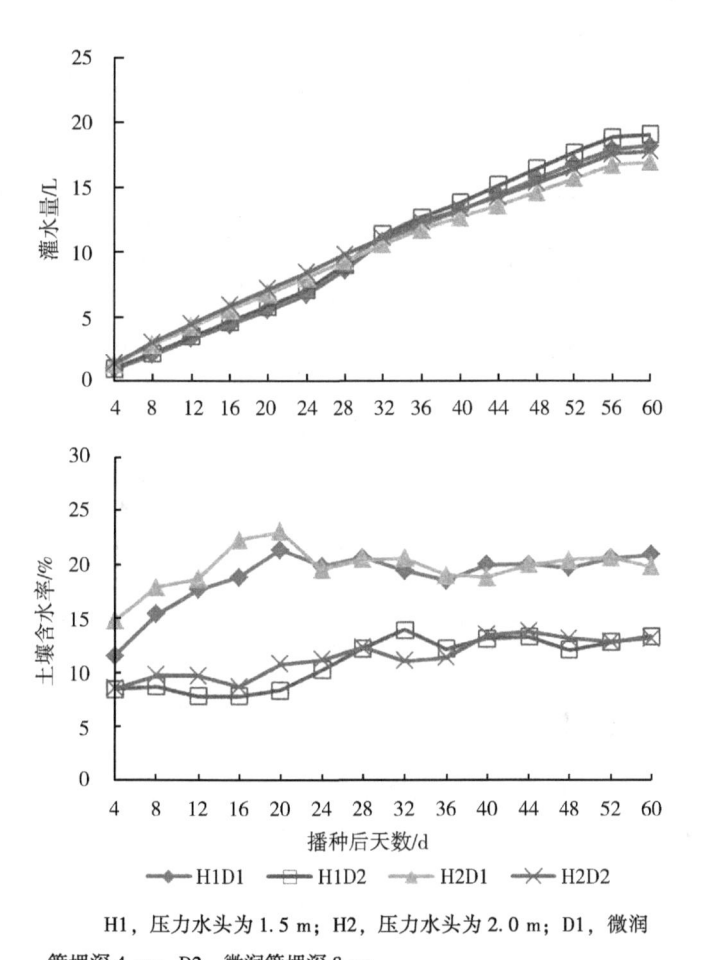

H1, 压力水头为 1.5 m; H2, 压力水头为 2.0 m; D1, 微润
管埋深 4 cm; D2, 微润管埋深 8 cm。

图 5-3 不同处理下大棚小葱的灌水量和土壤含水率

多, 且压力水头相同时埋深对微润管的出流量影响不大。在播种后 32~
60 d, 各处理的灌水量在压力水头相同条件下表现为 H1D2＞H1D1、
H2D2＞H2D1, 即微润管埋深较大时出流量较多; 在埋深相同条件下表现
为 H1D2＞H2D2、H1D1＞H2D1, 即低压力水头时的出流量比高压力水头
时的多。这可能是因为在小葱生长前期需水量较少, 种植箱内微润管的出
流和土壤水分的入渗类似于前述没有种植植物情况下的土箱模拟试验, 压
力水头较大时的出流量高于压力水头较小的。随小葱的生长和土壤水分的
入渗, 压力水头为 2 m 处理下的土壤水分先达到饱和状态, 而水头为

1.5 m 处理的土壤水分尚未达到饱和状态,因此压力水头为 1.5m 的微润管出流量大于压力水头为 2.0 m。另外,因小葱根系较浅,吸收深层水分较少,微润管埋深较大时,水分向深层渗漏较多,使微润管出流量加大。

不同压力水头和微润管埋深下大棚小葱的土壤含水率变化规律基本一致,均在小葱生长前期呈增加趋势,之后变得平稳。这可能是因为小葱生长前期对水分的需求较少,微润管的出流量大于小葱的需求,使土壤水分含量维系在较高水平;随着小葱的生长,对水分需求增多,微润管出流量与小葱的吸收之间达到平衡,使得土壤水分保持在平稳状态。处理 H1D1 和 H2D1 的土壤含水率高于处理 H1D2 和 H2D2,而处理 H1D1 和 H2D1 之间、处理 H1D2 和 H2D2 之间土壤含水率的差别不大。这说明在微润管埋深较浅时土壤含水率较高,在相同微润管埋深下压力水头对土壤含水率的影响不大。

(二) 不同压力水头和微润管埋深下大棚小葱的株高和产量

不同压力水头和微润管埋深下微润连续灌溉大棚小葱的株高和产量见图 5-4。在播种后 8~60 d 各处理大棚小葱的株高呈增加趋势,其中微润灌溉处理小葱的株高都高于 CK,在小葱生育前期各处理之间小葱的株高差别较小,在小葱生育后期各处理之间小葱的株高差别较大。处理 H1D1 和 H2D1 的小葱株高在播种后 8~20 d 略高于其他处理,在播种后 24~60 d 明显高于其他处理,而处理 H1D1 和 H2D1 之间小葱的株高差别不大。

各微润连续灌溉处理大棚小葱的产量均显著高于 CK（$P<0.05$,下同）,微润灌溉处理的产量表现为 H2D1＞H1D1＞H2D2＞H1D2,其中处理 H2D1 与 H1D1、H2D2、H1D2 三个微润灌溉处理之间产量差异显著,处理 H1D1 与 H2D2、H1D2 两个微润灌溉处理间产量差异显著,而处理 H2D2 与 H1D2 之间产量差异不显著。在本试验条件下压力水头较高、微润管埋深较浅时大棚小葱的产量较高。

二、微润管铺设方式对微润连续灌溉大棚小白菜生长的影响

(一) 不同微润管铺设方式下大棚小白菜的灌水量和土壤含水率

不同微润管铺设方式下微润连续灌溉大棚小白菜的灌水量和土壤含水率见图 5-5。可以看出,在播种后 5~60 d,各处理的灌水量表现为

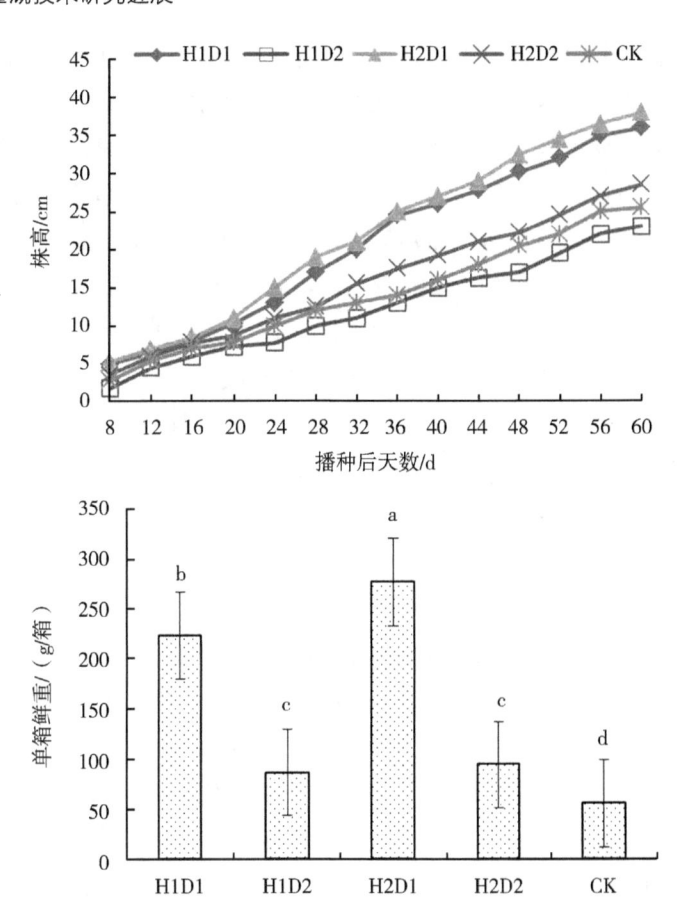

H1，压力水头为 1.5 m；H2，压力水头为 2.0 m；D1，微润管埋深 4 cm；D2，微润
管埋深 8 cm；CK，普通地面灌溉；小写字母 a、b、c 表示 0.05 差异显著水平。

图 5-4　不同压力水头和微润管埋深下大棚小葱的株高和产量

BD2＞BD1＞AD2＞AD1，双管铺设处理的灌水量明显高于单管铺设处理，
微润管铺设方式相同情况下埋深较深处理的灌水量高于埋深较浅的处理。
处理 AD1、AD2、BD1、BD2 在播种后 5 d 的灌水量分别为 3.1 L、3.9 L、
6.0 L、6.2 L，在播种后 60 d 的灌水量分别为 15.3 L、20.5 L、29.4 L、
32.3 L。

　　不同微润管铺设方式下微润连续灌溉大棚小白菜的土壤含水率的变化
规律基本一致，均表现为在播种后 5~20 d 呈增加趋势，在播种后 20~
60 d 变化幅度较小。处理 BD1 的土壤含水率明显高于处理 AD1、AD2 和

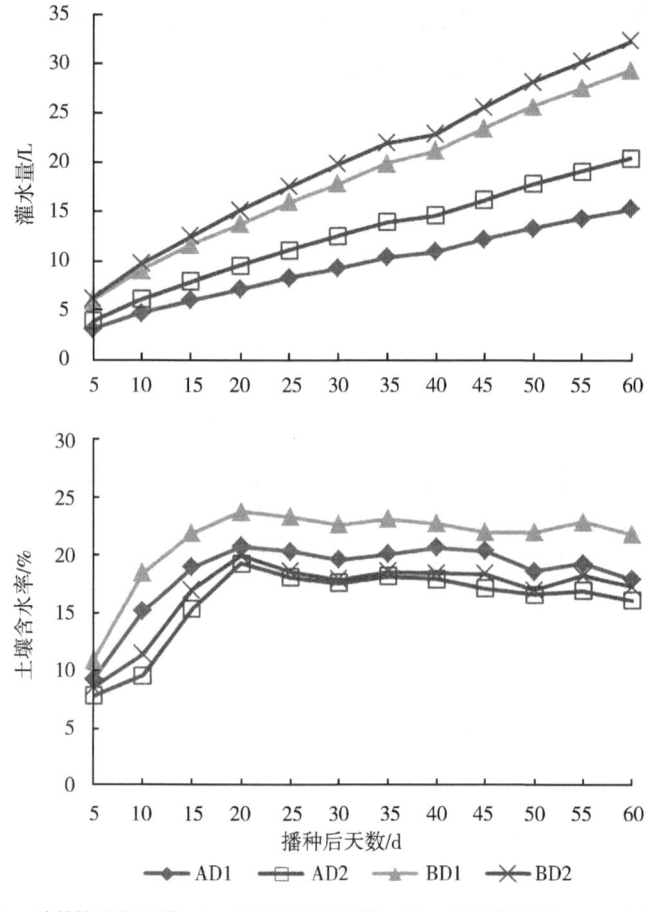

　　A，单管铺设微润管；B，双管铺设微润管；D1，微润管埋深 4 cm；D2，微润管埋深 8 cm。

图 5-5　不同微润管铺设方式下大棚小白菜的灌水量和土壤含水率

BD2，即双管铺设且微润管埋深较浅时土壤含水率较高；处理 AD1 的土壤含水率明显高于处理 AD2，即单管铺设时微润管埋深较浅的土壤含水率较高；处理 BD2 的土壤含水率略高于处理 AD2，即在微润管埋深较深时单、双管铺设的土壤含水率均较低。

（二）不同微润管铺设方式下大棚小白菜的株高和产量

　　不同微润管铺设方式下微润连续灌溉大棚小白菜的株高和产量见图 5-6。可以看出，在播种后 10~45 d，各处理大棚小白菜的株高呈增加趋势，其中处理 AD1、BD1 的小白菜株高均明显高于其他处理。处理 AD1、BD1 的小白菜株高在播种后 10~20 d 与 CK 差别不大，但在播种后 20~45 d 明显高于 CK。

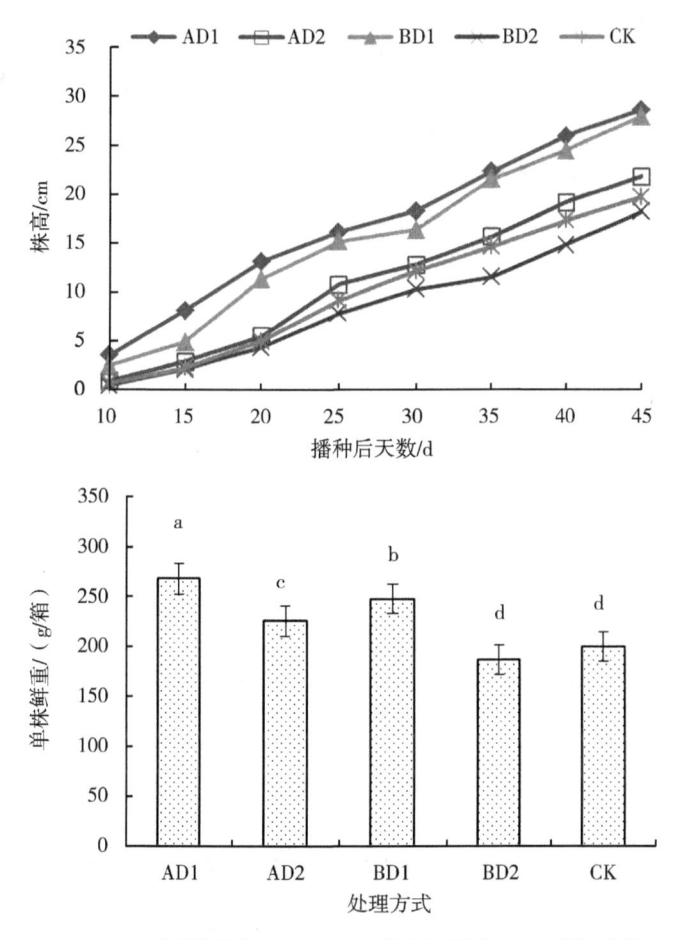

A，单管铺设微润管；B，双管铺设微润管；D1，微润管埋深 4 cm；D2，微润管埋深 8 cm；CK，普通地面灌溉；小写字母 a、b、c 表示 0.05 差异显著水平。

图 5-6　不同微润管铺设方式下大棚小白菜的株高和产量

不同微润管铺设方式下微润连续灌溉大棚小白菜的产量表现为 AD1＞BD1＞AD2＞CK＞BD2，除处理 BD2 与 CK 之间差异不显著外，其余处理之间均达到差异显著水平（$P<0.05$）。在本试验条件下微润管单

管铺设且埋深较浅时大棚小白菜的产量最高，而微润管双管铺设且埋深较深时大棚小白菜的产量最低，这可能与灌水量过大造成水分渗漏有关。

第四节 微润间歇灌溉对大棚紫油麦菜和小白菜生长的影响

一、压力水头和微润管埋深对微润间歇灌溉大棚紫油麦菜生长的影响

（一）不同压力水头和微润管埋深下大棚紫油麦菜的灌水量和土壤含水率

不同压力水头和微润管埋深下微润间歇灌溉大棚紫油麦菜的灌水量和土壤含水率见图5-7。可以看出，在播种后4~44 d，微润灌溉各处理的灌水量呈增加趋势，各处理之间灌水量的多少表现为 H2D2＞H2D1＞H1D2＞H1D1，即在压力水头较高时微润管的出流量较多，在相同压力水头下微润管埋深大的出流量较多。在播种后44 d，处理 H2D2、H2D1、H1D2、H1D1 的灌水量分别为16.8 L、17.7 L、18.4 L、19.5 L。

不同压力水头和微润管埋深下微润间歇灌溉大棚紫油麦菜的土壤含水率变化规律基本一致，均在播种后4~12 d呈增加趋势，在播种后12~44 d呈波动状下降趋势。在播种后4~12 d，处理 H2D2、H2D1、H1D1 的土壤含水率明显高于处理 H1D2；在播种后12~44 d，处理 H2D2、H2D1 的土壤含水率大体上高于处理 H1D2、H1D1，而处理 H2D2 和 H2D1 之间、处理 H1D2 和 H1D1 之间土壤含水率的差别不大。在本试验条件下压力水头是决定土壤含水率高低的重要因素，微润间歇灌溉各处理之间土壤水分含量的差异总体上小于前述微润连续灌溉处理。

（二）不同压力水头和微润管埋深下大棚紫油麦菜的株高和产量

不同压力水头和微润管埋深下微润间歇灌溉大棚紫油麦菜的株高和产量见图5-8。在播种后8~44 d各处理大棚紫油麦菜的株高呈增加趋势，其中微润灌溉处理紫油麦菜的株高都明显高于CK。各微润灌溉处理之间，株高表现为处理 H2D1 高于其他处理，处理 H1D2 低于其他处理，即压力

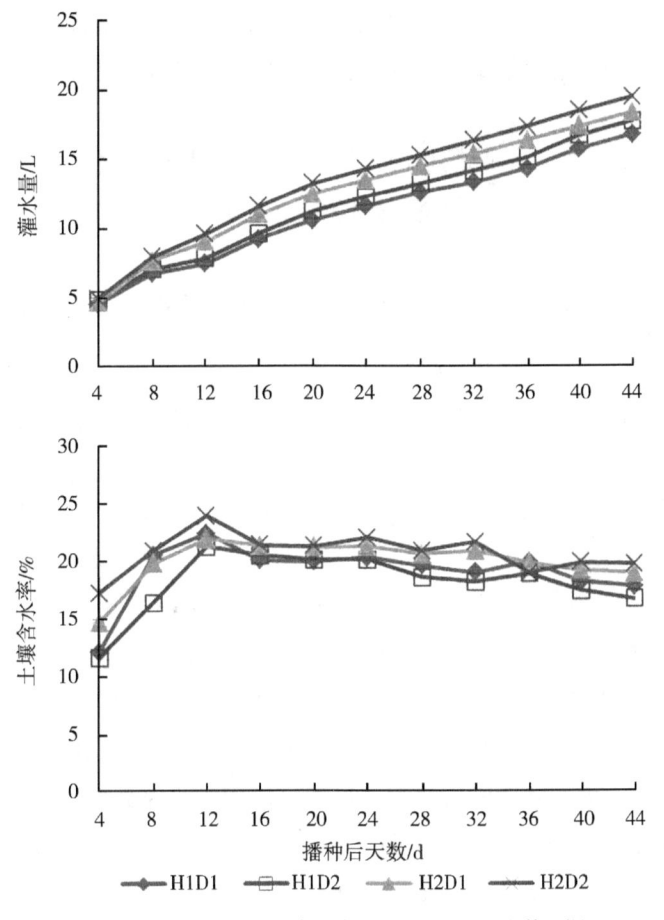

H1，压力水头为 1.5 m；H2，压力水头为 2.0 m；D1，微润管埋深 4 cm；D2，微润管埋深 8 cm。

图 5-7　不同压力水头和微润管埋深下大棚紫油麦菜的灌水量和土壤含水率

水头较高、微润管埋深较浅时大棚紫油麦菜的株高较高，反之压力水头较低、微润管埋深较深时大棚紫油麦菜的株高较低。

各微润间歇灌溉处理大棚紫油麦菜的产量均显著高于 CK（$P < 0.05$，下同），微润灌溉处理的产量表现为 H2D1＞H1D1＞H2D2＞H1D2，与前述大棚小葱的产量表现类似，其中处理 H2D1、H1D1 与处理 H2D2、H1D2 之间的产量差异显著，但处理 H2D1 与 H1D1 之间、处理 H2D2 与 H1D2 之间的产量差异不显著。在本试验条件下压力水头较大、微润管埋深较浅时大棚紫油麦菜的产量较高，这与前述大棚小葱的产量表现相一致。

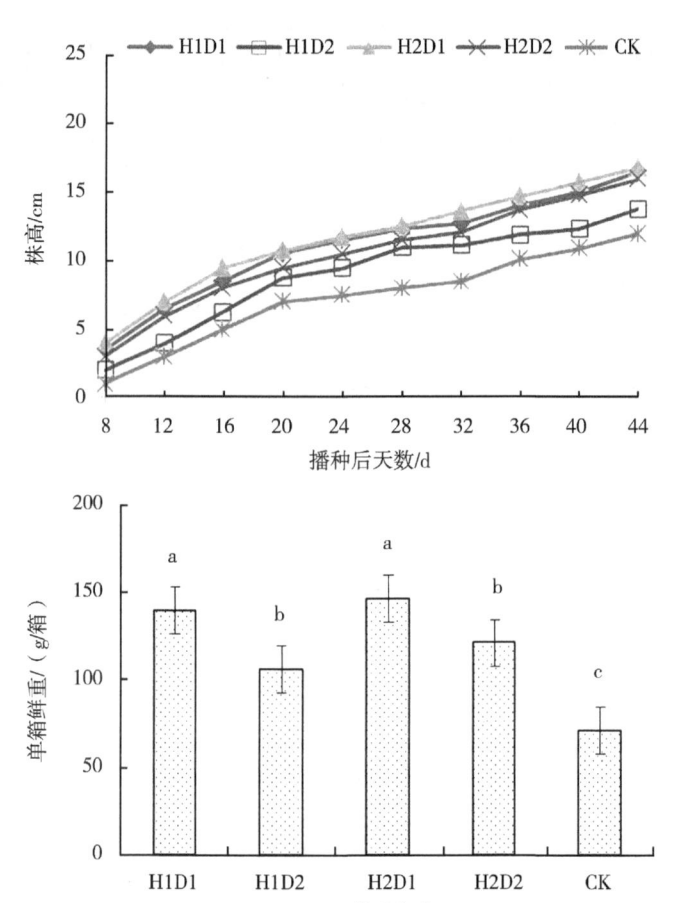

H1，压力水头为1.5 m；H2，压力水头为2.0 m；D1，微润管埋深4 cm；
D2，微润管埋深8 cm。CK，普通地面灌溉；小写字母a、b、c表示0.05差异
显著水平。

图5-8　不同压力水头和微润管埋深下大棚紫油麦菜的株高和产量

二、压力水头和微润管埋深对微润间歇灌溉大棚小白菜生长的影响

（一）不同压力水头和微润管埋深下大棚小白菜的灌水量和土壤含水率

不同压力水头和微润管埋深下微润间歇灌溉大棚小白菜的灌水量和土壤含水率见图5-9。可以看出，在播种后4~44 d，微润灌溉各处理的灌

水量呈增加趋势，其中处理 H2D2 的灌水量在小白菜整个生育进程中均高于其他处理，但总体而言，各处理之间灌水量的差别不大。如在播种后44 d，处理 H1D1、H1D2、H2D1、H2D2 的灌水量分别为 17.0 L、17.1 L、17.3 L、17.9 L。

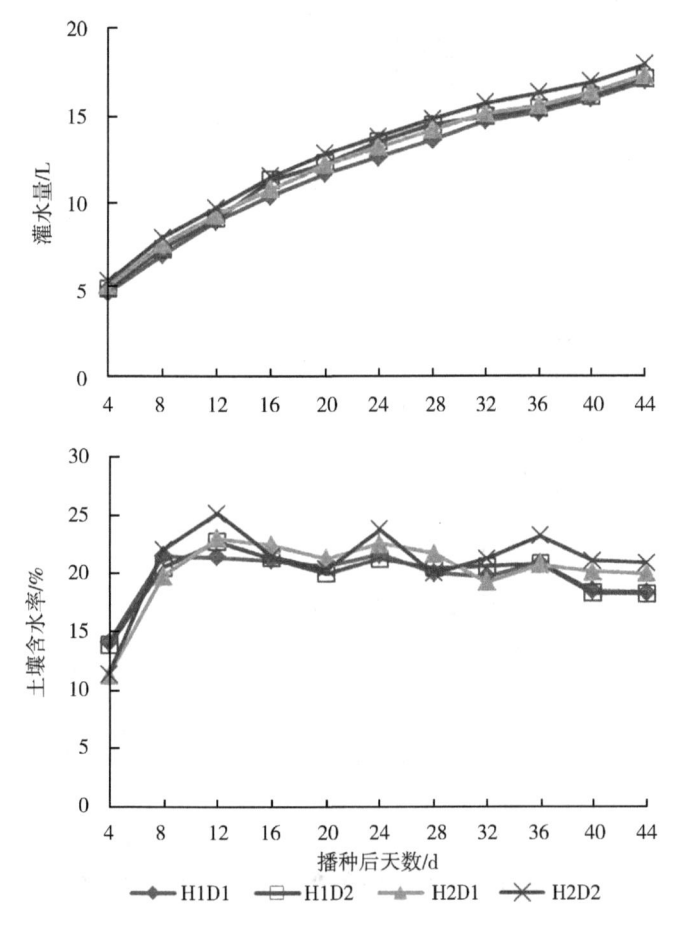

H1，压力水头为 1.5 m；H2，压力水头为 2.0 m；D1，微润管埋深 4 cm；D2，微润管埋深 8 cm。

图 5-9　不同压力水头和微润管埋深下大棚小白菜的灌水量和土壤含水率

不同压力水头和微润管埋深下微润间歇灌溉大棚小白菜的土壤含水率变化规律基本一致，均在播种后 4~12 d 呈增加趋势，在播种后 12~44 d 呈波动状下降趋势，其中处理 H2D2、H2D1 的土壤含水率的波动幅度明显高于处理 H1D2、H1D1，即在微润间歇灌溉下压力水头仍是决定土壤水分含量变化的重要因素。

（二）不同压力水头和微润管埋深下大棚小白菜的株高和产量

不同压力水头和微润管埋深下微润间歇灌溉大棚小白菜的株高和产量见图 5-10。在播种后 4~44 d 各处理大棚小白菜的株高呈增加趋势，其中微润灌溉处理小白菜的株高都明显高于 CK。各微润灌溉处理之间，株高表现为处理 H2D2 高于其他处理，处理 H1D1 低于其他处理，即压力水头较高、微润管埋深较深时大棚小白菜的株高较高，反之压力水头较低、微

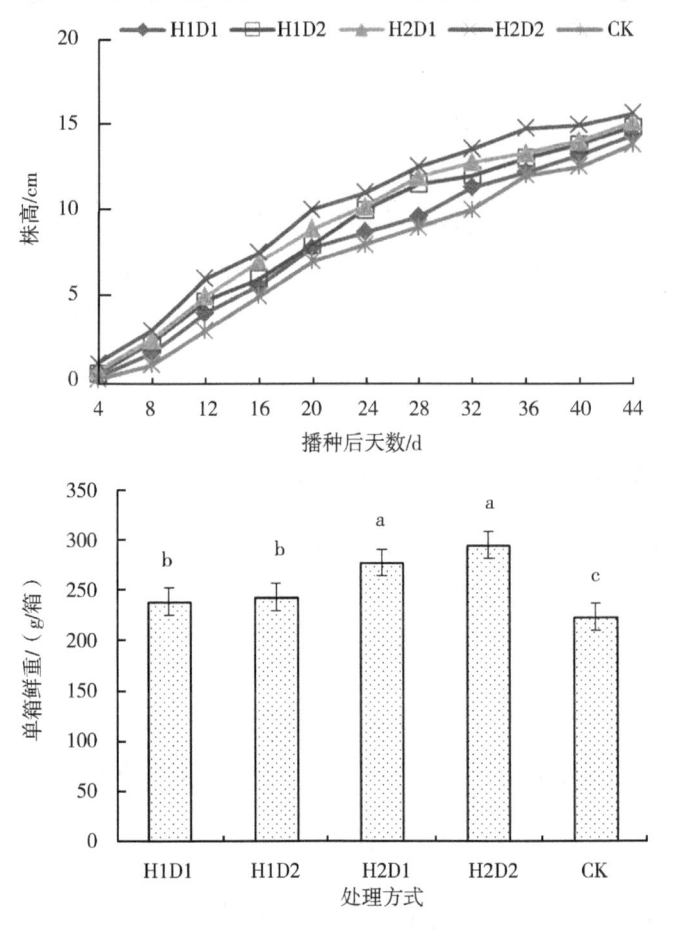

H1，压力水头为 1.5 m；H2，压力水头为 2.0 m；D1，微润管埋深 4 cm；D2，微润管埋深 8 cm。CK，普通地面灌溉。

图 5-10 不同压力水头和微润管埋深下大棚小白菜的株高和产量

润管埋深较浅时大棚小白菜的株高较低，这与前述大棚紫油麦菜的情况有所不同。

各微润间歇灌溉处理大棚小白菜的产量均显著高于 CK（$P<0.05$，下同），与前述大棚紫油麦菜的产量表现有所不同，微润灌溉处理的产量表现为 H2D2＞H2D1＞H1D2＞H1D1，其中处理 H2D2、H2D1 与处理 H1D2、H1D1 之间的产量差异显著，但处理 H2D2 与 H2D1 之间、处理 H1D2 与 H1D1 之间的产量差异不显著。在本试验条件下压力水头较大时大棚小白菜的产量较高，压力水头是决定大棚小白菜产量的重要因素，微润管埋深对大棚小白菜产量的影响较小。

第五节　本章小结

本章主要针对微润连续灌溉条件下大棚小葱和小白菜的生长、微润间歇灌溉条件下大棚紫油麦菜和小白菜的生长，进行了大棚蔬菜栽培试验研究，就压力水头、微润管埋深、微润管铺设方式等影响因素对蔬菜生长发育和产量的影响进行了测定分析。其研究结论可以为微润灌溉的实际应用提供参考。

一、微润连续灌溉下大棚蔬菜的生长

在微润连续灌溉条件下，大棚小葱生长前期压力水头较高时微润管的出流量较多，压力水头相同时埋深对微润管的出流量影响不大。在大棚小葱生长后期微润管埋深较大时出流量较多，低压力水头时的出流量比高压力水头时的多。

大棚小葱的土壤含水率在小葱生长前期呈增加趋势，之后变得平稳。在微润管埋深较浅时土壤含水率较高，在相同微润管埋深下压力水头对土壤含水率的影响不大。

微润连续灌溉处理大棚小葱的株高高于普通灌溉对照，产量显著高于普通灌溉对照（$P<0.05$），在本试验条件下压力水头较高、微润管埋深较浅时大棚小葱的产量较高。

双管铺设的微润连续灌溉大棚小白菜的灌水量明显高于单管铺设，微润管铺设方式相同情况下埋深较深处理的灌水量高于埋深较浅的。双管或单管铺设时微润管埋深较浅时土壤含水率较高，在微润管埋深较深时单、双管铺设的土壤含水率均较低。

在本试验条件下，双管或单管铺设时微润管埋深较浅的大棚小白菜的株高较高。单管铺设且埋深较浅时大棚小白菜的产量最高，而双管铺设且埋深较深时大棚小白菜的产量最低。

二、微润间歇灌溉下大棚蔬菜的生长

大棚紫油麦菜在微润间歇灌溉条件下，压力水头较高时微润管的出流量较多，相同压力水头下微润管埋深大的出流量较多。压力水头是决定土壤含水率高低的重要因素，微润间歇灌溉各处理之间土壤水分含量的差异总体上小于前述微润连续灌溉处理。

微润间歇灌溉处理大棚紫油麦菜的株高明显高于普通灌溉对照，产量显著高于普通灌溉对照（$P < 0.05$）。各微润间歇灌溉处理之间，压力水头较高、微润管埋深较浅时大棚紫油麦菜的株高较高，反之压力水头较低、微润管埋深较深时大棚紫油麦菜的株高较低。大棚紫油麦菜的产量在压力水头较大、微润管埋深较浅时较高，这与前述大棚小葱的产量表现相一致。

大棚小白菜在微润间歇灌溉条件下，压力水头较高和微润管埋深较深时的灌水量相对高于其他处理，但总体而言，各处理之间灌水量的差别不大。压力水头较高时土壤含水率的波动幅度较大，即在微润间歇灌溉下压力水头仍是决定土壤水分含量变化的重要因素。

微润间歇灌溉大棚小白菜的株高明显高于普通灌溉对照。各微润灌溉处理之间，压力水头较高、微润管埋深较深时大棚小白菜的株高较高，反之压力水头较低、微润管埋深较浅时大棚小白菜的株高较低，这与前述大棚紫油麦菜的情况有所不同。

微润间歇灌溉大棚小白菜的产量显著高于普通灌溉对照（$P < 0.05$），与前述大棚紫油麦菜的产量表现有所不同。在本试验条件下压力水头较大时大棚小白菜的产量较高，压力水头是决定大棚小白菜产量的重要因素，微润管埋深对大棚小白菜产量的影响较小。

第六章 基于微润交替灌溉的蔬菜栽培试验研究

第一节 试验概述

控制性分根交替灌溉是一种在作物局部根系受旱时既能满足作物水分需求，又能控制蒸腾耗水的农田节水灌溉技术。其通过在作物某些生育期或全生育期交替地对部分根区进行正常灌溉，而其余根区人为水分胁迫，利用植物水分胁迫时产生的根信号，有效调节气孔关闭，减少植株"奢侈"蒸腾，降低土壤水分无效蒸发，达到节水优产、提高水分利用效率的目的。微润灌溉因其灌水的连续性，土壤始终处于较湿润状态，在设施栽培下土壤水分蒸发较少，采用交替控水微润灌溉能更好协调土壤水分干湿状态，有报道温室番茄间隔 2 d 交替控水微润灌溉比常规微润灌溉耗水量减少 11.6%，水分利用效率提高 28.8%（魏镇华等，2014），但尚缺乏不同时间间隔尺度、不同设施蔬菜的试验研究，关于微润交替灌溉条件下土壤水分的运移规律、设施蔬菜水分高效利用机制，以及微润交替灌溉设计参数的优化组合等还缺乏深入研究。

鉴于此，本研究针对微润交替灌溉技术，进行了大棚菠菜、大棚空心菜、大棚和露天辣椒、露天大叶茼蒿栽培试验，设置不同压力水头、微润管铺设间距和微润交替灌溉时间、微润交替和连续灌溉模式，研究土壤水分、蔬菜生长发育、产量和水分利用等的变化情况，可以为微润灌溉技术技术的科学推广及多样化应用提供理论依据和试验支撑。

第二节 试验材料与试验方法

一、试验区概况和试验装置

试验分别于 2016 年 4—10 月和 2017 年 4—10 月在山西省太原市太原

理工大学迎西校区简易塑料大棚内和露天条件下进行。试验区概况同第五章。

　　大棚蔬菜种植试验装置主要由供水水箱、支架、阀门、输水管、微润管、种植箱组成（图6-1）。水箱内装有浮球阀，以保持水箱水位恒定，微润管与水箱出水口之间的高差为恒定值。水箱置于不同高度的支架上，以形成不同的压力水头。供水水源为城市自来水，预先经过过滤，以防微润管堵塞。输水管为内径16 mm的黑色聚乙烯（PE）管。种植箱尺寸为90 cm×50 cm×40 cm（长×宽×高），木质，底部有排水孔。每个种植箱内铺设2根微润管，管间距根据试验设计分别为20 cm、30 cm，埋深15 cm。微润管分别连接有阀门可单独控制供水，进行灌溉时分别开启和关闭连接2根微润管的阀门以实现微润交替灌溉。种植用土壤取自山西省太原市尖草坪区芮城村，与市售营养土1:1比例混合。

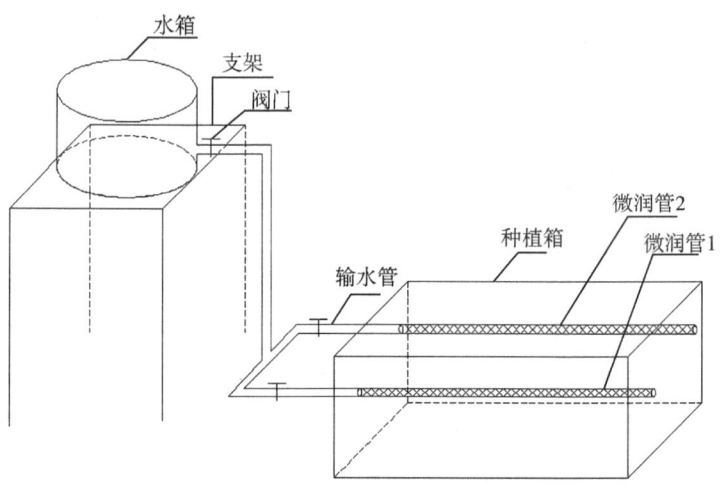

图6-1　微润交替灌溉大棚种植试验装置示意图

　　露天蔬菜种植试验供水装置与大棚试验供水装置相同（图6-2）。不同的为种植箱尺寸及铺设微润管的数量。露天蔬菜种植箱尺寸为100 cm×100 cm×75 cm（长×宽×高），塑料材质，底部有排水孔。每个种植箱内铺设3根微润管，管间距为25 cm，埋深20 cm。微润管分别连接有阀门可单独控制供水，进行灌溉时分别开启和关闭连接微润管的阀门以实现微润交替灌溉。种植用土壤取自山西省太原市尖草坪区芮城村，与市售营养土1:1比例混合。

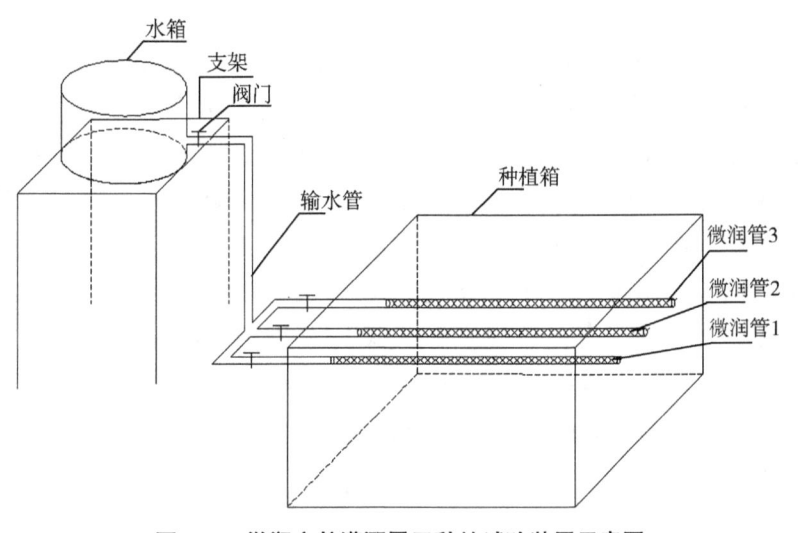

图6-2　微润交替灌溉露天种植试验装置示意图

二、试验设计和方法

（一）大棚菠菜和空心菜种植试验

设置 2 个压力水头 1.0 m、1.5 m（分别记为 H1、H2）、2 个微润管铺设间距 20 cm、30 cm（分别记为 S1、S2），以普通地面灌溉为对照（CK）。微润管埋深为 15 cm，微润交替灌溉时间为 4 d。试验处理设 3 次重复。CK 种植箱在每天 8:00 定时进行灌溉，灌水量为单根微润管在 H1 和 H2 压力水头下的平均流出量。

播种前，开启两根微润管的阀门同时供水，以保证微润交替灌溉处理的种植箱内土壤足够湿润以保证出苗率，同时通过常规普通灌溉向 CK 种植箱供应等量的水。播种后，开启单根微润管（微润管 1）供水 4 d，然后停止供水，再开启另一根微润管（微润管 2）供水 4 d；两根微润管交替供水，每 4 d 更换一次，并记录和计算灌水量。

大棚菠菜和空心菜种植试验采用种子条播，每个种植箱种植 3 行，行距为 15 cm，每行种植的种子数相等。在播种后 8 d，统计蔬菜的出苗率。在蔬菜生长过程中，用取土烘干法测定种植箱 0～10 cm 深度处土壤含水率（重量含水率），测定蔬菜的株高、最大单叶叶面积和单株鲜重，收获时测定产量（以蔬菜鲜重计）。

最大单叶叶面积以植株最大 3 片叶片的平均值计算，采用裁纸称重法确定：测定前选择叶片数相同有代表性的植株，将最大 3 片叶片的形状分别描绘在 A4 纸上，剪下称重后与整张纸的重量进行比较，并用比值计算最大单叶叶面积。

在菠菜和空心菜生长过程中，记录灌水量，计算灌溉水分生产率。

计算公式为：

灌溉水分生产率（kg/L）= 单位面积产量（kg/m^2）÷ 灌水量（L/m^2）。

（二）大棚辣椒 1 种植试验

设置 2 个压力水头 1.0 m、1.5 m（分别记为 H1、H2），以普通地面灌溉为对照（CK）。CK 种植箱灌水时间和灌水量同上。微润管铺设间距为 30 cm，埋深为 20 cm，微润交替灌溉时间为 4 d。微润管交替灌水方式同上。

辣椒种植试验采用育苗移栽。辣椒苗于 5 片叶子时定植于种植箱中，每箱种植 2 行，行距为 30 cm，每箱及每行辣椒苗数相同。

试验开始时先打开微润管 1，达到预定交替时间后关闭，再打开微润管 2 达到预定交替时间；之后轮换开启微润管 1 和微润管 2，按预定交替时间形成微润交替灌溉。

在辣椒生长过程中，用取土烘干法测定种植箱内 0~20 cm 深度处土壤含水率，测量辣椒株高、茎粗、根长和鲜重的变化，收获时测定产量。

在辣椒生长过程中，记录灌水量，计算灌溉水分生产率。计算公式同上。

（三）大棚辣椒 2 种植试验

设置 2 个微润交替灌溉时间 4 d、8 d（分别记为 T1、T2），以普通地面灌溉为对照（CK）。CK 种植箱灌水时间和灌水量同上。微润管铺设间距为 30 cm，埋深为 20 cm，压力水头为 1.0 m。

微润管交替灌水方式、辣椒种植和各指标测定及计算方法同上。

（四）露天辣椒1种植试验

设置2个压力水头1.0 m、1.5 m（分别记为H1、H2），以普通地面灌溉为对照（CK）。CK种植箱灌水时间和灌水量同上。微润管铺设间距为25 cm，埋深为20 cm，微润交替灌溉时间为4 d。微润管交替灌水方式同上。

辣椒种植试验采用育苗移栽。辣椒苗于5片叶子时定植于种植箱中，每箱种植4行，行距为25 cm，每箱及每行辣椒苗数相同。

试验开始时先打开微润管1和微润管3，达到预定交替时间后关闭这两管，再打开微润管2达到预定交替时间；之后轮换开启微润管1、3和微润管2，按预定交替时间形成微润交替灌溉。

在辣椒生长过程中，用取土烘干法测定种植箱内0~20 cm深度处土壤含水率，测量辣椒株高、茎粗、根长和鲜重的变化，收获时测定产量。

在辣椒生长过程中，记录灌水量，计算灌溉水分生产率。计算公式同上。

（五）露天辣椒2种植试验

设置2个微润交替灌溉时间4 d、8 d（分别记为T1、T2），以普通地面灌溉为对照（CK）。CK种植箱灌水时间和灌水量同上。微润管铺设间距为30 cm，埋深为20 cm，压力水头为1.0 m。

微润管交替灌水方式、辣椒种植和各指标测定及计算方法同上。

（六）露天大叶茼蒿种植试验

设置微润交替灌溉、连续灌溉两种模式（分别记为JT、LX），以普通地面灌溉为对照（CK）。CK种植箱灌水时间和灌水量同上。微润管铺设间距为25 cm，埋深为20 cm，压力水头为1.0 m，微润交替灌溉时间为8 d。微润管交替灌水方式同上。

大叶茼蒿种植和各指标测定同前述菠菜和空心菜种植试验。

以上试验设计见表6-1。试验处理均设3次重复。

表6-1　菠菜、空心菜、辣椒、大叶茼蒿种植试验设计

试验	试验处理	压力水头/ m	微润管间距/ cm	微润管埋深/ cm	交替时间/ d
大棚菠菜 大棚空心菜	H1S1	1.0	20	15	4
	H1S2	1.0	30	15	4
	H2S1	1.5	20	15	4
	H2S2	1.5	30	15	4
	CK	普通地面灌溉			
大棚辣椒1	H1	1.0	30	20	4
	H2	1.5	30	20	4
	CK	普通地面灌溉			
大棚辣椒2	T1	2.0	30	20	4
	T2	2.0	30	20	8
	CK	普通地面灌溉			
露天辣椒1	H1	1.0	25	20	4
	H2	1.5	25	20	4
	CK	普通地面灌溉			
露天辣椒2	T1	2.0	25	20	4
	T2	2.0	25	20	8
	CK	普通地面灌溉			
露天大叶茼蒿	JT	1.0	25	20	8
	LX	1.0	25	20	连续
	CK	普通地面灌溉			

三、数据处理

采用 Excel 2010、AutoCAD 2014、Surfer 11 进行数据整理、制作图表，采用 SPSS 19.0 软件进行数据统计分析，方差分析使用最小显著差异（LSD）法进行。

第三节　微润交替灌溉对大棚菠菜和 空心菜生长的影响

一、压力水头和微润管间距对微润交替灌溉大棚菠菜生长的影响

（一）不同压力水头和微润管间距下大棚菠菜的土壤含水率

不同压力水头和微润管铺设间距下微润交替灌溉大棚菠菜的土壤含水

率见图 6-3。可以看出，在播种后 8~36 d，各微润灌溉处理的土壤含水率均明显高于 CK。各微润灌溉处理之间，处理 H2S1 的土壤含水率较高，其次为处理 H1S1 和 H2S2，较低的为处理 H1S2。即压力水头较大、微润管铺设间距较小时土壤含水量较高，压力水头较小、微润管铺设间距较大时土壤含水量较低。

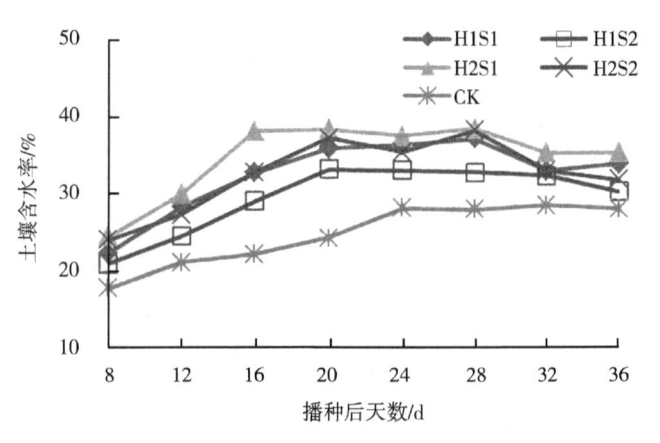

H1S1~H2S2 为不同压力水头和微润管间距的试验处理。H1，压力水头为 1.0 m；H2，压力水头为 1.5 m；S1，微润管间距 20 cm；S2，微润管间距 30 cm；CK，普通地面灌溉。

图 6-3 不同压力水头和微润管间距下大棚菠菜的土壤含水率

（二）不同压力水头和微润管间距下大棚菠菜的生长

不同压力水头和微润管铺设间距下微润交替灌溉大棚菠菜的出苗率、株高、最大单叶叶面积和单株鲜重见图 6-4。可以看出，大棚菠菜各处理的出苗率表现为 H2S1＞H2S2＞H1S1＞H1S2＞CK，其中处理 H2S1、H2S2、H1S1 的出苗率显著高于处理 H1S2 和 CK（$P<$0.05，下同），但其三者之间出苗率的差异不显著，而处理 H1S2 的出苗率显著高于 CK。

在播种后 12~36 d，大棚菠菜各处理的株高呈增加趋势。在菠菜生长初期，各处理间株高的差别较小，从播种后 20 d 开始，各处理间株高的差异逐渐加大，总体表现为微润交替灌溉处理的株高均明显高于 CK，处理 H2S1 的株高高于其他处理，处理 H1S2 的株高低于其他处理。

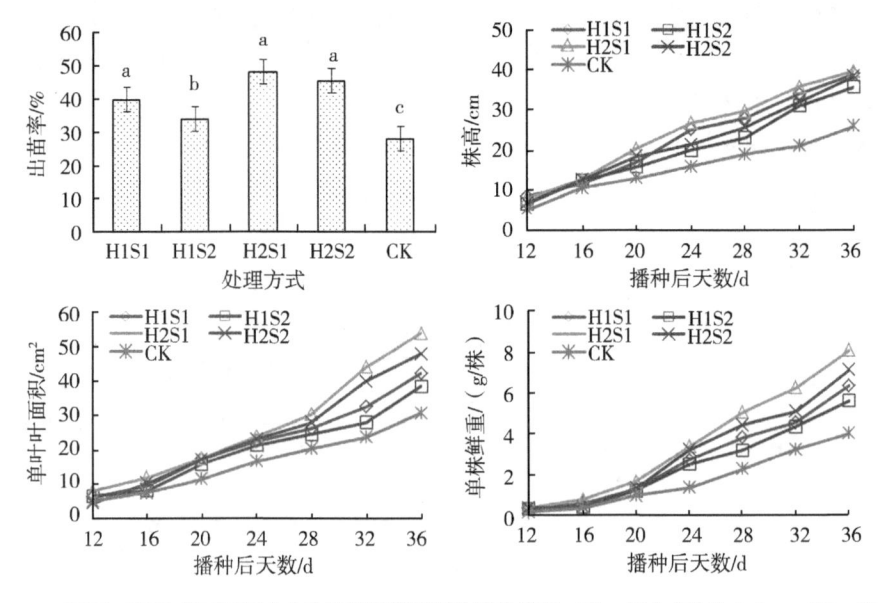

H1S1～H2S2 为不同压力水头和微润管间距的试验处理。H1，压力水头为 1.0 m；H2，压力水头为 1.5 m；S1，微润管间距 20 cm；S2，微润管间距 30 cm；CK，普通地面灌溉。小写字母 a、b、c 表示 0.05 差异显著水平。

图 6-4　不同压力水头和微润管间距下大棚菠菜的出苗率、株高、叶面积和鲜重

大棚菠菜各处理的最大单叶叶面积、单株鲜重的变化规律基本一致，均在菠菜生长初期各处理间差别较小，在播种后 20 d 后各处理间的差别逐渐加大。各微润交替灌溉处理的最大单叶叶面积、单株鲜重均明显高于 CK，各处理间大体上表现为 H2S1＞H2S2＞H1S1＞H1S2＞CK。在播种后 36 d，处理 H2S1、H2S2、H1S1、H1S2、CK 的最大单叶叶面积分别为 53.9 cm²、47.9 cm²、42.3 cm²、38.5 cm²、30.6 cm²，单株鲜重分别为 8.1 g/株、7.1 g/株、6.4 g/株、5.6 g/株、4.0 g/株。

（三）不同压力水头和微润管间距下大棚菠菜的产量和灌溉水分生产率

不同压力水头和微润管铺设间距下微润交替灌溉大棚菠菜的产量和灌溉水分生产率见图 6-5。可以看出，大棚菠菜各处理产量和灌溉水分生产率的表现基本一致，从高到低依次为 H2S1＞H2S2＞H1S1＞H1S2＞CK，其中处理 H2S1、H2S2 与其余处理 H1S1、H1S2、CK 之间产量和灌溉水分生产率的差异达到显著水平（$P<0.05$，下同），而其两者之间产量和灌溉水分生产率的差异不显著；处理 H1S1 与处理 H1S2、CK 之间产量和灌溉水分生产率的差异达到显著水平，而处理 H1S2 与 CK 之间产量和灌溉水分生产率的差异不显著。

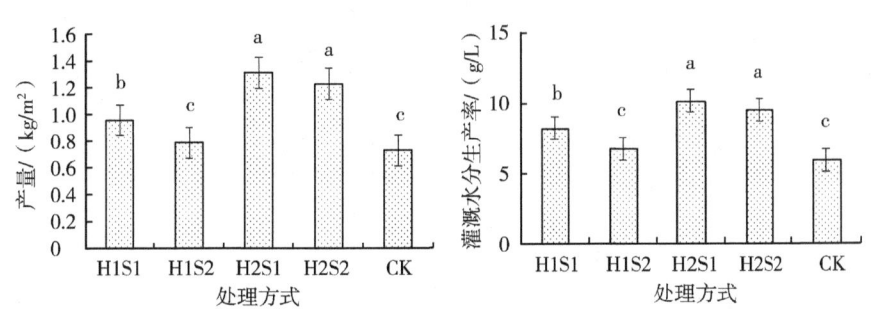

H1S1~H2S2 为不同压力水头和微润管间距的试验处理。H1，压力水头为 1.0 m；H2，压力水头为 1.5 m；S1，微润管间距 20 cm；S2，微润管间距 30 cm；CK，普通地面灌溉。小写字母 a、b、c 表示 0.05 差异显著水平。

图 6-5 不同压力水头和微润管间距下大棚菠菜的产量和灌溉水分生产率

在本试验条件下，压力水头仍是影响微润交替灌溉大棚菠菜生长的重要因素，在压力水头较高时，微润管铺设间距对微润交替灌溉大棚菠菜生长的影响作用较小；在压力水头较低、微润管铺设间距较大会使得微润交替灌溉处理的土壤水分含水率较低，从而影响大棚菠菜的生长。

二、压力水头和微润管间距对微润交替灌溉大棚空心菜生长的影响

（一）不同压力水头和微润管间距下大棚空心菜的土壤含水率

不同压力水头和微润管铺设间距下微润交替灌溉大棚空心菜的土壤含水率见图 6-6。可以看出，在播种后 8~36 d，各微润灌溉处理的土壤含水率均明显高于 CK。各微润灌溉处理之间，处理 H2S1 的土壤含水率较高，其次为处理 H1S1 和 H2S2，较低的为处理 H1S2。即压力水头较大、微润管铺设间距较小时土壤含水量较高，压力水头较小、微润管铺设间距较大时土壤含水量较低。这与前述微润交替灌溉大棚菠菜土壤含水率的变化规律基本一致。

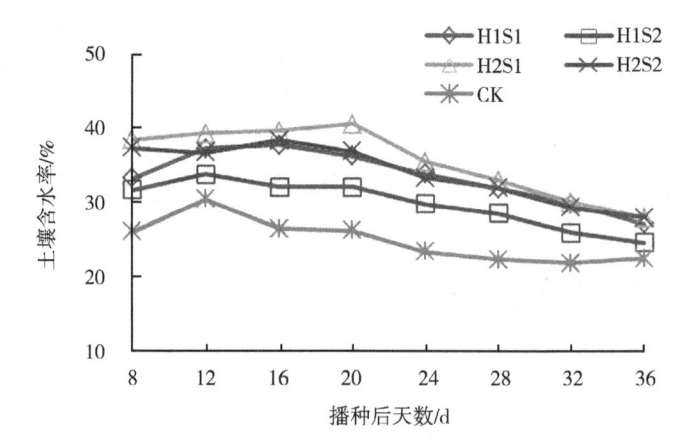

H1S1~H2S2 为不同压力水头和微润管间距的试验处理。H1，压力水头为 1.0 m；H2，压力水头为 1.5 m；S1，微润管间距 20 cm；S2，微润管间距 30 cm；CK，普通地面灌溉。

图6-6　不同压力水头和微润管间距下大棚空心菜的土壤含水率

（二）不同压力水头和微润管间距下大棚空心菜的生长

不同压力水头和微润管铺设间距下微润交替灌溉大棚空心菜的出苗率、株高、最大单叶叶面积和单株鲜重见图 6-7。可以看出，大棚空心菜各处理的出苗率表现为 H2S2＞H1S1＞H2S1＞H1S2＜CK，其中微润交替灌溉各处理的出苗率均显著高于 CK（$P<0.05$，下同），而各微润交替灌溉处理之间，处理 H2S2、H1S1、H2S1 出苗率的差异不显著，但均显著高于处理 H1S2。

大棚空心菜各处理的株高、最大单叶叶面积的变化规律基本一致，均在播种后 12~36 d 呈增加趋势，其中微润交替灌溉处理的株高、最大单叶叶面积均明显高于 CK，处理 H2S1、H2S2、H1S1 之间株高、最大单叶叶面积的差别较小，但处理 H1S2 的株高、最大单叶叶面积较其他微润交替灌溉处理的低。在播种后 36 d，处理 H1S2 的株高、最大单叶叶面积分别为 39.3 cm、25.0 cm²，CK 的株高、最大单叶叶面积分别为 24.5 cm、9.0 cm²。

大棚空心菜各处理的单株鲜重的变化规律基本一致，在播种后 12~24 d 增加缓慢，各处理之间的差别也较小，在播种后 24~36 d 增加迅速，各处理之间的差别加大，其中微润交替灌溉处理的单株鲜重明显高于 CK，

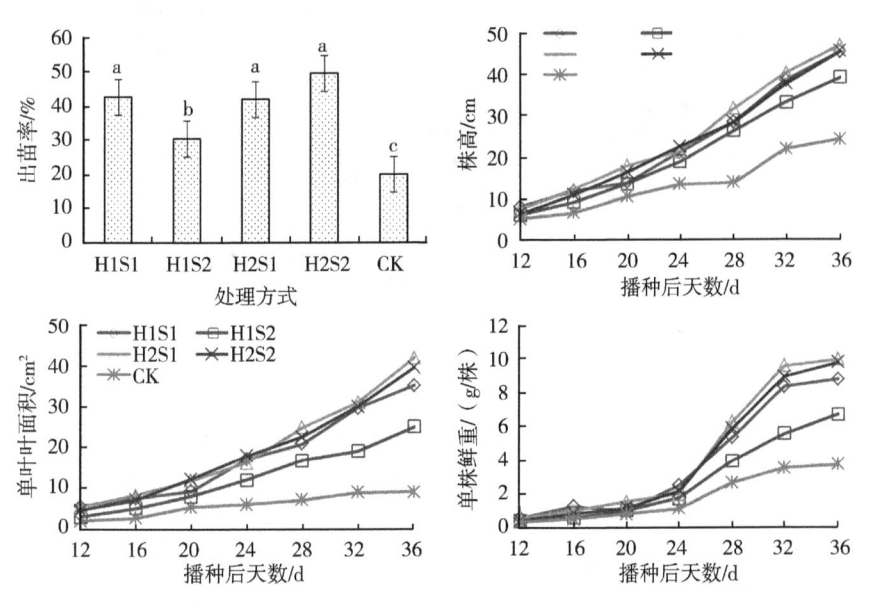

H1S1～H2S2 为不同压力水头和微润管间距的试验处理。H1，压力水头为 1.0 m；H2，压力水头为 1.5 m；S1，微润管间距 20 cm；S2，微润管间距 30 cm；CK，普通地面灌溉。小写字母 a、b、c 表示 0.05 差异显著水平。

图 6-7　不同压力水头和微润管间距下大棚空心菜的出苗率、株高、叶面积和鲜重

而处理 H2S1、H2S2、H1S1 的单株鲜重又明显高于处理 H1S2。在播种后 36 d，处理 H2S1、H2S2、H1S1、H1S2、CK 的单株鲜重分别为 10.0 g/株、9.8 g/株、8.8 g/株、6.7 g/株、3.7 g/株。

（三）不同压力水头和微润管间距下大棚空心菜的产量和灌溉水分生产率

不同压力水头和微润管铺设间距下微润交替灌溉大棚空心菜的产量和灌溉水分生产率见图 6-8。可以看出，大棚空心菜各处理产量和灌溉水分生产率的表现基本一致，从高到低依次为 H2S1＞H2S2＞H1S1＞H1S2＞CK，其中处理 H2S1、H2S2 与其余处理 H1S1、H1S2、CK 之间产量和灌溉水分生产率的差异达到显著水平（$P < 0.05$，下同），而其两者之间产量和灌溉水分生产率的差异不显著；处理 H1S1 与处理 H1S2、CK 之间产量和灌溉水分生产率的差异达到显著水平，而处理 H1S2 与 CK 之间产量和灌溉水分生产率的差异不显著。这与前述大棚菠菜的变化相一致。

与前述大棚菠菜同样地，在本试验条件下，压力水头仍是影响微润交替灌溉大棚空心菜生长的重要因素，在压力水头较高时，微润管铺设间距对微润交替灌溉大棚空心菜生长的影响作用较小；在压力水头较低、微润管铺设间距较大会使得微润交替灌溉处理的土壤水分含水率较低，从而影响大棚空心菜的生长。

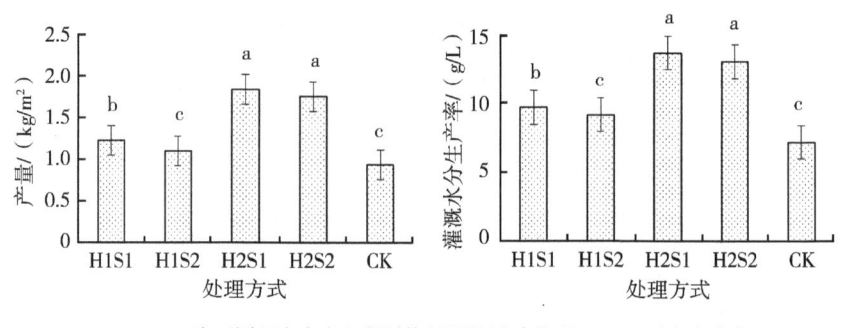

H1S1~H2S2 为不同压力水头和微润管间距的试验处理。H1，压力水头为 1.0 m；H2，压力水头为 1.5 m；S1，微润管间距 20 cm；S2，微润管间距 30 cm；CK，普通地面灌溉。小写字母 a、b、c 表示 0.05 差异显著水平。

图 6-8　不同压力水头和微润管间距下大棚空心菜的产量和灌溉水分生产率

第四节　微润交替灌溉对大棚辣椒生长的影响

一、压力水头对微润交替灌溉大棚辣椒生长的影响

（一）不同压力水头下大棚辣椒的土壤含水率

不同压力水头下微润交替灌溉大棚辣椒的土壤含水率见图 6-9。可以看出，在辣椒定植后 8~80 d，各处理的土壤含水率呈先微弱增长、然后迅速下降、最后保持平稳的状态。其中在定植后 32~56 d，各处理的土壤含水率下降幅度较大；在定植后 56~80 d，各处理的土壤含水率变化不大，基本保持平稳状态。在辣椒定植初期，因植株体对水分的需求较小，土壤含水率保持微增状态；之后随着植株体进入快速生长期，对水分需求大大增加，使得土壤含水率快速下降；在辣椒生育后期，植株体的生长变缓，对水分需求减少，使得土壤含水率处于平稳状态。

微润交替灌溉处理 H1、H2 的土壤含水率明显高于 CK，在辣椒定植

后的 8~56 d 表现更为明显，在定植后 56~80 d 各处理间土壤含水率的差别缩小，总体上土壤含水率的表现为处理 H2＞H1＞CK，其中处理 H1、H2 土壤含水率的变化幅度明显大于 CK。

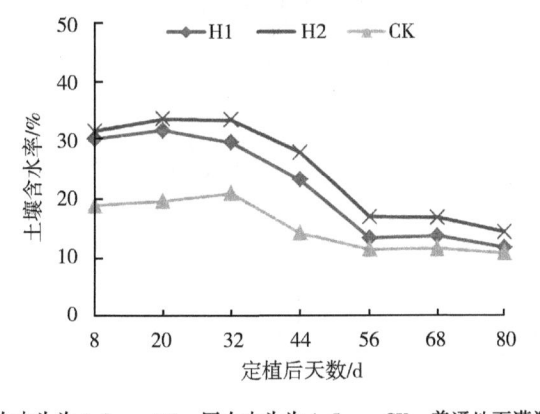

H1，压力水头为 1.0 m；H2，压力水头为 1.5 m；CK，普通地面灌溉。

图6-9　不同压力水头下大棚辣椒的土壤含水率

（二）不同压力水头下大棚辣椒的生长

不同压力水头下微润交替灌溉大棚辣椒的株高、茎粗、根长、单株鲜重见图 6-10。可以看出，在辣椒定植后 8~80 d，各处理的株高总体上呈"S"形慢-快-慢的增长趋势。其中在定植后 8~32 d 各处理的株高增加缓慢，在定植后 32~56 d 株高增加迅速，之后在定植后 56~80 d 株高又增长缓慢。各处理间株高的表现为 H2＞H1＞CK。

大棚辣椒各处理的茎粗、根长在定植后 8~80 d 呈增加趋势，其中微润交替灌溉处理的茎粗和根长均高于 CK。在定植后 80 d，处理 H2、H1、CK 的茎粗分别为 6.3 mm、6.1 mm、5.5 mm，根长分别为 6.5 cm、6.2 cm、5.1 cm。

大棚辣椒各处理的单株鲜重在定植后 8~32 d 增加较少，在定植后 32~80 d 增加迅速。各处理间单株鲜重的表现为 H2＞H1＞CK。在定植后 80 d，处理 H2、H1、CK 的单株鲜重分别为 24.7 g/株、20.1 g/株、12.2 g/株。

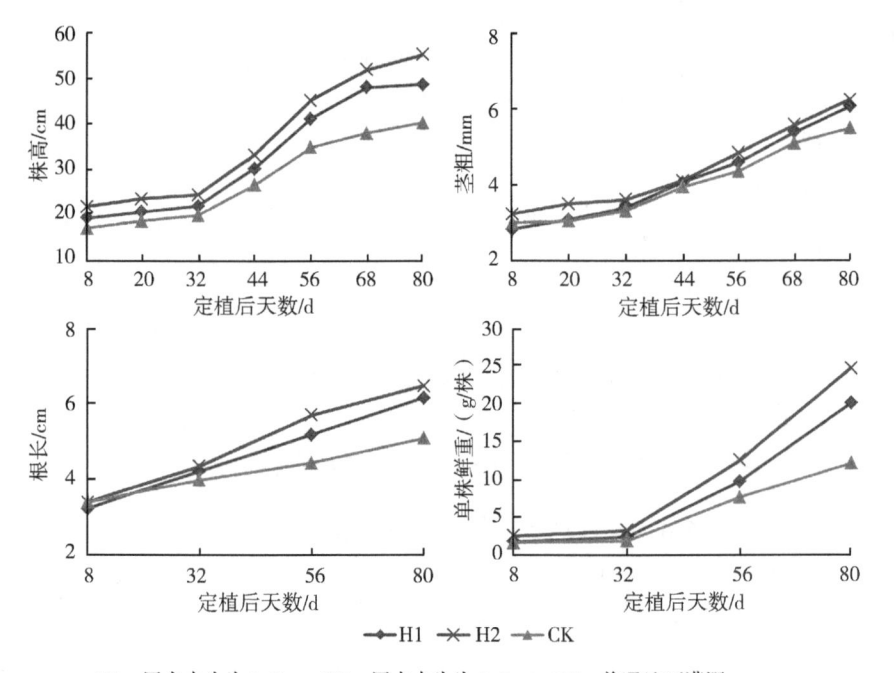

H1，压力水头为 1.0 m；H2，压力水头为 1.5 m；CK，普通地面灌溉。

图 6-10 不同压力水头下大棚辣椒的株高、茎粗、根长和鲜重

（三）不同压力水头下大棚辣椒的产量和灌溉水分生产率

不同压力水头下微润交替灌溉大棚辣椒的产量和灌溉水分生产率见图 6-11。可以看出，大棚辣椒各处理产量和灌溉水分生产率的表现基本一致，从高到低依次为 H2＞H1＞CK，其中处理 H2 的产量和灌溉水分生产率显著高于处理 H1 和 CK（$P<0.05$，下同），而处理 H1 与 CK 之间产量差异不显著，但其灌溉水分生产率显著高于 CK。

在本试验条件下，压力水头是影响微润交替灌溉大棚辣椒生长的重要因素，在压力水头较高时，种植箱内的土壤含水率相对处于较高水平，从而满足辣椒生长的需求。

二、微润交替灌溉时间对微润交替灌溉大棚辣椒生长的影响

（一）不同交替时间下大棚辣椒的土壤含水率

不同交替时间下微润交替灌溉大棚辣椒的土壤含水率见图 6-12。可以看出，在辣椒定植后 8～20 d，各处理的土壤含水率呈微弱下降状态；

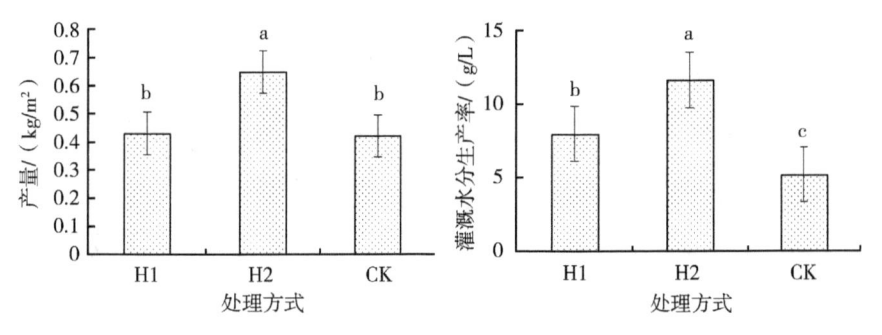

H1，压力水头为1.0 m；H2，压力水头为1.5 m；CK，普通地面灌溉。不同小写字母a、b、c表示0.05差异显著水平。

图6-11　不同压力水头下大棚辣椒的产量和灌溉水分生产率

在定植后20~56 d，各处理的土壤含水率下降较多；在定植后56~80 d，各处理的土壤含水率下降较少。这与前述微润交替灌溉大棚辣椒土壤含水率变化的原因是一样的，即在辣椒定植初期，植株体对水分的需求较小，土壤含水率保持基本平稳；之后随着植株体进入快速生长期，对水分需求大大增加，使得土壤含水率快速下降；在辣椒生育后期，植株体的生长变缓，对水分需求减少，使得土壤含水率下降缓慢。

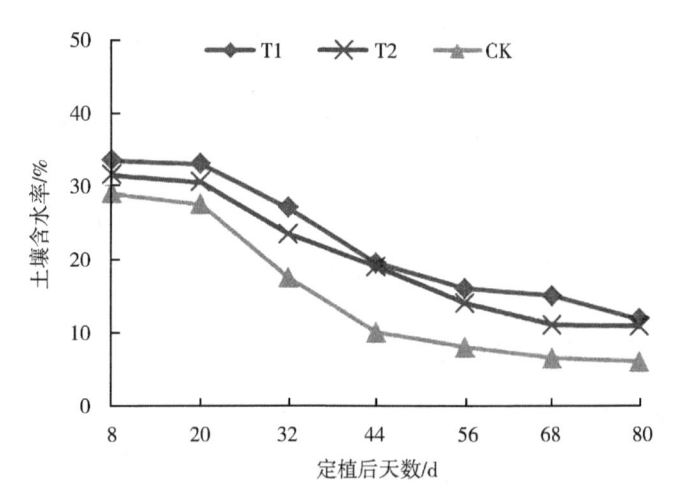

T1，微润交替灌溉时间为4 d；T2，微润交替灌溉时间为8 d；CK，普通地面灌溉。

图6-12　不同交替时间下大棚辣椒的土壤含水率

微润交替灌溉处理 T1、T2 在辣椒定植后 8～80 d 的土壤含水率明显高于 CK，总体上土壤含水率的表现为处理 T1＞T2＞CK，其中 CK 土壤含水率的变化幅度大于处理 T1、T1。

（二）不同交替时间下大棚辣椒的生长

不同交替时间下微润交替灌溉大棚辣椒的株高、茎粗、根长、单株鲜重见图 6-13。可以看出，在辣椒定植后 8～80 d，各处理的株高总体上呈 "S" 形慢-快-慢的增长趋势。其中在定植后 8～32 d 各处理的株高增加缓慢，在定植后 32～68 d 株高增加迅速，之后在定植后 68～80 d 株高基本稳定。

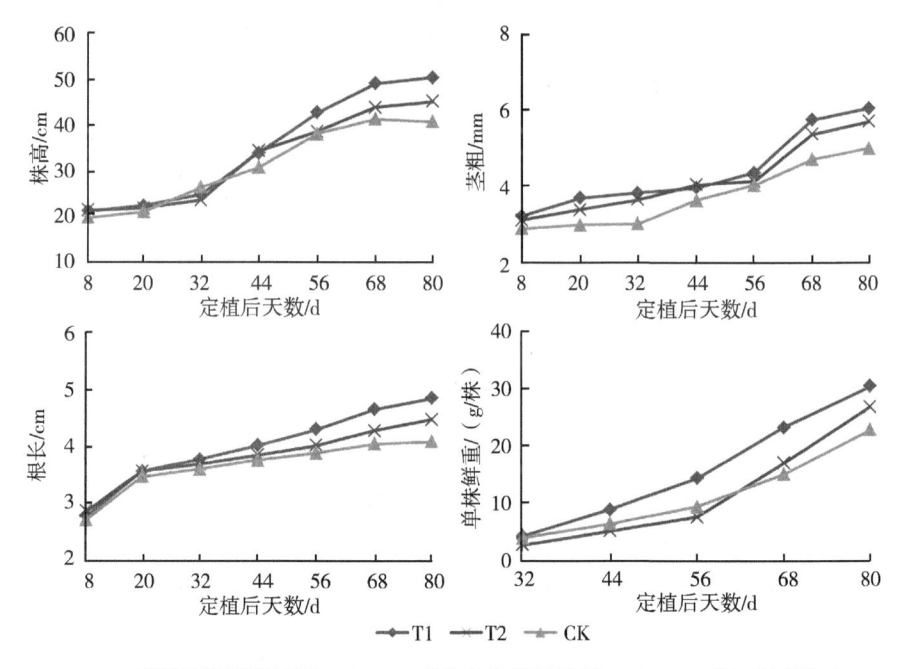

T1，微润交替灌溉时间为 4 d；T2，微润交替灌溉时间为 8 d；CK，普通地面灌溉。

图 6-13 不同交替时间下大棚辣椒的株高、茎粗、根长和鲜重

大棚辣椒各处理的茎粗、根长在定植后 8～80 d 呈增加趋势，其中微润交替灌溉处理的茎粗均高于 CK，根长在定植后 20～80 d 高于 CK。在定植后 80 d，处理 T1、T2、CK 的茎粗分别为 6.1 mm、5.7 mm、5.0 mm，根长分别为 4.9 cm、4.5 cm、4.1 cm。

大棚辣椒各处理的单株鲜重在定植后 32～80 d 增加迅速。处理 T1 的单株鲜重明显高于处理 T2 和 CK。在定植后 80 d，处理 T1、T2、CK 的单株鲜重分别为 30.4 g/株、26.9 g/株、22.9 g/株。

（三）不同交替时间下大棚辣椒的产量和灌溉水分生产率

不同交替时间下微润交替灌溉大棚辣椒的产量和灌溉水分生产率见图 6-14。可以看出，大棚辣椒各处理的产量和灌溉水分生产率的变化基本一致，从高到低依次为 T1＞T2＞CK，其中处理 T1 和 T2 之间产量和灌溉水分生产率的差异不显著，但都与 CK 之间差异显著（$P<0.05$）。

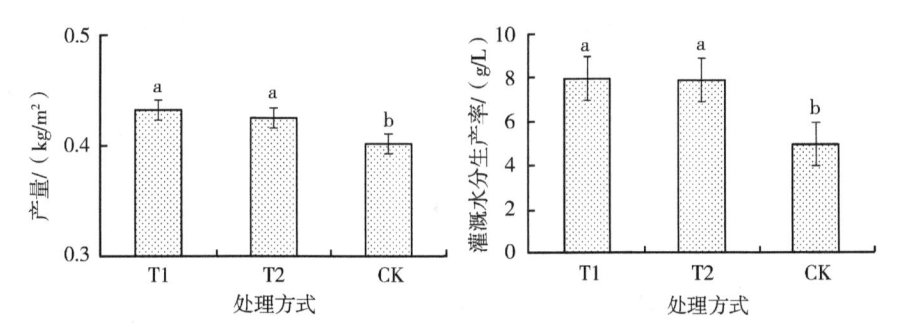

T1，微润交替灌溉时间为 4 d；T2，微润交替灌溉时间为 8 d；CK，普通地面灌溉。不同小写字母 a、b 表示 0.05 差异显著水平。

图 6-14　不同交替时间下大棚辣椒的产量和灌溉水分生产率

在本试验条件下，微润交替灌溉较普通灌溉能够很好地促进大棚辣椒的生长，但交替时间对微润交替灌溉大棚辣椒生长的影响作用不大。

第五节　微润交替灌溉对露天辣椒生长的影响

一、压力水头对微润交替灌溉露天辣椒生长的影响

（一）不同压力水头下露天辣椒的生长

不同压力水头下微润交替灌溉露天辣椒的株高、茎粗、根长、单株鲜重见图 6-15。可以看出，在露天辣椒定植后 8~80 d，各处理的株高总体上呈"S"形慢-快-慢的增长趋势。其中在定植后 8~32 d 各处理的株高增加缓慢，在定植后 32~68 d 株高增加迅速，之后在定植后 68~80 d 株高又增长缓慢。各处理间株高的表现为 H2＞H1＞CK。这与大棚辣椒株高的

变化规律相似。

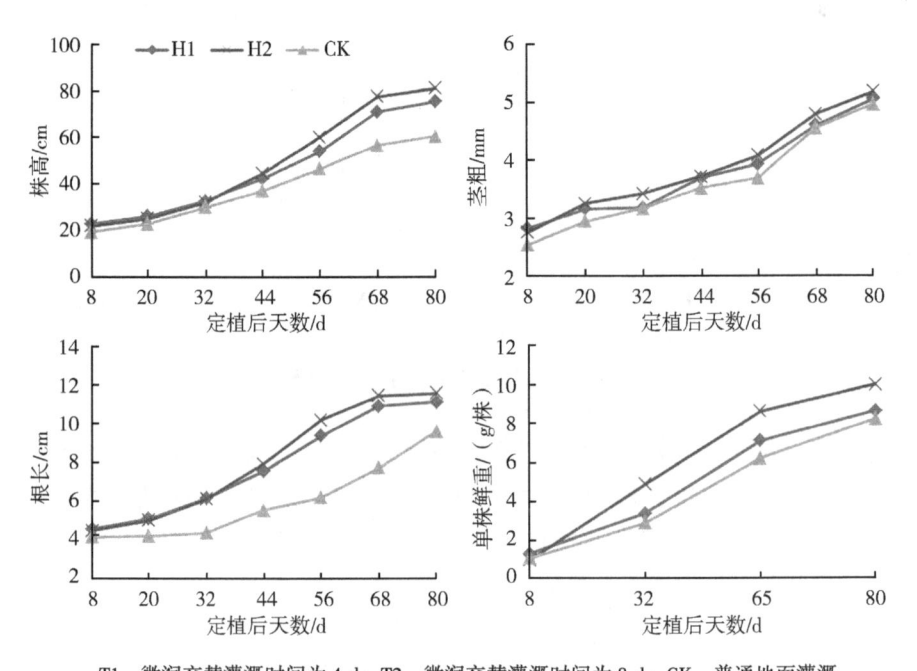

T1，微润交替灌溉时间为 4 d；T2，微润交替灌溉时间为 8 d；CK，普通地面灌溉。

图 6-15　不同压力水头下露天辣椒的株高、茎粗、根长和鲜重

露天辣椒各处理的茎粗、根长、单株鲜重在定植后 8～80 d 呈增加趋势，其中微润交替灌溉处理的茎粗、根长、单株鲜重均高于 CK。在定植后 80 d，处理 H2、H1、CK 的茎粗分别为 5.2 mm、5.1 mm、5.0 mm，根长分别为 11.6 cm、11.1 cm、9.6 cm，单株鲜重分别为 10.0 g/株、8.7 g/株、8.3 g/株。

（二）不同压力水头下露天辣椒的产量和灌溉水分生产率

不同压力水头下微润交替灌溉露天辣椒的产量和灌溉水分生产率见图 6-16。可以看出，露天辣椒各处理产量和灌溉水分生产率的表现基本一致，从高到低依次为 H2＞H1＞CK，其中处理 H2、H1 的产量和灌溉水分生产率显著高于 CK（$P < 0.05$，下同），但处理 H2 与 H1 之间产量和灌溉水分生产率的差异不显著。

在本试验条件下，微润交替灌溉较普通灌溉能够很好地促进露天辣椒

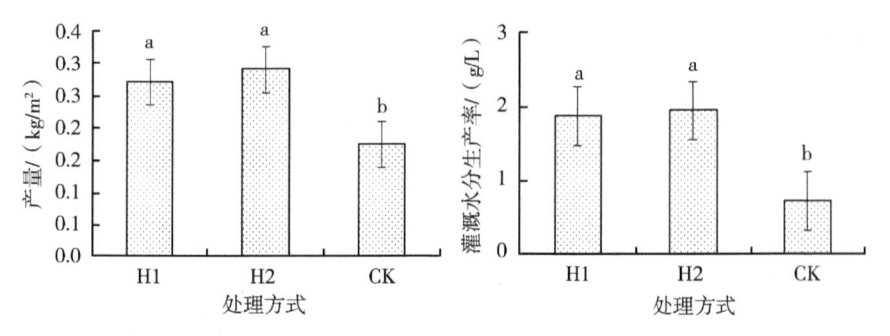

T1，微润交替灌溉时间为 4 d；T2，微润交替灌溉时间为 8 d；CK，普通地面灌溉。
不同小写字母 a、b 表示 0.05 差异显著水平。

图 6-16　不同压力水头下露天辣椒的产量和灌溉水分生产率

的生长，但压力水头对微润交替灌溉露天辣椒生长的影响作用不大，这与前述压力水头对微润交替灌溉大棚辣椒的生长有所不同，可能是因为在露天条件下降雨会对土壤水分有一定的补充，使得不同压力水头下水分入渗的差异被降雨的作用所抵消所致。

二、微润交替灌溉时间对微润交替灌溉露天辣椒生长的影响

（一）不同交替时间下露天辣椒的生长

不同交替时间下微润交替灌溉露天辣椒的株高、茎粗、根长、单株鲜重见图 6-17。可以看出，在露天辣椒定植后 8~80 d，各处理的株高、茎粗、根长、单株鲜重呈增加趋势，其中微润交替灌溉处理的各指标均高于 CK，各处理之间各指标从高到低依次为 T1＞T2＞CK。在定植后 80 d，处理 T1、T2、CK 的株高分别为 69.6 cm、64.4 cm、62.3 cm，茎粗分别为 5.1 mm、4.8 mm、4.3 mm，根长分别为 9.7 cm、9.0 cm、8.6 cm，单株鲜重分别为 8.7 g/株、8.5 g/株、7.3 g/株。

（二）不同交替时间下露天辣椒的产量和灌溉水分生产率

不同交替时间下微润交替灌溉露天辣椒的产量和灌溉水分生产率见图 6-18。可以看出，露天辣椒各处理产量和灌溉水分生产率的表现基本一致，从高到低依次为 T1＞T2＞CK，其中处理 T1、T2 的产量和灌溉水分生产率显著高于 CK（$P < 0.05$，下同），但处理 T1 与 T2 之间产量和灌溉水分生产率的差异不显著。

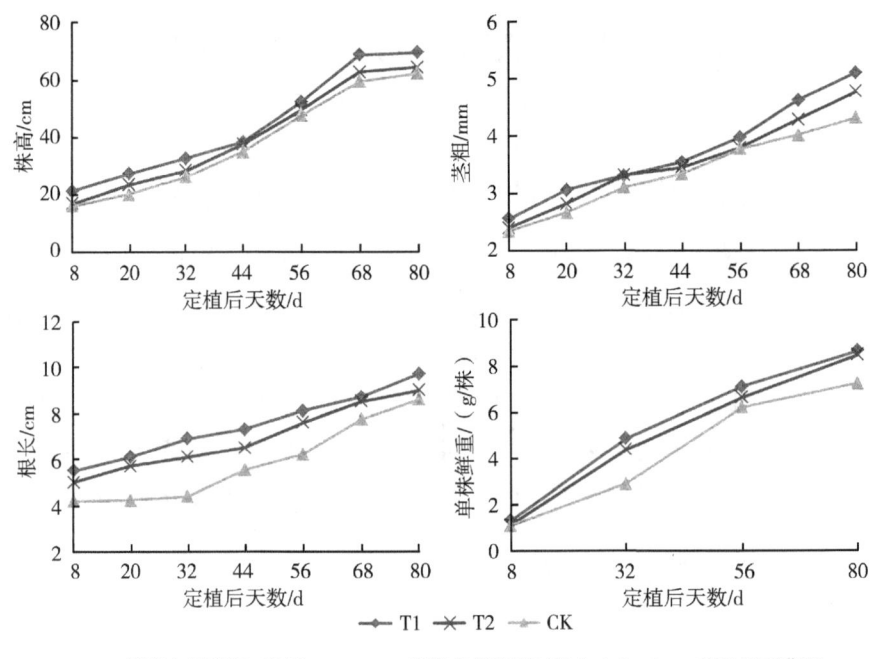

T1，微润交替灌溉时间为 4 d；T2，微润交替灌溉时间为 8 d；CK，普通地面灌溉。

图 6-17　不同交替时间下露天辣椒的株高、茎粗、根长和鲜重

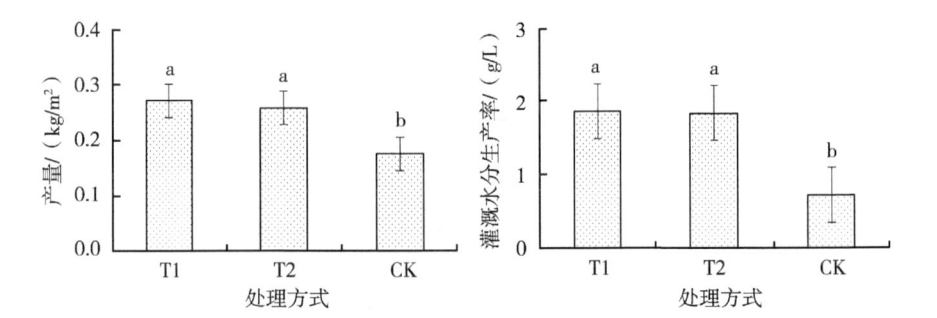

T1，微润交替灌溉时间为 4 d；T2，微润交替灌溉时间为 8 d；CK，普通地面灌溉。
不同小写字母 a、b 表示 0.05 差异显著水平。

图 6-18　不同交替时间下露天辣椒的产量和灌溉水分生产率

在本试验条件下，微润交替灌溉较普通灌溉能够很好地促进露天辣椒的生长，但交替时间对微润交替灌溉露天辣椒生长的影响作用不大，这与前述交替时间对微润交替灌溉大棚辣椒生长的影响作用不大是相一致的。

第六节　微润交替和连续灌溉模式对露天 大叶茼蒿生长的影响

一、不同灌溉模式下露天大叶茼蒿的土壤含水率

微润交替和连续灌溉模式下露天大叶茼蒿的土壤含水率见图 6-19。可以看出，不同灌溉处理土壤含水率的变化规律基本一致，各处理之间表现为 LX＞JT＞CK。处理 LX 因微润管出于连续灌水状态，入渗进入土壤当中的水分比较多，土壤含水率较高。处理 JT 因微润管交替灌溉，入渗进入土壤当中的水分相对较少，土壤含水率次之。CK 为普通地面灌溉，因在露天种植，种植箱中的水分更容易从表面蒸发，故土壤含水率较低。

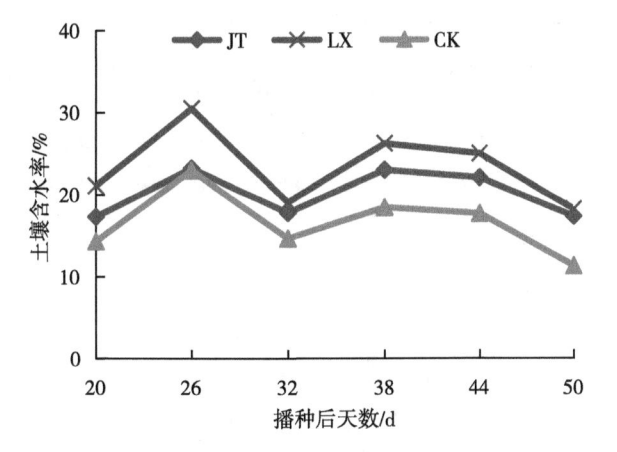

JT，微润交替灌溉；LX，微润连续灌溉；CK，普通地面灌溉。

图 6-19　不同灌溉模式下露天大叶茼蒿的土壤含水率

二、不同灌溉模式下露天大叶茼蒿的生长

不同微润和连续灌溉模式下露天大叶茼蒿的株高、茎粗、根长和最大单叶叶面积见图 6-20。可以看出，在播种后 20~50 d，各处理的各指标总体上都呈 "S" 形慢-快-慢的增长趋势。其中在播种后 20~26 d，各处理之间株高、茎粗、根长和最大单叶叶面积的差别均较小；在播种后 32~50 d，各处理之间株高、茎粗、根长和最大单叶叶面积均表现为 LX＞

JT＞CK，达到差异显著水平（$P<0.05$）。

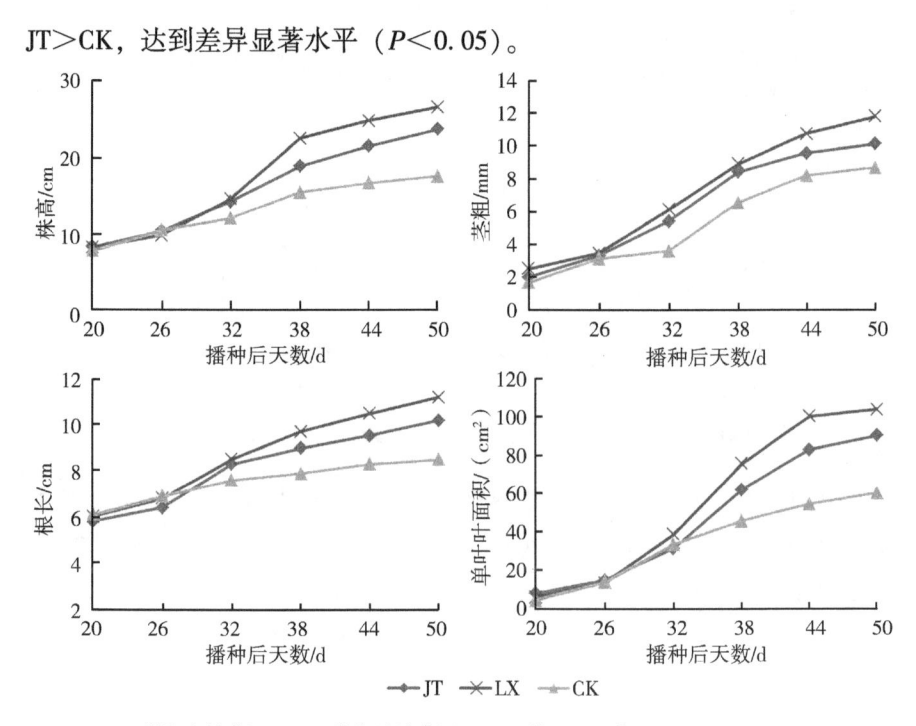

JT，微润交替灌溉；LX，微润连续灌溉；CK，普通地面灌溉。

图6-20　不同灌溉模式下露天大叶茼蒿的株高、茎粗、根长和叶面积

在播种后 50 d，处理 LX、JT、CK 的株高分别为 26.6 cm、23.7 cm、17.6 cm；茎粗分别为 11.8 mm、10.1 mm、8.7 mm；根长分别为 11.2 cm、10.2 cm、8.5 cm；最大单叶叶面积分别为 103.9 cm^2、90.1 cm^2、60.3 cm^2。

三、不同灌溉模式下露天大叶茼蒿的产量和灌溉水分生产率

不同微润和连续灌溉模式下露天大叶茼蒿的产量和灌溉水分生产率见图 6-21。可以看出，与前述露天大叶茼蒿各生长指标的变化规律相一致，各处理的产量、灌溉水分生产率均表现为 LX＞JT＞CK，其中处理 LX、JT 两者与 CK 之间产量、灌溉水分生产率的差异均达到显著水平（$P<0.05$，下同）；但处理 LX 与 JT 之间，两者产量的差异不显著，灌溉水分生产率的差异显著。

在本试验条件下，微润连续灌溉露天大叶茼蒿的产量高于微润交替灌

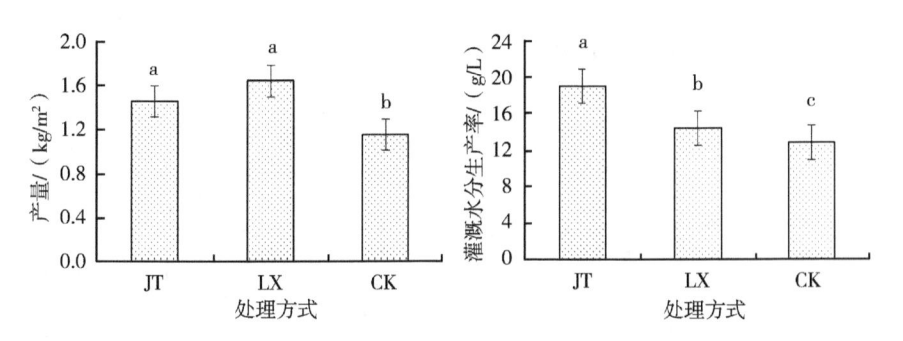

JT，微润交替灌溉；LX，微润连续灌溉；CK，普通地面灌溉。不同小写字母 a、b、c 表示 0.05 差异显著水平。

图 6-21　不同灌溉模式下露天大叶茼蒿的产量和灌溉水分生产率

溉，但两者之间产量的差异没有达到显著水平。从灌溉水分生产率角度来看，因微润交替灌溉的灌水量较少，使得其灌溉水分生产率显著高于微润连续灌溉。即微润交替灌溉比微润连续灌溉更为省水，灌水水分的利用效率更高。相比普通灌溉而言，微润连续或交替灌溉都是较为节水高效的灌溉方法。

第七节　本章小结

本章主要针对微润交替灌溉条件下大棚菠菜、空心菜、辣椒以及露天辣椒和大叶茼蒿生长的影响，进行了大棚和露天蔬菜栽培试验，就压力水头和微润管铺设间距、交替灌溉时间、交替和连续灌溉模式对蔬菜生长发育、产量及水氮利用的影响进行了测定分析，其研究结论可以为微润灌溉技术的多样化实际应用提供参考。

一、不同压力水头和管间距下微润交替灌溉蔬菜的生长

在不同压力水头（1.0 m、1.5 m，分别记为 H1、H2）和微润管铺设间距（20 cm、30 cm，分别记为 S1、S2）下，微润交替灌溉（交替灌溉时间 4 d）大棚菠菜、空心菜的土壤含水率明显高于普通灌溉对照。各微润灌溉处理之间，压力水头较大、微润管铺设间距较小时土壤含水量较高，压力水头较小、微润管铺设间距较大时土壤含水量较低。

微润交替灌溉大棚菠菜、空心菜的出苗率显著高于普通灌溉对照

（$P<0.05$），其株高、最大单叶叶面积、单株鲜重明显高于普通灌溉对照。大棚菠菜、空心菜的产量和灌溉水分生产率的表现基本一致，为 H2S1＞H2S2＞H1S1＞H1S2＞CK，其中处理 H2S1、H2S2 与其余处理之间产量和灌溉水分生产率的差异达到显著水平（$P<0.05$）。

在本试验条件下，压力水头是影响微润交替灌溉大棚菠菜、空心菜生长的重要因素，在压力水头较高时，微润管铺设间距对微润交替灌溉大棚菠菜、空心菜生长的影响作用较小；在压力水头较低、微润管铺设间距较大会使得微润交替灌溉处理的土壤水分含水率较低，从而影响大棚菠菜、空心菜的生长。

二、不同压力水头下微润交替灌溉蔬菜的生长

在不同压力水头（1.0 m、1.5 m，分别记为 H1、H2）下，微润交替灌溉（交替灌溉时间 4 d）大棚辣椒的土壤含水率明显高于普通灌溉对照，表现为 H2＞H1＞CK。微润交替灌溉大棚辣椒的株高、茎粗、根长、单株鲜重均高于普通灌溉对照。

微润交替灌溉大棚辣椒的产量和灌溉水分生产率的表现基本一致，也表现为 H2＞H1＞CK，其中处理 H2 的产量和灌溉水分生产率显著高于处理 H1 和 CK（$P<0.05$）。

在本试验条件下，压力水头是影响微润交替灌溉大棚辣椒生长的重要因素，在压力水头较高时，种植箱内的土壤含水率相对处于较高水平，从而满足辣椒生长的需求。

在不同压力水头（1.0 m、1.5 m，分别记为 H1、H2）下，微润交替灌溉（交替灌溉时间 4 d）露天辣椒的株高、茎粗、根长、单株鲜重明显高于普通灌溉对照。微润交替灌溉露天辣椒的产量和灌溉水分生产率表现基本一致，均为 H2＞H1＞CK，其中处理 H2、H1 的产量和灌溉水分生产率显著高于 CK（$P<0.05$），但其两者之间产量和灌溉水分生产率的差异不显著。

在本试验条件下，微润交替灌溉较普通灌溉能够很好地促进露天辣椒的生长，但压力水头对微润交替灌溉露天辣椒生长的影响作用不大，这与前述压力水头对微润交替灌溉大棚辣椒的生长有所不同，可能是因为在露天条件下降雨会对土壤水分有一定的补充，使得不同压力水头下水分入渗的差异被降雨的作用所抵消所致。

三、不同交替时间下微润交替灌溉蔬菜的生长

在不同交替时间（4d、8d，分别记为 T1、T2）下，微润交替灌溉大棚辣椒的土壤含水率明显高于普通灌溉对照，表现为 T1＞T2＞CK。

微润交替灌溉大棚辣椒的茎粗在定植后 8~80 d 高于普通灌溉对照，根长在定植后 20~80 d 高于普通灌溉对照。处理 T1 的单株鲜重明显高于处理 T2 和 CK。

在不同交替时间（4d、8d，分别记为 T1、T2）下，微润交替灌溉露天辣椒的株高、茎粗、根长、单株鲜重高于普通灌溉对照，表现为 T1＞T2＞CK。

微润交替灌溉大棚辣椒、露天辣椒的产量和灌溉水分生产率的表现基本一致，为 T1＞T2＞CK，其中处理 T1、T2 的产量和灌溉水分生产率显著高于 CK（$P<0.05$），但处理 T1 与 T2 之间产量和灌溉水分生产率的差异不显著。

在本试验条件下，微润交替灌溉较普通灌溉能够很好地促进大棚辣椒、露天辣椒的生长，但交替时间对微润交替灌溉大棚辣椒、露天辣椒生长的影响作用不大。

四、不同灌溉模式下蔬菜的生长

微润交替（JT）和连续灌溉（LX）模式下露天大叶茼蒿的土壤含水率表现为 LX＞JT＞CK。露天大叶茼蒿在播种后 20~26 d 的株高、茎粗、根长和最大单叶叶面积的差别较小；在播种后 32~50 d，以上各指标均表现为 LX＞JT＞CK，且达到差异显著水平（$P<0.05$）。

微润交替（JT）和连续灌溉（LX）模式下露天大叶茼蒿的产量和灌溉水分生产率与前述露天大叶茼蒿各生长指标的变化规律相一致，表现为 LX＞JT＞CK，其中处理 LX、JT 两者与 CK 之间产量、灌溉水分生产率的差异均达到显著水平（$P<0.05$）；但处理 LX 与 JT 之间，两者产量的差异不显著，灌溉水分生产率的差异显著。

在本试验条件下，微润连续灌溉露天大叶茼蒿的产量高于微润交替灌溉，但两者之间产量的差异没有达到显著水平。从灌溉水分生产率角度来看，微润交替灌溉比微润连续灌溉更为省水，灌水水分的利用效率更高。相比普通灌溉而言，微润连续或交替灌溉都是较为节水高效的灌溉方法。

第七章 基于微润灌溉施肥的蔬菜栽培试验研究

第一节 试验概述

目前微润灌溉的研究无论室内土箱模拟还是植物栽培试验，主要针对土壤水分运移、盐分运移及作物的节水增产效应，对微润灌溉结合施肥下土壤的肥料运移及植物的肥料利用研究较少。

水肥一体化是将灌溉与施肥相结合的农业技术措施，目前较多地用于滴灌系统，通过压力系统将肥料随灌水一起输送到植物根系区域，可以根据土壤状况及作物生育阶段精准控制水肥用量及比例，发挥水肥耦合效应，提高水肥利用效率（李传哲等，2017；黎会仙等，2018；郭丽等，2018；王顾等，2018；蔺多钰，2020；Bai et al.，2020；Liu et al.，2020；Tian et al.，2020）。

目前仅有少量关于微润灌溉水肥一体化的研究（李义林等，2018；2019），基于此，本研究在前期对微润灌溉下土壤水分运移及不同蔬菜生长发育影响的基础上，对微润灌溉结合施肥下露天空心菜、菜心、油麦菜和大棚辣椒生长的影响进行了试验研究，对蔬菜的生长发育、产量和水氮利用情况进行了测定分析，其研究结论可以为微润灌溉水肥一体技术的科学推广提供理论依据和试验支撑。

第二节 试验材料与试验方法

一、试验区概况和试验装置

微润灌溉施肥种植试验于 2018 年 4—10 月在山西省太原市太原理工大学迎西校区露天场地和简易塑料大棚内同时进行。试验区概况同第五章。

露天和大棚蔬菜种植试验装置同第六章微润交替灌溉种植试验装置（图 6-1、图 6-2）。露天空心菜、菜心种植中微润管埋深为 20 cm，露天油麦菜种植中微润管埋深为 15 cm。在试验过程中 3 根微润管同时开启。

大棚辣椒种植箱内铺设 2 根微润管，间距 30 cm，埋深 20 cm，在试验过程中两根微润管同时开启。

二、试验设计和方法

露天空心菜、菜心种植试验和大棚辣椒种植试验均设置 2 个压力水头 1.0 m、1.5 m（分别记为 H1、H2）、3 个施氮水平 0 mg/L、500 mg/L、1 000 mg/L（分别记为 N0、N1、N2）。露天油麦菜种植试验设置 4 个施氮水平 0 mg/L、350 mg/L、700 mg/L、1 150 mg/L（分别记为 N0、N1′、N2′、N3′），压力水头为 1.5 m。氮肥为分析纯尿素。试验设 3 次重复。种植土壤来自山西省太原市尖草坪区芮城村。试验设计见表 7-1。

表 7-1　露天空心菜、菜心、油麦菜和大棚辣椒种植试验设计

试验	试验处理	压力水头/ m	施氮水平/ （mg/L）	微润管埋深/ cm	微润管间距/ cm
露天空心菜 露天菜心	H1N0	1.0	0	20	25
	H1N1	1.0	500	20	25
	H1N2	1.0	1 000	20	25
	H2N0	1.5	0	20	25
	H2N1	1.5	500	20	25
	H2N2	1.5	1 000	20	25
露天油麦菜	N0	1.5	0	15	25
	N1′	1.5	350	15	25
	N2′	1.5	700	15	25
	N3′	1.5	1 150	15	25
大棚辣椒	H1N0	1.5	0	20	30
	H1N1	1.5	500	20	30
	H1N2	1.5	1 000	20	30
	H2N0	2.0	0	20	30
	H2N1	2.0	500	20	30
	H2N2	2.0	1 000	20	30

露天空心菜、菜心和油麦菜种植试验采用种子条播，每个种植箱等行距种植 4 行，出苗后定苗，使每个种植箱苗数相等。大棚辣椒种植试验采用育苗移栽。辣椒苗于 5 片叶子时定植于种植箱中，每箱 3 行，行距为 15 cm，每箱及每行辣椒苗数相同。

在蔬菜生长期用雨量器收集雨水，记录降雨量。根据不同处理的施氮水平配置不同浓度的尿素溶液加入水箱中供给微润管灌水。计算灌水量和施氮量。在蔬菜生长过程中用取土烘干法测定种植箱 0~15 cm 深度处土壤含水率（重量含水率），测定蔬菜的株高、茎粗、叶面积和单株鲜重，用 SPAD-502 型叶绿素仪测定叶片 SPAD（single-photon avalanche diode）值，收获时测定产量（以蔬菜鲜重计）。叶面积为植株平均单叶叶面积，测定时对选取的植株上所有叶面积进行测定，然后取平均值。计算灌溉水分生产率和氮肥农学效率。

氮肥农学效率计算公式为：

氮肥农学效率（kg/kg）=［施氮区产量（kg/m²）-未施氮区产量（kg/m²）］÷施氮量（kg/m²）。

三、数据处理

采用 Excel 2010、AutoCAD 2014、Surfer 11 进行数据整理、制作图表，采用 SPSS 19.0 软件进行数据统计分析，方差分析使用最小显著差异 LSD 法进行。

第三节　微润灌溉施肥对露天空心菜、菜心和油麦菜生长的影响

一、压力水头和施氮水平对露天空心菜生长的影响

（一）不同压力水头和施氮水平下露天空心菜的生长和产量

微润灌溉施氮处理下露天空心菜的株高、茎粗、鲜重变化及产量见图 7-1。空心菜株高、茎粗和鲜重随生长时间的变化基本呈"S"形曲线，压力水头对各指标影响显著（$P<0.05$）。在两个压力水头下施氮处理的株高都高于不施氮处理。在播种后 7~19 d，处理 H2N2 的株高相对较高；

在播种后 19～28 d，处理 H2N1 的株高相对较高；在收获时（播种后 28 d），各处理 H1N0、H1N1、H1N2、H2N0、H2N1、H2N2 的株高分别为 47.8 cm、48.5 cm、61.0 cm、54.7 cm、66.0 cm、56.4 cm。

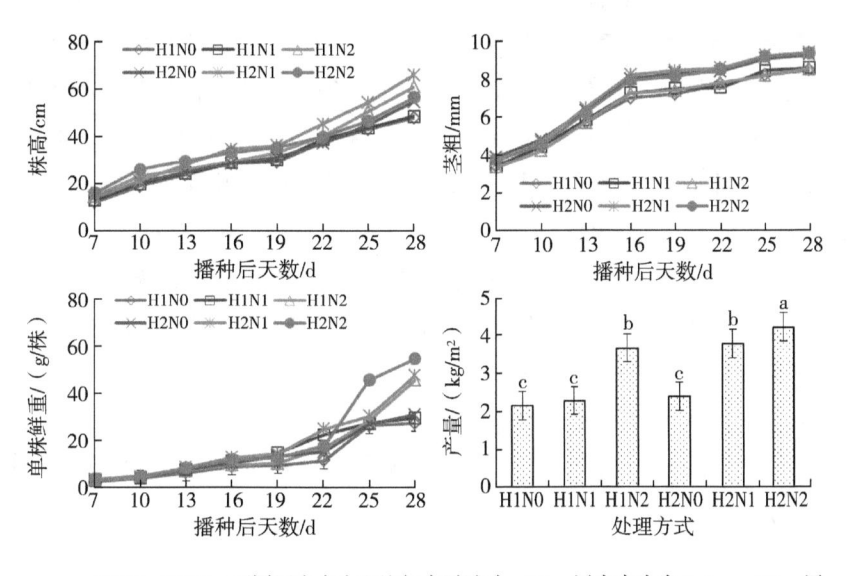

H1N0～H2N2，不同压力水头和施氮水平试验。H1，压力水头为 1.0 m；H2，压力水头为 1.5 m；N0，施氮水平为 0 mg/L；N1，施氮水平为 500 mg/L；N2，施氮水平为 1 000 mg/L。不同小写字母 a、b、c 表示 0.05 差异显著水平。

图 7-1　不同压力水头和施氮水平下露天空心菜的株高、茎粗、鲜重和产量

茎粗的变化为 1.5 m 压力水头的处理明显高于 1.0 m 压力水头的处理，但在相同压力水头下各处理间茎粗的差别不大；在收获时，1.5 m 压力水头处理 H2N0、H2N1、H2N2 的茎粗分别为 9.3 mm、9.4 mm、9.4 mm，1.0 m 压力水头处理 H1N0、H1N1、H1N2 的茎粗分别为 8.5 mm、8.6 mm、8.5 mm。

各处理的单株鲜重在播种后 7～19 d 差别较小，在播种后 25～28 d，处理 H2N2 的单株鲜重明显高于其他处理；在收获时，处理 H2N2、H2N1、H1N2 的单株鲜重分别为 54.8 g/株、47.7 g/株、45.7 g/株，明显高于处理 H1N0、H1N1、H2N0 的单株鲜重，分别为 27.3 g/株、29.6 g/株、31.0 g/株。

空心菜产量表现为 H2N2＞H2N1＞H1N2＞H2N0＞H1N1＞H1N0，其

中处理 H2N2 产量显著高于其他处理，处理 H2N1 和 H1N2 之间产量差异不显著，但显著高于处理 H2N0、H1N1、H1N0，而处理 H2N0、H1N1、H1N0 之间产量差异不显著。这说明压力水头和施氮水平较高时有利于空心菜的生长，不施氮和压力水头较低时不利于空心菜的生长。

（二）不同压力水头和施氮水平下露天空心菜的水肥利用

微润灌溉施肥下露天空心菜的水肥利用情况见表 7-2。在相同压力水头下，灌溉水分生产率表现为 N2＞N1＞N0，增施氮肥提高了灌溉水分生产率。在 1.0 m 压力水头下，施氮处理 H1N2、H1N1 的灌溉水分生产率分别是不施氮处理的 1.52 倍、1.01 倍；在 1.5 m 压力水头下，施氮处理 H2N2、H2N1 的灌溉水分生产率分别是不施氮处理的 1.76 倍、1.44 倍。

表 7-2 不同压力水头和施氮水平下露天空心菜的水肥利用情况

处理	产量/ （kg/m²）	灌水量/ （L/m²）	施纯氮量/ （kg/m²）	灌溉水分生产率/ （g/L）	氮肥农学效率/ （kg/kg）
H1N0	2.15 c	114.1	—	18.83	—
H1N1	2.27 c	119.5	0.023	19.02	5.53
H1N2	3.66 b	123.6	0.053	29.60	28.39
H2N0	2.40 c	116.6	—	20.58	—
H2N1	3.77 b	125.4	0.028	30.07	48.26
H2N2	4.21 a	114.4	0.035	36.76	51.88

注：H1N0~H2N2，不同压力水头和施氮水平试验。H1，压力水头为 1.0 m；H2，压力水头为 1.5 m；N0，施氮水平为 0 mg/L；N1，施氮水平为 500 mg/L；N2，施氮水平为 1 000 mg/L。不同小写字母 a、b、c 表示 0.05 差异显著水平。

氮肥农学效率表现为 H2N2＞H2N1＞H1N2＞H1N1，处理 H2N2 的氮肥农学效率分别是后三者处理的 1.07 倍、1.85 倍、9.48 倍。压力水头为 1.5 m、施氮水平为 1 000 mg/L 时更有助于空心菜的生长，氮农学效率提高。

二、压力水头和施氮水平对露天菜心生长的影响

（一）不同压力水头和施氮水平下露天菜心的生长和产量

微润灌溉施肥下露天菜心的株高、茎粗、鲜重变化及产量见图 7-2。

菜心株高、茎粗和鲜重随生长时间的变化基本呈"S"形曲线，压力水头对各指标影响显著（$P<0.05$）。施氮处理的株高高于不施氮处理。在播种后 15~25 d，各处理的株高差别不大；在播种后 30~40 d，处理 H1N2 的株高高于其他处理；收获时（播种后 40 d）处理 H1N2 的株高为 19.6 cm，处理 H2N0 的株高为 9.8 cm，低于其他处理。

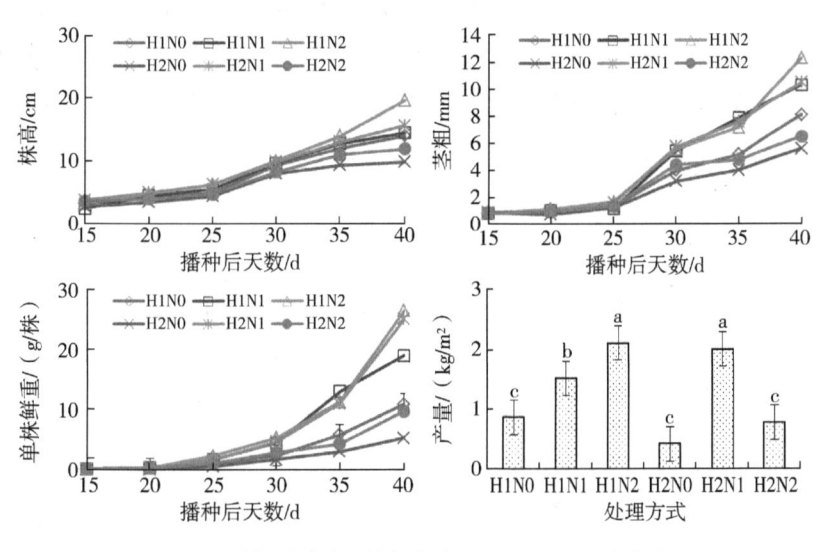

H1N0~H2N2，不同压力水头和施氮水平试验。H1，压力水头为 1.0 m；H2，压力水头为 1.5 m；N0，施氮水平为 0 mg/L；N1，施氮水平为 500 mg/L；N2，施氮水平为 1 000 mg/L。不同小写字母 a、b、c 表示 0.05 差异显著水平。

图 7-2　不同压力水头和施氮水平下露天菜心的株高、茎粗、鲜重和产量

菜心在播种后 25 d 内茎粗增长缓慢，各处理间差别不大；在播种后 25~40 d 茎粗增长迅速，处理 H1N2、H1N1、H2N1 的茎粗高于处理 H1N0、H2N2、H2N0；收获时处理 H1N2 的茎粗为 12.3 mm，高于其他处理，处理 H2N0 的茎粗为 5.6 mm，低于其他处理。

菜心单株鲜重的变化与茎粗相似，在播种后 25 d 内增长缓慢，各处理间差别较小；在播种后 25~40 d 增长迅速，处理 H1N2、H1N1、H2N1 的单株鲜重高于处理 H1N0、H2N2、H2N0；收获时处理 H1N2、H2N1 的单株鲜重分别为 26.4 g/株、25.0 g/株，高于其他处理，处理 H2N0 的单株鲜重为 5.2 g/株，低于其他处理。

菜心产量表现为处理 H1N2、H2N1 显著高于其他处理，两处理之间产量差异不显著；处理 H1N1 的产量显著高于 H1N0、H2N0、H2N2，后三者之间产量差异不显著。说明低压力水头下施高氮或高压力水头下施低氮都有利于菜心的生长，不施氮或高压力水头下施氮过多都不利于菜心的生长。

（二）不同压力水头和施氮水平下露天菜心的水肥利用

微润灌溉施肥下露天菜心的水肥利用情况见表 7-3。各处理的灌溉水分生产率为 H1N2＞H2N1＞H1N1＞H1N0＞H2N2＞H2N0。在 1.0 m 压力水头下，施氮增加，菜心产量增加，灌溉水分生产率提高；处理 H1N2 的灌溉水分生产率分别是处理 H1N0、H1N1 的 2.56 倍、1.38 倍。在 1.5 m 压力水头下，处理 H2N1 的灌溉水分生产率高于 H2N0、H2N2，分别是后二者的 4.86 倍、2.37 倍。压力水头为 1.0 m、施氮水平为 1 000 mg/L 时菜心的灌溉水分生产率最高。

表 7-3　不同压力水头和施氮水平下露天菜心的水肥利用情况

处理	产量/ （kg/m²）	灌水量/ （L/m²）	施纯氮量/ （kg/m²）	灌溉水分生产率/ （g/L）	氮肥农学效率/ （kg/kg）
H1N0	0.87 c	122.1	—	7.09	—
H1N1	1.52 b	120.3	0.018	12.61	35.58
H1N2	2.11 a	121.1	0.038	17.43	32.59
H2N0	0.42 c	127.2	—	3.27	—
H2N1	2.00 a	123.9	0.022	16.15	72.35
H2N2	0.78 c	114.0	0.024	6.80	14.97

注：H1N0~H2N2，不同压力水头和施氮水平试验。H1，压力水头为 1.0 m；H2，压力水头为 1.5 m；N0，施氮水平为 0 mg/L；N1，施氮水平为 500 mg/L；N2，施氮水平为 1 000 mg/L。不同小写字母 a、b、c 表示 0.05 差异显著水平。

氮肥农学效率表现为 H2N1＞H1N1＞H1N2＞H2N2，处理 H2N1 的氮肥农学效率分别是后三者处理的 4.83 倍、2.22 倍、2.03 倍。压力水头为 1.5 m、施氮水平为 500 mg/L 时，菜心的氮农学效率最高。

三、微润灌溉施氮水平对露天油麦菜生长的影响

(一) 不同施氮水平下露天油麦菜的土壤含水率

微润灌溉施氮处理下露天油麦菜的土壤含水率见图7-3。在播种后14~50 d，油麦菜的土壤含水率呈增加趋势，各处理表现为N2′＞N1′＞N0＞N3′，说明在一定施氮范围内，土壤含水率随施氮量的增加而增大，超过一定施氮量，土壤含水率反而减小。在播种后14~26 d，土壤含水率有小幅增加，在播种后26~32 d土壤含水率增加较多，这与这两个时间段内两次强度不同的降雨有关；在播种后32~38 d，土壤含水率变化平稳，该时间段内无降雨，油麦菜生长良好，说明微润管的出水量与油麦菜的耗水量基本维系平衡；在播种后38~50 d，土壤含水率有小幅增加，与该时间段油麦菜生长末期耗水量下降有一定关系。

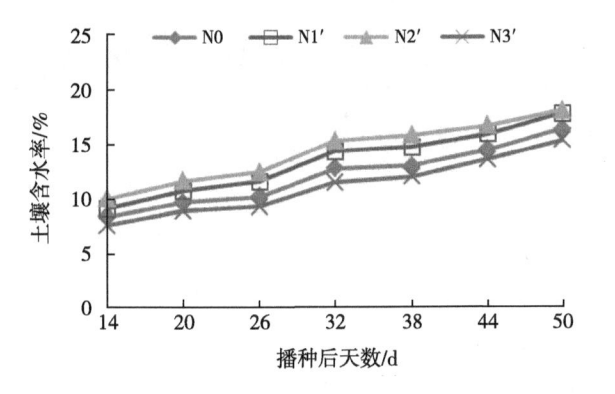

N0，施氮水平为 0 mg/L；N1′，施氮水平为 350 mg/L；
N2′，施氮水平为 700 mg/L；N3′，施氮水平为 1 150 mg/L。

图7-3　不同施氮水平下露天油麦菜的土壤含水率

(二) 不同施氮水平下露天油麦菜的生长

微润灌溉施氮处理下露天油麦菜的株高、茎粗、叶面积和SPAD值见图7-4。株高、茎粗、叶面积随生育进程的推进呈增加趋势；叶片SPAD值在播种后38 d前呈增加趋势，在播种后38 d后呈减少趋势。油麦菜的株高、茎粗表现为处理 N1′、N2′明显高于处理 N3′、N0，而处理 N1′和

N2′之间、处理 N3′和 N0 之间差别较小。单叶叶面积表现为处理 N0、
N1′、N2′明显高于处理 N3′，而前三者处理之间差别不大。叶片 SPAD 值
在播种后 14~32 d，处理 N2′高于其他 3 个处理，且这 3 个处理间差别不
大；在生育中后期（32~38 d），表现为 N2′＞N1′＞N0＞N3′；处理 N2′、
N1′叶片 SPAD 值的峰值出现在播种后 44 d，而处理 N0、N3′叶片 SPAD
值的峰值出现在播种后 38 d。说明在一定施氮范围内，氮素可以使油麦菜
叶片的叶绿素含量增加，光合效率提高，衰老期延迟，对油麦菜的生长起
促进作用；但超过一定施氮量，反而使油麦菜叶片的叶绿素含量减少，光
合效率下降，衰老期提前，对油麦菜的生长起抑制作用。

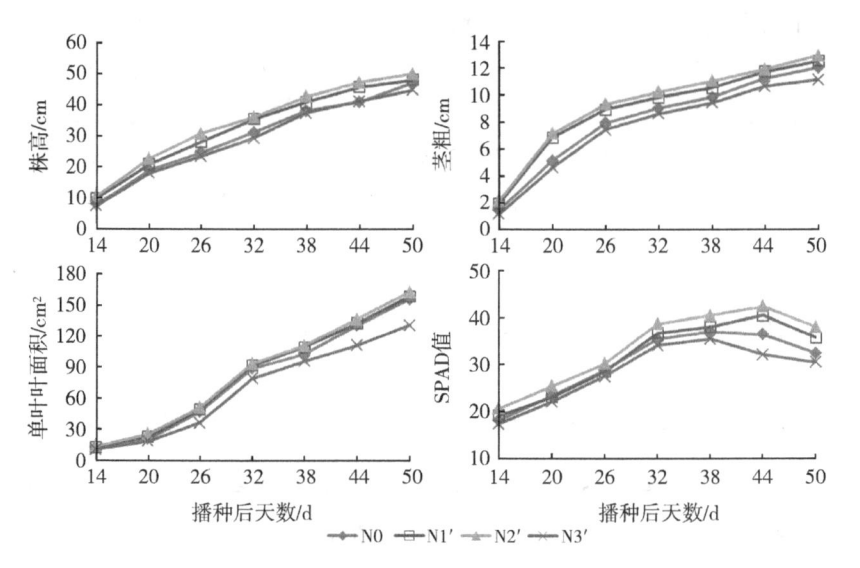

N0，施氮水平为 0 mg/L；N1′，施氮水平为 350 mg/L；N2′，施氮水平为 700 mg/L；
N3′，施氮水平为 1 150 mg/L。

图 7-4　不同施氮水平下露天油麦菜的株高、茎粗、叶面积和 SPAD 值

（三）不同施氮水平下露天油麦菜的产量和水肥利用

微润灌溉施氮处理下露天油麦菜的产量及水肥利用情况见表 7-4。油
麦菜的产量表现为 N2′＞N1′＞N0＞N3′，与株高、茎粗、叶面积和叶片
SPAD 值的变化一致。施氮处理 N2′、N1′的产量显著高于不施氮处理 N0
和施高氮处理 N3′，处理 N2′、N1′之间以及处理 N0、N3′之间产量差异不
显著。油麦菜的灌溉水分生产率表现为 N2′＞N1′＞N3′＞N0，氮肥农学效

率表现为 N2′＞N1′＞N3′，其中施高氮处理 N3′的氮肥农学效率出现负值，说明在一定施氮量范围内，增施氮肥能促进油麦菜的生长，增加产量，提高水氮的利用效率，但是超过一定的施氮量，氮肥表现出一定的负面影响，使油麦菜生长受抑制，产量减少，水氮利用效率下降。因此微润灌溉结合施肥要注意选择适宜植物生长的施氮量范围。

表 7-4　不同施氮水平下露天油麦菜的产量及水肥利用情况

处理	产量/ （kg/m²）	灌水量/ （L/m²）	施纯氮量/ （kg/m²）	灌溉水分生产率/ （g/L）	氮肥农学效率/ （kg/kg）
N0	1.85 b	127.3	—	14.53	—
N1′	2.21 a	135.3	0.023	16.33	15.35
N2′	2.56 a	142.4	0.038	17.98	18.82
N3′	1.76 b	116.9	0.062	15.06	-1.46

注：H1N0~H2N2，不同压力水头和施氮水平试验。H1，压力水头为 1.0 m；H2，压力水头为 1.5 m；N0，施氮水平为 0 mg/L；N1′，施氮水平为 500 mg/L；N2′，施氮水平为 1 000 mg/L。不同小写字母 a、b、c 表示 0.05 差异显著水平。

第四节　微润灌溉施肥对大棚辣椒生长的影响

一、不同压力水头和施氮水平下大棚辣椒的土壤含水率

不同压力水头和施氮水平下微润灌溉大棚辣椒的土壤含水率见图 7-5。可以看出，在定植后 14~84 d，大棚辣椒的土壤含水率总体上呈增加趋势。其中在定植后 14~54 d，土壤含水率增加较多；在定植后 54~84 d，土壤含水率的变化幅度较小。各处理之间，在定植后 14~24 d，土壤含水率的差别较小；在定植后 34~84 d，处理 H1N0、H2N0 的土壤含水率高于其他处理，即不施氮处理的土壤含水率相对较高。

二、不同压力水头和施氮水平下大棚辣椒的生长

不同压力水头和施氮水平下微润灌溉大棚辣椒的株高、茎粗、单叶叶面积和叶片 SPAD 值见图 7-6。可以看出，在定植后 14~44 d，大棚辣椒的株高增加迅速，之后生长变缓。在两个压力水头 H1、H2 下大棚辣椒的株高表现都为 N1＞N2＞N0，总体上处理 H2N1 的株高大于其他处理。在

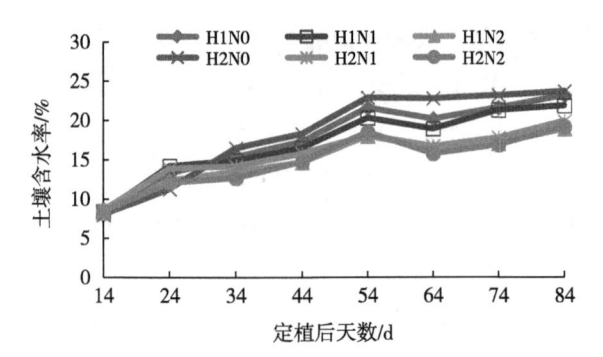

H1N0~H2N2 为不同压力水头和施氮水平试验处理。H1，压力水头为 1.0 m；
H2，压力水头为 1.5 m；N0，施氮水平为 0 mg/L；N1，施氮水平为 500 mg/L；N2，
施氮水平为 1 000 mg/L。

图 7-5　不同压力水头和施氮水平下大棚辣椒的土壤含水率

定植后 84 d，处理 H1N0、H1N1、H1N2、H2N0、H2N1、H2N2 的株高分
别为 67.1 cm、80.9 cm、70.1 cm、73.1 cm、90.6 cm、77.1 cm，其中株
高最高的处理 H2N1 比株高最低的处理 H1N0 增加 35%。

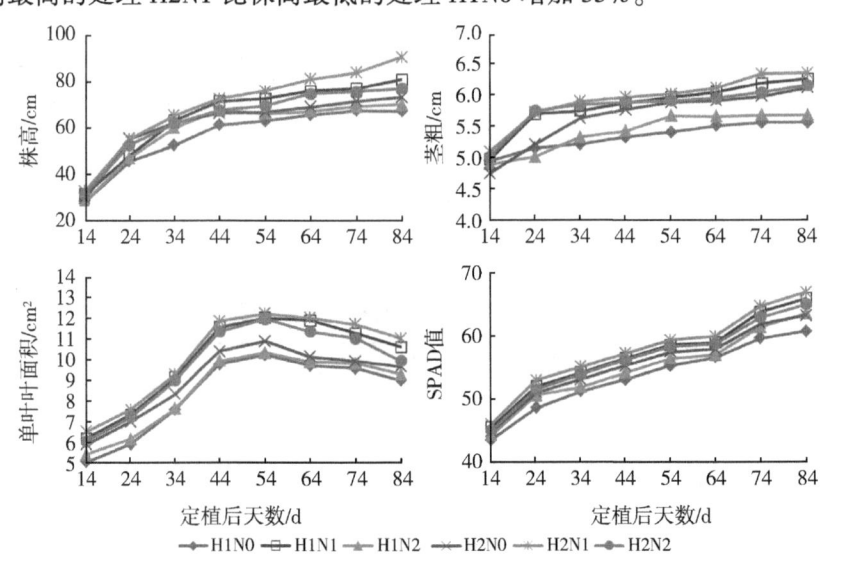

H1N0~H2N2 为不同压力水头和施氮水平试验处理。H1，压力水头为 1.0 m；H2，压力
水头为 1.5 m；N0，施氮水平为 0 mg/L；N1，施氮水平为 500 mg/L；N2，施氮水平为
1 000 mg/L。

图 7-6　不同压力水头和施氮水平下大棚辣椒的株高、茎粗、叶面积和 SPAD 值

与株高的表现相似，大棚辣椒的茎粗、单叶叶面积和叶片 SPAD 值在两个压力水头 H1、H2 下都表现为 N1＞N2＞N0，总体上处理 H2N1 的茎粗、单叶叶面积和叶片 SPAD 值大于其他处理。在定植后 84 d，处理 H2N1 的茎粗、单叶叶面积和叶片 SPAD 值分别为 6.3 cm、11.0 cm²、67.0，处理 H1N0 的茎粗、单叶叶面积和叶片 SPAD 值分别为 5.6 cm、9.0 cm²、60.8，前者分别比后者增加 14.2%、22.7%、10.2%。

总体而言，在压力水头较高（2.0 m）、施氮水平较低（500 mg/L）时大棚辣椒生长良好，其株高、茎粗、单叶叶面积和叶片 SPAD 值较高。在施氮水平过高（1 000 mg/L）时，大棚辣椒的生长反而受到抑制，各指标值下降。

三、不同压力水头和施氮水平下大棚辣椒的产量和水肥利用

不同压力水头和施氮水平下微润灌溉大棚辣椒的产量及水肥利用情况见表 7-5。大棚辣椒的产量表现为 H2N1＞H2N2＞H1N1＞H2N0＞H1N2＞H1N0，其中处理 H2N1 的产量显著高于其他处理，处理 H2N2 和 H1N1 之间产量差异不显著，但显著高于处理 H2N0、H1N2、H1N0，而处理 H2N0、H1N2、H1N0 之间产量差异不显著。这说明在压力水头较高（2.0 m）和施氮水平较低（500 mg/L）时有利于大棚辣椒的生长，不施氮和压力水头较低（1.5 m）且施氮水平较高（1 000 mg/L）时不利于大棚辣椒的生长。

表 7-5　不同压力水头和施氮水平下大棚辣椒的产量及水肥利用情况

处理	产量/ （kg/m²）	灌水量/ （L/m²）	施纯氮量/ （kg/m²）	灌溉水分生产率/ （g/L）	氮肥农学效率/ （kg/kg）
H1N0	0.25 c	248.9	—	1.00	—
H1N1	0.46 b	230.9	0.055	1.99	3.80
H1N2	0.37 c	198.8	0.110	1.86	1.09
H2N0	0.38 c	314.1	—	1.21	—
H2N1	0.69 a	302.2	0.069	2.28	4.49
H2N2	0.51 b	284.9	0.129	1.79	1.01

注：H1N0~H2N2，不同压力水头和施氮水平试验。H1，压力水头 1.0 m；H2，压力水头 1.5 m；N0，施氮水平 0 mg/L；N1，施氮水平 500 mg/L；N2，施氮水平 1 000 mg/L。不同小写字母 a、b、c 表示 0.05 差异显著水平。

因各处理之间灌水量的不同，大棚辣椒的灌溉水分生产率的排序与产量有所不同，表现为 H2N1＞H1N1＞H1N2＞H2N2＞H2N0＞H1N0。在相同压力水头下，大棚辣椒的灌溉水分生产率表现为 N1＞N2＞N0，氮肥施用且适量时可以提高大棚辣椒的灌溉水分生产率。在 1.5 m 压力水头下，施氮处理 H1N1、H1N2 的灌溉水分生产率分别是不施氮处理的 1.99 倍、1.86 倍；在 2.0 m 压力水头下，施氮处理 H2N1、H2N2 的灌溉水分生产率分别是不施氮处理的 1.89 倍、1.48 倍。

大棚辣椒的氮肥农学效率表现为 H2N1＞H1N1＞H1N2＞H2N2，其中处理 H2N1 的氮肥农学效率分别是后三者处理的 1.18 倍、4.13 倍、4.45倍。施氮水平较低时（500 mg/L）大棚辣椒的氮肥农学效率较高。

总的来看，处理 H2N1 的产量、灌溉水分生产率和氮肥农学效率均处于较高水平。即在较高压力水头（2.0 m）和较低施氮水平（500 mg/L）下大棚辣椒的生长状况良好，可取得较高的产量和水肥利用效率。而在较低压力水头（1.5 m）下不施氮时大棚辣椒的生长状况不好，产量和水分利用效率较低。

第五节　本章小结

本章主要针对微润灌溉施肥条件下露天空心菜、菜心、油麦菜以及大棚辣椒的生长，进行了蔬菜栽培试验研究，就不同压力水头和施氮水平对蔬菜生长发育、产量及水氮利用的影响进行了测定分析，其研究结论可以为微润灌溉水肥一体化应用提供参考。

一、不同压力水头和施氮水平下微润灌溉蔬菜的生长

压力水头对微润灌溉施氮处理下露天空心菜的株高、茎粗、鲜重及产量影响显著（$P<0.05$）。施氮处理的株高高于不施氮处理。1.5 m 压力水头处理的茎粗明显高于 1.0 m 压力水头的处理，相同压力水头下各处理间茎粗的差别不大。在收获时（播种后 28 d），压力水头 1.5 m 施氮水平为 1 000 mg/L 时的单株鲜重明显高于其他处理、产量显著高于其他处理。压力水头和施氮水平较高时有利于空心菜的生长，不施氮和压力水头较低时不利于空心菜的生长。在相同压力水头下，增施氮肥提高了灌溉水分生

产率。压力水头为 1.5 m、施氮水平为 1 000 mg/L 时更有助于空心菜的生长，氮农学效率提高。

压力水头对微润灌溉施氮处理下露天菜心的株高、茎粗、鲜重及产量影响显著（$P<0.05$）。在收获时（播种后 40 d），1.0 m 压力水头、施氮水平为 1 000 mg/L 时的株高、茎粗、单株鲜重明显高于其他处理。就产量来说，1.0 m 压力水头、施氮水平为 1 000 mg/L 以及 1.5 m 压力水头、施氮水平为 500 mg/L 的处理显著高于其他处理，而这两个处理之间产量差异不显著。1.0 m 压力水头、施氮水平为 1 000 mg/L 时菜心的灌溉水分生产率最高。1.5 m 压力水头、施氮水平为 500 mg/L 时菜心的氮农学效率最高。在低压力水头下施高氮或高压力水头下施低氮都有利于菜心的生长，不施氮或高压力水头下施氮过多都不利于菜心的生长。

在压力水头较高（2.0 m）、施氮水平较低（500 mg/L）时大棚辣椒生长良好，其株高、茎粗、单叶叶面积、叶片 SPAD 值、产量和水肥利用效率较高。不施氮和压力水头较低（1.5 m）且施氮水平较高（1 000 mg/L）时不利于大棚辣椒的生长。

二、不同施氮水平下微润灌溉蔬菜的生长

在一定施氮范围内，微润灌溉施氮处理下露天油麦菜的土壤含水率随施氮量的增加而增大，超过一定施氮量，土壤含水率反而减小。露天油麦菜的株高、茎粗、叶面积、SPAD 值和产量均以 N2（施氮水平 700 mg/L）处理为最高。氮素可以对油麦菜的生长起促进作用；但超过一定施氮量，反而对油麦菜的生长起抑制作用。

在一定施氮量范围内，增施氮肥能促进油麦菜的生长，使油麦菜叶片的叶绿素含量增加，光合效率提高，衰老期延迟，增加产量，提高水氮的利用效率，但是超过一定的施氮量，氮肥表现出一定的负面影响，使油麦菜叶片的叶绿素含量减少，光合效率下降，衰老期提前，使油麦菜生长受抑制，产量减少，水氮利用效率下降。因此微润灌溉结合施肥要注意选择适宜植物生长的施氮量范围。

第八章 微润灌溉试验研究总结

关于微润灌溉技术，本系列研究设置了室内土箱模拟试验和蔬菜栽培试验，针对微润灌溉和微润交替灌溉下土壤水分的运移、微润灌溉施肥下土壤水氮的运移以及微润灌溉、微润交替灌溉、微润灌溉施肥下的蔬菜生长几个方面进行了试验研究，得到一些试验研究结论，可以为该技术的实际应用提供借鉴。

针对微润灌溉下土壤水分的运移，进行了室内土箱模拟试验，从压力水头、土壤容重和土壤质地对微润灌溉累积入渗量、微润管出流量、微润灌溉湿润体的形状和运移、土壤含水率的影响等方面进行了测定分析，探讨了不同因素对微润灌溉土壤水分运移的影响。针对微润管的防堵塞性能，进行了微润管清水出流和浑水出流试验，探究了微润管抗堵性能与泥沙含量和粒径之间的关系。

针对微润交替灌溉下土壤水分的运移，进行了室内土箱模拟试验，从微润管铺设间距、埋深、交替时间和压力水头对微润交替灌溉累积入渗量、微润管出流量、湿润锋形状和运移、土壤含水率的影响等方面进行了观测分析，揭示了微润交替灌溉和常规微润灌溉的特点。

针对微润灌溉结合施肥下土壤水氮的运移，进行了室内土箱模拟试验，测定分析了微润灌溉水肥一体化条件下土壤水分的累积入渗量、微润管的出流量、微润灌溉湿润体的形状和运移、土壤含水率的变化、土壤硝态氮和铵态氮的变化等情况，可以为微润灌溉水肥一体化技术的应用提供理论依据。

针对微润灌溉技术的实际应用效果，进行了大棚小葱、紫油麦菜和小白菜微润灌溉种植试验，探讨了不同压力水头、微润管埋深及铺设方式对大棚蔬菜生长的影响；针对微润交替灌溉技术，进行了大棚波菜、大棚空心菜、大棚和露天辣椒、露天大叶茼蒿栽培试验，探讨了不同压力水头、微润管铺设间距、微润交替灌溉时间、微润交替和连续灌溉模式对土壤水分、蔬菜生长发育、产量和水分利用等的影响；针对微润灌溉结合施肥下露天空心菜、菜心、油麦菜和大棚辣椒生长的影响进行了试验研究，探讨了微润灌溉施肥对蔬菜生长发育、产量和水氮利用的影响，其研究结论可以为微润灌溉技术技术的科学推广及多样化应用提供理论依据和试验支撑。

一、总结

（一）微润灌溉下土壤水分的运移

压力水头、土壤容重、土壤质地对微润灌溉土壤水分的累积入渗量、微润管的出流量影响显著（$P<0.05$）。在微润灌溉入渗 $0\sim120$ h 内，累积入渗量随压力水头的增加而增加，随土壤容重的增加而减少，质地越黏重，累积入渗量越小。累积入渗量和入渗时间的关系可以用线性方程 $y=ax+b$ 表达（$R^2>0.98$）。微润管的出流量与累积入渗量的表现相似，也是随压力水头的增加而增加，随土壤容重的增加而减少，质地越黏重，出流量越小。在微润灌溉入渗 $0\sim12$ h，微润管的出流量呈迅速增加趋势，在入渗 $12\sim72$ h 出流量逐渐减少，在入渗 $72\sim120$ h 出流量基本稳定。

压力水头（2.0 m、1.5 m、1.0 m，分别记为 H1、H2、H3）、土壤容重（1.2 g/cm³、1.3 g/cm³、1.4 g/cm³，分别记为 γ1、γ2、γ3）、土壤质地（壤质砂土、砂质壤土、黏壤土，分别记为 LS、SL、CL）对微润灌溉湿润锋的形状没有明显影响，但对湿润锋垂直和水平方向的运移距离有明显影响。湿润锋的截面形状为椭圆形，其垂直方向的运移距离大于水平方向的运移距离，且垂直向下的运移距离大于垂直向上的运移距离。在相同入渗时间内，不同处理之间湿润锋的截面大小表现为 H1＞H2＞H3、γ1＞γ2＞γ3、LS＞SL＞CL，湿润锋的运移距离随着压力水头的增加而增加，随着土壤容重的增加而减少，随土壤质地变黏，湿润锋的运移变慢。随着灌水时间的延长，湿润锋的截面半径在不断增大，在相同时间内湿润半径增大的幅度在不断减小，即湿润锋的扩展速度在减缓。

湿润锋在 R、U、D 方向的运移距离随入渗时间推移呈增大趋势，且在入渗的 $0\sim24$ d 内运移距离增加迅速，之后增速放缓。压力水头越大，湿润锋运移越快。湿润锋的运移距离和入渗时间的关系可以用幂函数 $y=ax^b$ 表达（$R^2>0.97$）。湿润锋的运移速率在入渗 $0\sim72$ h 内呈减少趋势，并且在0～24 h内减少较多，在入渗72～120 h运移速率基本平稳。湿润锋的运移速率和入渗时间的关系也可以用幂函数 $y = ax^b$ 表达（$R^2 > 0.96$），这里的 b 为负值，表现为减函数。

在本试验设定条件下，微润灌溉的土壤含水率随压力水头的增加而增加，随着与微润管距离的增加而减少，在微润管向下方向的土壤含水率比向上和向右方向的高。微润灌溉的土壤含水率随土壤容重的增加呈减少趋势，但随着距离微润管距离的增加高容重土壤含水率的差异变小。微润灌溉的土壤含水率随供试土壤质地变黏呈增加趋势，其中壤质砂土和砂质壤土的土壤含水率在垂直向上方向上低于水平和垂直向下方向的，而黏壤土在各方向上的土壤含水率差别不大。

（二）微润管的抗堵塞性能

微润管在空气中的累积入渗量、出流量高于在地埋情况下，埋土后的压力和土壤水分状况都对微润管出流有一定影响。微润管在空气中和地埋情况下的累积入渗量和灌水时间的关系可以用线性方程 $y = ax + b$ 表达（$R^2 > 0.99$）。在空气中出流量达到平稳的时间较在地埋情况下早；在地埋情况下，出流量在灌水开始12 h内增加较多，之后逐渐平稳。

在浑水条件下，微润管在灌水0～6 h即发生一定程度的堵塞，在灌水72～78 h发生严重堵塞；在灌水138～144 h堵塞更为严重。微润管堵塞的严重程度，随着灌水时间的增加呈明显增加趋势。在泥沙含量相同时，泥沙粒径越大，微润管越容易堵塞，且发生严重堵塞（相对流量＜75%）的时间越提前。在相同泥沙粒径条件下，泥沙含量越高，微润管的空气出流量越小，微润管堵塞越严重，且达到严重堵塞的时间越早。

（三）微润交替灌溉下土壤水分的运移

微润交替灌溉受微润管铺设间距、埋深、交替时间和压力水头的影响。

当微润管铺设间距为10 cm时，管M1的累积入渗量明显高于管M2；当微润管铺设间距为30 cm时，管M1、M2的累积入渗量相近。在压力水头相同时，埋深小的处理的累积入渗量高于埋深大的处理。在埋深相同时，压力水头大的处理的累积入渗量高于压力水头小的处理。不同微润交替灌溉时间下，微润管 M1 的累积入渗量大于管 M2。随交替时间的延长，管 M1、M2 的累积入渗量的差别逐渐减小。不同压力水头下微润交替灌溉的累积入渗量随压力水头的增加而增加。

微润交替灌溉的累积入渗量与入渗时间的关系可以用线性方程 $y=ax+b$ 表达（$R^2>0.99$）或二次函数方程 $y=ax^2+bx+c$ 表达（$R^2>0.99$）。

与累积入渗量的变化规律相似，压力水头是影响微润管水分出流的重要因素，在 1.5 m 压力水头下管 M1 和 M2 的出流量均显著高于在压力水头 1.0 m 下（$P<0.05$）。在相同压力水头下，管 M1 和 M2 的出流量随微润管埋深的增加而减少。在相同埋深下，管 M1 和 M2 的出流量随压力水头的增加而增加。不同交替时间下管 M1 的出流量大于管 M2，两管之间出流量的差别随交替时间的增加而缩小。不同压力水头下管 M1 和 M2 的出流量随压力水头的增加而增加。二次交替灌溉在入渗 96~192 h 的出流量明显低于在入渗 24~96 h 的出流量。

单根微润管湿润体的截面形状类似于同心圆，在 1.5 m 压头水头下湿润体的截面面积大于在 1.0 m 压头水头下的湿润体截面面积。当微润管铺设间距为 10 cm 时，管 M1 和 M2 的湿润体在单周期入渗结束时会重叠；当微润管铺设间距为 20 cm 时，管 M1 和 M2 的湿润体略有重叠；当管间距为 30 cm 时，两者之间没有相互影响。

在相同压力水头下，微润交替灌溉的湿润锋面积随着微润管埋深的增加逐渐减小，两管形成的湿润锋间距越远。在相同微润管埋深下，随着压力水头的增加，湿润锋的湿润面积逐渐增加，两管形成的湿润锋间距越近。在 1.0 m 压力水头下，3 个埋深处理的管 M1 和 M2 形成的湿润锋均没有相交。在 1.5 m 压力水头下，埋深为 10 cm、15 cm 的处理的管 M1 和 M2 形成的湿润锋相交，而埋深为 20 cm 的处理的管 M1 和 M2 形成的湿润锋没有相交。

不同交替时间下微润交替灌溉湿润锋的形状为以微润管为中心的同心圆。交替时间较短时，管 M1 和 M2 的湿润锋在试验周期内没有相交，湿润锋截面形状类似两个相互独立互不影响的圆形；交替时间较长时，管 M1 和 M2 的湿润锋在试验周期内相交。

微润交替灌溉双周期试验，其湿润体运移情况与单周期试验相近，在二次交替灌溉后湿润体的形状没有太大的变化，说明在第一次交替灌溉中，土壤湿润体的形状已经大致固定，二次交替微润灌溉对湿润体形状的影响较小。

微润交替灌溉的湿润锋的运移距离随着入渗时间的增加而增加。管M1、M2的湿润锋运移均表现为前期增长较快，后期增长缓慢。就埋深而言，各方向的运移距离总体随着埋深的增加而减少。就压力水头而言，各方向的运移距离总体随着压力水头的增加而增加。湿润锋在R和D方向的最终运移距离大体上大于在U方向的运移距离。湿润锋的运移距离和入渗时间的关系可以用幂函数$y=ax^b$来表示（$R^2>0.92$）。

微润交替灌溉的土壤含水率随着与微润管距离的增加而减小。单周期微润交替灌溉试验结束时，管间距为10 cm、20 cm的处理在管M2附近的土壤含水量明显高于在管M1附近的；并且在1.5 m压力水头下的土壤含水率要高于在1.0 m压力水头下的。管间距为30 cm的处理，管M1和M2附近的土壤水分分布状况相似。双周期微润交替灌溉试验结束时，管M1附近的土壤含水量增加，使管M1和M2附近的土壤水分分布更加均匀。

在压力水头相同条件下，微润交替灌溉的土壤含水率随着微润管埋深的增加而减少。在埋深相同情况下，土壤含水率随着压力水头的增加而增加。就土箱不同位置来说，土壤含水率随着与微润管距离的增加而减少，在距离两根微润管距离相等的中心位置土壤含水率最低。随着微润管埋深的增加，两个压力水头下土箱不同位置处的土壤含水率的差别减小。

不同交替时间下微润交替灌溉土壤的含水率围绕微润管M1和M2呈环状降低状态，在近微润管M1附近最高，其次为微润管M2附近的土壤含水率较高；微润管M1和M2中间处的土壤，含水率最低。随交替灌溉时间的延长，微润管M1和M2形成的湿润锋相交，土箱中间区域的土壤水分含量增加。

微润连续灌溉下管M1和M2的累积入渗量高于微润交替灌溉。在交替时间4 d时，微润交替灌溉处理的管M1和M2的出流量差别不大。在交替时间8 d时，微润交替灌溉处理的管M1的出流量高于管M2。连续灌溉处理管M1和M2的出流量差别不大。

在交替时间4 d时，微润交替灌溉处理的管M1、M2形成的湿润体没有相交。在交替时间8 d时，微润交替灌溉处理的管M1、M2形成的湿润锋截面相交，管 M1 形成的湿润锋的截面积比管 M2 形成的要大。

微润连续灌溉处理的管 M1、M2 形成的湿润体差别不大。在连续灌溉 16 d 时，管 M1、M2 形成的湿润锋截面互相重合，土箱中土壤全部湿润。微润连续灌溉的水分入渗量远远大于微润交替灌溉，所形成的湿润锋的截面积也均大于微润交替灌溉。

（四）微润灌溉施肥下土壤水氮的运移

微润灌溉施肥（施氮水平为 1 000 mg/L）下压力水头对累积入渗量、出流量的影响显著（$P<0.05$）。在相同微润灌溉时间下，压力水头越高，累积入渗量越大。出流量在入渗 0~12 h 呈增加趋势，之后逐渐减少至平稳状态，压力水头为 0.75 m、1.0 m 时较早达到平稳出流状态，压力水头为 1.75 m、2.0 m 时达到平稳出流状态的时间较晚。

微润灌溉施肥处理的湿润锋形状近似为以微润管布设位置为中心的椭圆，随着灌水时间的延续，椭圆半径逐渐增加，且纵向半径大于横向半径。湿润锋运移速率、半径、湿润面积随着压力水头的增加而增加。在垂直方向上湿润锋向下运移的距离大于向上运移的距离，且压力水头增加时，湿润锋向下运移距离有增多趋势。

压力水头是影响微润灌溉施肥处理水分入渗和土壤含水量变化的主要因素。在压力水头较低时，各处理在微润管入渗界面处的土壤含水率最高，之后随着与入渗界面距离的增加，土壤含水率向四周呈辐射状减少。在压力水头较高时，水分入渗量较大，更易受重力作用影响，土壤含水率最高值出现在微润管入渗界面下方处。

微润灌溉施肥下土壤铵态氮、硝态氮含量的变化规律与土壤水分含量的变化规律相似，都是在近微润管处含量较高，之后随着与微润管距离的增加，向四周呈现辐射状减小趋势。不同的是，近微润管处的土壤硝态氮含量随着压力水头的增加而增加，近微润管处的土壤铵态氮含量在压力水头为 0.75~1.5 m 时，随着压力水头的增加而增加，当压力水头继续增加时（1.75 m、2.0 m），近微润管处的土壤铵态氮含量减少。

距离微润管水平距离 0 cm、5 cm 处的土壤铵态氮、硝态氮含量随入渗时间的增加呈增加趋势，分别在入渗 12~72 h、12~48 h 时增加较多，在入渗 72~108 h、48~108 h 时增加较少。在垂直方向上，土壤铵态氮、硝态氮含量的高值集中在微润管向上、向下 5 cm 处。

在压力水头为 2.0 m 时，微润灌溉的累积入渗量、出流量随施氮水平（0 mg/L、500 mg/L、1 000 mg/L、1 500 mg/L）的增加而增加，累积入渗量与入渗时间的关系可以用二次函数方程 $y = ax^2 + bx + c$ 表达（$R^2 > 0.99$）。湿润锋的运移距离随施氮水平的增加也呈增加趋势，运移距离和入渗时间的关系可以用幂函数 $y = ax^b$ 表达（$R^2 > 0.98$）。

施氮可以促进微润灌溉水分的入渗，使土壤含水率增加，使土壤含水率的变化幅度增加。在同一施氮水平下，土壤含水率随着与微润管距离的增加而减小。土壤含水率围绕微润管呈辐射状降低的特征与清水入渗相似。各处理土壤含水率的高值均出现在微润管埋设位置下方区域处，且随着施氮水平的增大，最大含水率位置下移的趋势增大。

微润灌溉的土壤铵态氮、硝态氮含量随施氮水平增加呈增加趋势。施氮对土壤铵态氮、硝态氮的运移有重要影响，施氮处理土壤铵态氮含量在近微润管处较低，围绕微润管向四周呈辐射状先增加后降低的状态。土壤硝态氮含量表现为在近微润管处较低，围绕微润管向四周呈辐射状增加的状态。随微润灌溉入渗时间的增加，施肥处理的土壤铵态氮、硝态氮含量出现峰值的位置在不断变化，随着入渗时间的增加峰值不断向远离微润管的方向转移。

不同压力水头（1.0 m、1.5 m）和施氮水平（0 mg/L、500 mg/L、1 000 mg/L）下，不施氮处理的累积入渗量高于施氮处理，相同施氮水平下压力水头较高的处理的累积入渗量高于压力水头较低的处理。累积入渗量与入渗时间的关系可以用二次函数方程 $y = ax^2 + bx + c$ 表达（$R^2 > 0.99$）。压力水头较高（1.5 m）的清水入渗较压力水头较低（1.0 m）且施氮浓度较高（1 000 mg/L）的肥液入渗更为容易。微润灌溉不同压力水头和施氮水平下土壤含水率的差别不大，但不同土层之间，随距离微润管距离的增加土壤含水率减小。

施氮处理各土层的土壤铵态氮、硝态氮含量高于不施氮处理。不施氮处理各土层之间的土壤铵态氮含量的差别较小，施氮处理各土层之间的土壤铵态氮含量的差别较大。施氮处理在距离微润管上下 5 cm 处的土壤铵态氮、硝态氮含量最高，随着与微润管距离的增加土壤铵态氮、硝态氮含量呈减少趋势。

（五）微润灌溉下的蔬菜生长

微润连续灌溉大棚小葱的土壤含水率在小葱生长前期呈增加趋势，之后变得平稳。在微润管埋深较浅时土壤含水率较高。微润连续灌溉处理大棚小葱的株高高于普通灌溉对照，产量显著高于普通灌溉对照（$P<0.05$）。在压力水头较高（2.0 m）、微润管埋深较浅（4 cm）时微润连续灌溉大棚小葱的产量较高。

微润间歇灌溉大棚紫油麦菜各处理之间土壤水分含量的差异小于微润连续灌溉。微润间歇灌溉大棚紫油麦菜的株高明显高于普通灌溉对照，产量显著高于普通灌溉对照（$P<0.05$）。在压力水头较高（2.0 m）、微润管埋深较浅（4 cm）时微润间歇灌溉大棚紫油麦菜的株高、产量较高。与前述微润连续灌溉大棚小葱表现一致。

微润间歇灌溉大棚小白菜的产量显著高于普通灌溉对照（$P<0.05$）。与前述微润间歇灌溉大棚紫油麦菜的情况有所不同，压力水头是决定微润间歇灌溉大棚小白菜产量的重要因素，微润管埋深对大棚小白菜产量的影响较小。在压力水头较高（2.0 m）、微润管埋深4 cm或8 cm时的产量显著相对高于其他处理。

双管铺设的微润连续灌溉大棚小白菜的灌水量明显高于单管铺设，微润管铺设方式相同下埋深较深的灌水量高于埋深较浅的。双管或单管铺设时微润管埋深较浅时土壤含水率较高。单管铺设且埋深较浅时大棚小白菜的产量最高，而双管铺设且埋深较深时大棚小白菜的产量最低。

（六）微润交替灌溉下的蔬菜生长

在不同压力水头（1.0 m、1.5 m，分别记为H1、H2）和微润管铺设间距（20 cm、30 cm，分别记为S1、S2）下，微润交替灌溉（交替灌溉时间4 d）大棚菠菜、空心菜的土壤含水率、出苗率、株高、最大单叶叶面积、单株鲜重明显高于普通灌溉对照，产量和灌溉水分生产率表现为H2S1＞H2S2＞H1S1＞H1S2＞CK，其中处理H2S1、H2S2与其余处理之间产量和灌溉水分生产率的差异达到显著水平（$P<0.05$）。压力水头是影响微润交替灌溉大棚菠菜、空心菜生长的重要因素，在压力水头较高时，微润管铺设间距对微润交替灌溉大棚菠菜、空心菜生长的影响作用较

小；在压力水头较低、微润管铺设间距较大会使得微润交替灌溉处理的土壤水分含水率较低，从而影响大棚菠菜、空心菜的生长。

在不同压力水头（1.0 m、1.5 m，分别记为 H1、H2）下，微润交替灌溉（交替灌溉时间 4 d）大棚辣椒的土壤含水率、株高、茎粗、根长、单株鲜重均高于普通灌溉对照。微润交替灌溉大棚辣椒的产量和灌溉水分生产率的表现基本一致，为 H2>H1>CK，其中处理 H2 的产量和灌溉水分生产率显著高于处理 H1 和 CK（$P<0.05$）。压力水头是影响微润交替灌溉大棚辣椒生长的重要因素，在压力水头较高时，种植箱内的土壤含水率相对处于较高水平，从而满足辣椒生长的需求。

在不同压力水头（1.0 m、1.5 m，分别记为 H1、H2）下，微润交替灌溉（交替灌溉时间 4 d）露天辣椒的株高、茎粗、根长、单株鲜重明显高于普通灌溉对照。微润交替灌溉露天辣椒的产量和灌溉水分生产率表现为 H2>H1>CK，其中处理 H2、H1 的产量和灌溉水分生产率显著高于CK（$P<0.05$），但其两者之间产量和灌溉水分生产率的差异不显著。微润交替灌溉较普通灌溉能够很好地促进露天辣椒的生长，但压力水头对微润交替灌溉露天辣椒生长的影响作用不大，这与前述压力水头对微润交替灌溉大棚辣椒的生长有所不同，可能是因为在露天条件下降雨会对土壤水分有一定的补充，使得不同压力水头下水分入渗的差异被降雨的作用所抵消所致。

在不同交替时间（4d、8d，分别记为 T1、T2）下，微润交替灌溉大棚辣椒、露天辣椒的产量和灌溉水分生产率的表现基本一致，为 T1>T2>CK，其中处理 T1、T2 的产量和灌溉水分生产率显著高于 CK（$P<0.05$），但处理 T1 与 T2 之间产量和灌溉水分生产率的差异不显著。微润交替灌溉较普通灌溉能够很好地促进大棚辣椒、露天辣椒的生长，但交替时间对微润交替灌溉大棚辣椒、露天辣椒生长的影响作用不大。

微润交替（JT）和连续灌溉（LX）模式下露天大叶茼蒿的土壤含水率、产量和灌溉水分生产率表现为 LX>JT>CK，其中处理 LX、JT 两者与 CK 之间产量、灌溉水分生产率的差异均达到显著水平（$P<0.05$）；但处理 LX 与 JT 之间，两者产量的差异不显著，灌溉水分生产率的差异显著。微润连续灌溉露天大叶茼蒿的产量高于微润交替灌溉，但两者之间产量的差异没有达到显著水平。从灌溉水分生产率角度来看，微润交替灌

溉比微润连续灌溉更为省水，灌水水分的利用效率更高。相比普通灌溉而言，微润连续或交替灌溉都是较为节水高效的灌溉方法。

（七）微润灌溉施肥下的蔬菜生长

压力水头对微润灌溉施氮处理下露天空心菜的株高、茎粗、鲜重及产量影响显著（$P < 0.05$）。压力水头和施氮水平较高（1.5 m 和 1 000 mg/L）时有利于空心菜的生长，氮农学效率提高。不施氮和压力水头较低（1.0 m）时不利于空心菜的生长。在相同压力水头下，增施氮肥提高了灌溉水分生产率。

压力水头对微润灌溉施氮处理下露天菜心的株高、茎粗、鲜重及产量影响显著（$P < 0.05$）。在低压力水头下施高氮（1.0 m 和 1 000 mg/L）或高压力水头下施低氮（1.0 m 和 500 mg/L）都有利于菜心的生长，不施氮或高压力水头下施氮过多都不利于菜心的生长。1.0 m 压力水头、施氮 1 000 mg/L 时的株高、茎粗、单株鲜重明显高于其他处理。就产量来说，1.0 m 压力水头、施氮 1 000 mg/L 以及 1.5 m 压力水头、施氮 500 mg/L 的处理显著高于其他处理，而这两个处理之间产量差异不显著。1.0 m 压力水头、施氮水平为 1 000 mg/L 时菜心的灌溉水分生产率最高。1.5 m 压力水头、施氮水平为 500 mg/L 时菜心的氮农学效率最高。

在压力水头较高（2.0 m）、施氮水平较低（500 mg/L）时大棚辣椒生长良好，其株高、茎粗、单叶叶面积、叶片 SPAD 值、产量和水肥利用效率较高。不施氮和压力水头较低（1.5 m）且施氮水平较高（1 000 mg/L）时不利于大棚辣椒的生长。

在一定施氮范围内（0~700 mg/L），微润灌溉施氮处理下露天油麦菜的土壤含水率随施氮量的增加而增大，超过一定施氮量（1 150 mg/L），土壤含水率反而减小。露天油麦菜的株高、茎粗、叶面积、SPAD 值和产量均以施氮水平 700 mg/L 时为最高。氮素可以对油麦菜的生长起促进作用；但超过一定施氮量，反而对油麦菜的生长起抑制作用。微润灌溉结合施肥要注意选择适宜植物生长的施氮量范围。

二、启示

微润灌溉由于以微量、缓释方式进行地下灌溉，节水效果明显；同时系统运行只需较低的水头和土壤水的负压势能驱动，节能效果明显。微润灌溉水肥一体化通过地下埋设管道的方式直接向作物供应水肥，使水分和养分直接作用于植物根部，有效避免地表蒸发损失及渗漏损失，提高了灌溉水肥的利用效率，同时达到改善作物质量、增加产量的目的。

目前微润灌溉技术已在农林业、城市绿化等方面得以应用，同时还在治理盐碱地和沙漠化生态恢复方面试验推广，其最大优势是突破了自动灌溉的技术瓶颈，解决了一直以来山地丘陵区、荒漠化和盐碱地治理难题，可以为治理类似地区土地提供有效的解决方案。关于微润灌溉机理和性能的试验研究，有助于该项技术的应用推广。

参考文献

蔡倩，白一光，2015. 交替灌溉节水与增产机理研究进展 [J]. 农业科技与装备（12）：38-40.

蔡耀辉，吴普特，张林，等，2017. 微孔陶瓷渗灌与地下滴灌土壤水分运移特性对比 [J]. 农业机械学报，48（4）：242-249.

蔡耀辉，吴普特，朱德兰，等，2015. 粘土基微孔陶瓷渗灌灌水器制备与性能优化 [J]. 农业机械学报，46（4）：183-188.

褚丽妹，葛岩，潘兴辉，等，2012. 苹果树微润灌溉技术试验研究 [J]. 节水灌溉（4）：30-31.

董瑾，2013. 新型节水设备及其在温室草莓上的应用效果对比 [J]. 农业工程，3（Z2）：27-30.

董彦红，赵志成，张旭，等，2016. 分根交替滴灌对管栽黄瓜光合作用及水分利用效率的影响 [J]. 植物营养与肥料学报，22（1）：269-276.

凡久彬，2015. 烤烟应用微润灌溉技术试验研究 [J]. 水利天地，1（11）：54-57.

樊二东，王新坤，肖思强，等，2019. 压力水头对微润灌溉土壤水分运移试验研究 [J]. 排灌机械工程学报，37（11）：986-992.

高西宁，2006. 微孔渗灌土壤水分运动的数值模拟 [D]. 沈阳：沈阳农业大学.

高西宁，张玉龙，2009. 微孔渗灌管水力特性的试验研究 [J]. 灌溉排水学报（1）：104-106.

郭丽，史建硕，王丽英，等，2018. 滴灌水肥一体化条件下施氮量对夏玉米氮素吸收利用及土壤硝态氮含量的影响 [J]. 中国生态农业学报，26（5）：668-676.

郭良士，秦富仓，姚云峰，等，2015. 渗灌对日光温室番茄栽培环境

的影响 [J]. 灌溉排水学报, 34 (3): 98-100.

何玉琴, 2012. 制种玉米微润管灌溉模式研究 [D]. 兰州: 甘肃农业大学.

何玉琴, 成自勇, 张芮, 等, 2012. 不同微润灌溉处理对玉米生长和产量的影响 [J]. 华南农业大学学报, 33 (4): 566-569.

胡雅, 魏静, 2020. 微润灌溉技术研究及其应用 [J]. 农业与技术, 40 (10): 81-82.

贾腾月, 姬宝霖, 李仙岳, 等, 2019. 微润灌溉定额及微润带埋深对农田水盐动态及向日葵水分利用效率的影响 [J]. 水土保持学报 (3): 283-291.

康绍忠, 张建华, 梁宗锁, 等, 1997. 控制性交替灌溉: 一种新的农田节水调控思路 [J]. 干旱地区农业研究 (1): 1-6.

黎会仙, 王文娥, 胡笑涛, 等, 2018. 水肥一体化膜下滴灌水肥及速效氮分布特征研究 [J]. 灌溉排水学报, 37 (3): 51-57.

李朝阳, 杨玉辉, 王兴鹏, 2017. 低压微润灌溉对日光温室小气候及番茄生长特性的影响 [J]. 北方园艺 (11): 47-51.

李朝阳, 张强伟, 王兴鹏, 2018. 埋设深度对微润灌土壤水盐运移的影响 [J]. 北方园艺 (14): 118-123.

李传哲, 许仙菊, 马洪波, 等, 2017. 水肥一体化技术提高水肥利用效率研究进展 [J]. 江苏农业学报, 33 (2): 469-475.

李根柱, 张增志, 韩海荣, 等, 2007. 蓄水渗膜材料的研究及其应用 [J]. 中国矿业大学学报, 36 (3): 390-396.

李久生, 陈磊, 栗岩峰, 2008. 地下滴灌灌水器堵塞特性田间评估 [J]. 水利学报, 10: 1 272-1 278.

李义林, 刘小刚, 刘艳伟, 等, 2018. 肥液浓度和生物质掺混量对微润灌溉入渗特性的影响 [J]. 排灌机械工程学报, 36 (5): 439-447.

李义林, 刘小刚, 刘艳伟, 等, 2019. 肥液浓度和生物质掺混比例对微润灌溉湿润体内水肥分布的影响 [J]. 中国生态农业学报, 27 (1): 119-130.

李卓, 吴普特, 冯浩, 等, 2009. 容重对土壤水分入渗能力影响模拟

试验 [J]. 农业工程学报, 25 (6)：40-45.

蔺多钰, 2020. 河西走廊灌区早春拱棚西瓜平作膜下滴灌水肥一体化高效栽培 [J]. 蔬菜 (3)：38-40.

刘国宏, 邱照宁, 谢香文, 等, 2016. 微润灌溉系统堵塞评价及处理方法研究 [J]. 节水灌溉 (7)：93-96.

刘璐, 牛文全, 2012. 滴灌灌水器流道堵塞及防治研究进展 [J]. 农机化研究, 34 (4)：13-18.

刘显, 费良军, 王佳, 等, 2017. 土壤初始含水率对泉涌根灌土壤水分及氮素运移特性的影响 [J]. 水土保持学报, 31 (4)：119-126.

刘小刚, 朱益飞, 余小弟, 等, 2017. 不同水头和土壤容重下微润灌湿润体内水盐分布特性 [J]. 农业机械学报, 48 (7)：189-197.

路超, 李絮花, 董静, 等, 2013. 渗灌条件下果园覆盖的保水效果及对根际土壤养分和微生物特性的影响 [J]. 水土保持学报, 27 (6)：134-139.

吕刚, 吴祥云, 2008. 土壤入渗特性影响因素研究综述 [J]. 中国农学通报, 24 (7)：494-499.

吕望, 牛文全, 古君, 等, 2016. 微润管埋深与密度对日光温室番茄产量及品质的影响 [J]. 中国生态农业学报, 24 (12)：1 336-1 673.

马小刚, 2008. 渗灌条件下沙地土壤水分动态及补水灌溉试验研究 [D]. 银川：宁夏大学.

毛潭, 周帮平, 张勇杰, 等, 2016. 基于蓄水渗膜材料的渗灌滴头设计 [J]. 科技视界, 27：303-304.

毛晓超, 2014. 微润灌条件下微润管入渗特性试验研究 [D]. 邯郸：河北工程大学.

牛文全, 薛万来, 2014. 矿化度对微润灌土壤入渗特性的影响 [J]. 农业机械学报, 45 (4)：163-172.

牛文全, 张俊, 张琳琳, 等, 2013. 埋深与压力对微润灌湿润体水分运移的影响 [J]. 农业机械学报, 44 (12)：128-134.

牛文全, 张明智, 许健, 等, 2017. 微润管出流特性和流量预报方法

研究 [J]. 农业机械学报, 48 (6)：217-224.

漆栋良, 胡田田, 吴雪, 等, 2015. 适宜灌水施氮方式利于玉米根系
生长提高产量 [J]. 农业工程学报, 31 (11)：144-149.

祁世磊, 2013. 低压微润带出流、入渗及抗堵塞性能试验研究
[D]. 乌鲁木齐：新疆农业大学.

祁世磊, 谢香文, 邱秀云, 等, 2013. 低压微润带出流与入渗试验研
究 [J]. 灌溉排水学报, 32 (2)：90-92.

邱照宁, 江培福, 肖娟, 2015a. 水温对低压微润管出流影响的试验
研究 [J]. 节水灌溉 (6)：31-34.

邱照宁, 江培福, 肖娟, 等, 2015b. 微润管空气出流及制造偏差试
验研究 [J]. 节水灌溉 (3)：12-14.

任改萍, 吴普特, 张林, 等, 2016. 供水压力对微孔陶瓷渗灌土壤水
分运移的影响 [J]. 节水灌溉 (7)：13-17.

时新玲, 张富仓, 王国栋, 等, 2005. 非水相污染物在黄土性土壤中
的入渗试验研究 [J]. 干旱地区农业研究 (4)：53-56.

汤英, 杜历, 杨维仁, 等, 2014. 果树微润灌溉条件下土壤水分变化
特征试验研究 [J]. 节水灌溉 (4)：27-30.

田德龙, 郑和祥, 李熙婷, 2016. 微润灌溉对向日葵生长的影响研究
[J]. 节水灌溉 (9)：94-97.

涂常青, 温欣荣, 2006. 双波长分光光度法测定土壤硝态氮 [J]. 土
壤肥料 (1)：50-51.

王猛, 张玉龙, 2013. 保护地节点渗灌控制上限组合对番茄产量和水
分利用效率的影响 [J]. 土壤通报, 44 (4)：892-896.

王顾, 吴春涛, 李丹丹, 等, 2018. 水肥一体化模式下日光温室黄瓜
氮磷钾优化施肥方案的研究 [J]. 园艺学报, 45 (4)：764-774.

王晓健, 毛一剑, 张增志, 2015. 基于混合高斯模型渗灌复合材料导
水特性分析 [J]. 农业工程学报, 31 (8)：87-92.

王秀荣, 吕丽霞, 张敏, 等, 2020. 张家口坝上缺水区在杏扁栽培中
应用微润灌溉技术的试验 [J]. 农业科技通讯, 6：208-209, 294.

王亚竹, 王建平, 2019. 微润灌溉对玉米耗水特性及产量的影响研究
[J]. 节水灌溉 (6)：39-42.

王玉，2020. 柳林县山地丘陵区经济林微润灌溉技术研究 ［J］. 山西
　　水利，1：37-38，49.

魏镇华，陈庚，徐淑君，等，2014. 交替控水条件下微润灌溉对番茄
　　耗水和产量的影响 ［J］. 灌溉排水学报，33（4-5）：139-143.

吴昌娟，张玉龙，虞娜，等，2013. 保护地节点渗灌下水肥耦合对土
　　壤全盐量的影响 ［J］. 土壤通报，44（4）：897-904.

吴欢欢，2019. 微润灌溉技术在济源山丘区林果地的应用 ［J］. 中国
　　水土保持，443（2）：37-39.

谢香文，祁世磊，刘国宏，等，2014a. 地埋微润管入渗试验研究
　　［J］. 新疆农业科学，51（12）：2 201-2 205.

谢香文，祁世磊，刘国宏，等，2014b. 灌溉水泥沙量及粒径对微润
　　管出流的影响 ［J］. 灌溉排水学报，33（6）：38-40.

许一飞，1998. 国外农业高效用水的研究应用及发展趋势 ［J］. 节水
　　灌溉（4）：30-31.

薛万来，牛文全，罗春艳，等，2014. 微润灌溉土壤湿润体运移模型
　　研究 ［J］. 水土保持学报，28（4）：49-54.

薛万来，牛文全，张俊，等，2013a. 压力水头对微润灌土壤水分运
　　动特性影响的试验研究 ［J］. 灌溉排水学报，32（6）：7-11.

薛万来，牛文全，张子卓，等，2013b. 微润灌溉对日光温室番茄生
　　长及水分利用效率的影响 ［J］. 干旱地区农业研究，6：61-66.

杨庆理，石懿，周梦娜，等，2016. 半透膜土壤渗析法盐碱地原位淡
　　化实验研究 ［J］. 土壤通报，47（6）：1 455-1 460.

杨文君，田磊，杜太生，等，2008. 半透膜节水灌溉技术的研究进展
　　［J］. 水资源与水工程学报，19（6）：60-63.

姚付启，刘惠英，李亚龙，等，2014. 微润灌溉对脐橙生理生态参数
　　的影响研究 ［J］. 南昌工程学院学报，6：11-14.

张琛，朱德兰，李岚斌，等，2010. 星形微管灌水器水力性能试验研
　　究 ［J］. 节水灌溉（8）：11-17.

张国祥，2017. 微润灌水分入渗及对大棚蔬菜生长状况的影响
　　［D］. 太原：太原理工大学.

张国祥，申丽霞，郭云梅，2016. 微润灌溉条件下土壤质地对水分入

渗的影响 [J]. 灌溉排水学报, 35 (7): 35-39.

张炯, 2020. 微润灌溉技术在赣南脐橙果园的应用研究 [J]. 江西水利科技, 46 (1): 41-45.

张俊, 2013. 微润线源入渗湿润体特性试验研究 [D]. 北京: 中国科学院大学.

张俊, 牛文全, 张琳琳, 等, 2012. 微润灌溉线源入渗湿润体特性试验研究 [J]. 中国水土保持科学, 10 (6): 32-38.

张俊, 牛文全, 张琳琳, 等, 2014. 初始含水率对微润灌溉线源入渗特征的影响 [J]. 排灌机械工程学报 (1): 72-79.

张立坤, 窦超银, 李光永, 等, 2013. 微润灌溉技术在大棚娃娃菜种植中的应用 [J]. 中国农村水利水电, 4: 53-55.

张明智, 牛文全, 路振广, 等, 2017. 微润灌对作物产量及水分利用效率的影响 [J]. 中国生态农业学报 (11): 111-123.

张明智, 牛文全, 路振广, 等, 2018. 微润灌对冬小麦生长和水分利用效率的影响 [J]. 灌溉排水学报, 37 (1): 8-15.

张明智, 牛文全, 王京伟, 等, 2016. 微润管布置方式对夏玉米苗期生长的影响 [J]. 节水灌溉 (3): 80-83.

张群, 2014. 马铃薯微润管灌溉试验研究 [D]. 兰州: 甘肃农业大学.

张增志, 王晓健, 薛梅, 等, 2014. 渗灌材料制备及导水性能分析 [J]. 农业工程学报, 30 (24): 74-81.

张子卓, 2015. 膜下微润灌对温室番茄土壤水盐运移影响 [D]. 杨凌: 西北农林科技大学.

张子卓, 张珂萌, 牛文全, 等, 2015. 微润带埋深对温室番茄生长和土壤水分动态的影响 [J]. 干旱地区农业研究 (2): 122-129.

周文君, 曹华英, 郑卫国, 等, 2020. 微润灌溉在新疆哈密盐碱土壤驱盐效果研究 [J]. 亚热带水土保持, 3: 30-34.

朱燕翔, 王新坤, 程岩, 2015a. 半透膜微润管水力性能试验的研究 [J]. 中国农村水利水电, 5: 23-30.

朱燕翔, 王新坤, 杨玉超, 等, 2015b. 细小泥沙对半透膜微润管堵塞的影响 [J]. 排灌机械工程学报, 33 (9): 818-822.

BAI S S, KANG Y H, WAN S Q, 2020. Drip fertigation regimes for winter wheat in the North China Plain [J]. Agricultural Water Management, 228: 1-10.

BOVÉ J, ARBAT G, DURAN-ROS M, et al., 2015. Pressure drop across sand and recycled glass media used in micro irrigation filters [J]. Biosystems Engineering, 137 (9): 55-63.

CARSON L C, OZORES-HAMPTON M, MORGAN K T, et al., 2014. Effects of controlled-release fertilizer nitrogen rate, placement, source, and release duration on tomato grown with seepage irrigation in Florida [J]. Hortscience, 49 (6): 798-806.

DAVIES W J, ZHANG J, 1991. Root signals and the regulation of growth anddevelopment of plants in drying soil [J]. Annual Review Plant Physiology and Plant Molecular Biology, 42 (1): 55-76.

EDWIN K K, TAFADZWANASHE M, AIDAN S, 2018. Hydraulic and clogging characteristics of Moistube irrigation as influenced by water quality [J]. Journal of Water Supply: Research and Technology-AQUA, 67 (5): 438-446.

FAN Y W, HUANG N, GONG J G, et al., 2018a. A simplified infiltration model for predicting cumulative infiltration during vertical line source irrigation [J]. Water, 10 (1): 89.

FAN Y W, HUANG N, ZHANG J, et al., 2018b. Simulation of soil wetting pattern of vertical moistube-irrigation [J]. Water, 10 (5): 601.

LEE C W, BAE S D, HAN S W, et al., 2006. Application of ultrafiltration hybrid membrane processes for reuse of secondary effluent [J]. Desalination, 202 (1): 239-246.

LIU R, YANG Y, WANG Y S, et al., 2020. Alternate partial root-zone drip irrigation with nitrogen fertigation promoted tomato growth, water and fertilizer-nitrogen use efficiency [J]. Agricultural Water Management, 233: 1-8.

MITCHELL W H, SPARKS D L, 1982. Influence of subsurface irrigation and organic additions on top and growth of field corn [J]. Agronomy

Journal, 4 (6): 1 084-1 088.

MONTESANO F, PARENTE A, SANTAMARIA P, 2010. Closed cycle subirrigation with low concentration nutrient solution can be used for soilless tomato production in saline conditions [J]. Scientia Horticulturae, 124 (3): 338-344.

ORON G, BICK A, GILLERMAN L, et al., 2004. Hybrid membrane systems for secondary effluent polishing for unrestricted reuse for agricultural irrigation [J]. Water Science and Technology, 50 (6): 305-312.

ORON G, GILLERMAN L, BICK A, et al., 2006. A two stage membrane treatment of secondary effluent for unrestricted reuse and sustainable agriculture production [J]. Desalination, 187 (1): 335-345.

ORON G, GILLERMAN L, BICK A, et al., 2008. Membrane technology for sustainable treated waste water reuse: agricultural, environmental and hydrologica considerations [J]. Water Science and Technology, 57 (9): 1 383-1 388.

PETTY J D, HUCKINS J N, MARTIN D B, et al., 1995. Use of semipermeable membrane devices (SPMDS) to determine bioavailable organochlorine pesticide residues in streams receiving irrigation drainwater [J]. Chemosphere, 30 (10): 1 891-1 903.

PHILIP J R, 1991. Effects of root and subirrigation depth on evaporation and percolation losses [J]. Soil Science Society of American Journal, 55 (6): 1 520-1 523.

PITTS D J, CLARK G A, 1990. Comparison of drip irrigation to subirrigation for tomato production in Southwest Florida [J]. Applied Engineering in Agriculture, 6 (2): 177-184.

QUIÑONES-BOLAÑOS E, ZHOU H, 2006. Modeling water movement and flux from membrane pervaporation systems for wastewater microirrigation [J]. Journal of Environmental Engineering, 132 (9): 1 011-1 018.

QUIÑONES-BOLAÑOS E, ZHOU H, PARKIN G, 2005a. Membrane pervaporation for waste water reuse in micro-irrigation [J]. Journal of Environmental Engineering, 131 (12): 1 633-1 643.

QUIÑONES-BOLAÑOS E, ZHOU H, SOUNDARARAJAN R, et al., 2005b. Water and solute transport in pervaporation hydrophilic membranes to reclaim contaminated water for micro-irrigation [J]. Journal of Membrane Science, 252 (1-2): 19-28.

ROUPHAEL Y, CARDARELLI M, REA E, et al., 2006. Comparison of the subirrigation and drip-irrigation system for greenhousezucchini squash production using saline and non-saline nutrient solutions [J]. Agricultural Water Management, 82 (1-2): 99-117.

SUN Q, WANG Y S, CHEN G, et al., 2018. Water use efficiency was improved at leaf and yield levels of tomato plants by continuous irrigation using semipermeable membrane [J]. Agricultural Water Management, 203: 430-437.

TIAN D, ZHANG Y Y, MU Y J, et al., 2020. Effect of N fertilizer types on N_2O and NO emissions under drip fertigation from an agricultural field in the North China Plain [J]. The Science of the Total Environment, 715: 1-9.

VICO G, PORPORATO A, 2010. Traditional and microirrigation with stochastic soil moisture [J]. Water Resources Research, 46 (3): 374-381.